森林可持续经营理论与实践

柯水发　赵海兰　刘　珉　等著

中国林业出版社
·北京·

图书在版编目(CIP)数据

森林可持续经营理论与实践 / 柯水发等著 . —北京：中国林业出版社，2021.9
ISBN 978-7-5219-1328-6

Ⅰ. ①森…　Ⅱ. ①柯…　Ⅲ. ①森林经营–可持续发展–研究　Ⅳ. ①S75

中国版本图书馆 CIP 数据核字（2021）第 173791 号

中国林业出版社·林业分社
责任编辑：何　鹏　徐梦欣

出版发行	中国林业出版社有限公司（100009　北京市西城区刘海胡同 7 号）	
	网址　http：//www. forestry. gov. cn/lycb. html	
	E-mail　hepenge@ 163. com　电话　010–83143543	
印　刷	三河市双升印务有限公司	
版　次	2021 年 9 月第 1 版	
印　次	2021 年 9 月第 1 次印刷	
开　本	787mm×1092mm　1/16	
印　张	12.25	
字　数	291 千字	
定　价	60.00 元	

《森林可持续经营理论与实践》
著者名单

主要著者： 柯水发　赵海兰　刘　珉

参著人员： 张　朝　童毓瑶　夏天超　李　美

马磊娜　袁婉潼　李康淼　乔　丹

纪　元　周丁盈

前　言

　　森林生态系统是陆地生态系统的主体，是各个系统发展的安全屏障和重要支撑，在维护生存安全、淡水安全、国土安全、物种安全、气候安全和国家外交战略大局中占有重要战略地位。第九次全国森林资源清查显示，我国森林资源总体上呈现数量持续增加、质量稳步提升、生态功能不断增强的良好发展态势。目前全国森林覆盖率为22.96%，森林面积2.2亿公顷，森林蓄积量为175.6亿立方米，森林面积和森林蓄积分别位居世界第5位和第6位，人工林面积仍位列世界首位。

　　自20世纪70年代我国开始重视生态修复和森林恢复以来，先后启动实施了"三北"防护林、天然林保护等重大生态工程，平均每年造林660万公顷。截至第九次全国森林资源清查，全国森林植被总生物量为188.02亿吨，总碳储量为91.86亿吨，为应对全球气候变化做出积极表率。我国森林面积和森林蓄积量连续30年保持"双增长"，成为全球森林资源增长最多的国家，为全球绿化事业做出卓越贡献，推动了全球森林恢复和可持续发展，提升了全球生态系统质量和稳定性。

　　2020年9月，习近平主席在第七十五届联合国大会上向世界宣告中国"二氧化碳排放力争于2030年前达到峰值，努力争取2060年前实现碳中和"。2020年12月气候雄心峰会上，习近平主席进一步提出到2030年，中国森林蓄积量将比2005年增加60亿立方米。可以预见，林业碳汇将在实现碳达峰目标与碳中和愿景过程中持续扮演重要角色。森林固碳是减缓气候变化的重要途径之一，森林可持续经营可以有效促进森林固碳，必将更受瞩目。

　　在生态文明建设新时代，森林的生态服务功能备受重视，但是我国森林仅在数量上的显著增长并不足以支撑森林生态服务功能的发挥。目前中国人工林每公顷蓄积量只有52.76立方米；林木平均胸径只有13.6厘米；龄组结构依然不合理，中幼龄林面积比例高达65%；林分过疏、过密的面积占乔木林的36%，平均郁闭度为0.58；单位面积生物量86.22吨，林木蓄积年均枯损量增加18%，达到1.18亿立方米。我国森林可持续经营仍有较大改进空间，森林可持续经营之路还很长。

　　在林业发展的新时期，为推动林业高质量发展，要加快"两个实现"的进程：一方面是要实现森林质量精准提升；另一方面是要实现森林可持续恢复和增长。森林多功能和森林生态系统的基础性决定了森林经营管理的重要性。长期以来我国以单一造林为主，追求高产出、易管理，但是往往忽略了对森林后期的经营抚育管理，缺乏科学规划与可持续经营，导致森林质量仍旧较差。森林可持续经营是促进林业健康可持续发展的基础。因此我国还需要与时俱进，更新森林经营理念，充分发挥其众多功能，使森林生态效益、经济效益和社会效益最大化。

　　放眼国际，德国是世界上林业发达的国家之一，德国的森林经营管理理论和实践有200多年历史，虽然其间也曾走过弯路，但总体来看，取得了辉煌业绩，特别是近自然育林与自然生态、社会环境以及经济发展的多种要求保持高度和谐，被誉为世界林业发展的典范。德国森林可持续经营实践为我们提供了重要的借鉴。除此之外，美国、日本、澳大利亚和芬兰的一些森林可持续经营实践也给我们提供了重要的启示。

　　推进新时代林业现代化建设，既是一项长期的战略任务，又是一项复杂的系统工程。我们要贯彻习近平生态文明思想，践行"绿水青山就是金山银山"理念，形成"山水林田湖草沙生命共同体"治理体系，以森林可持续经营为保障，促进我国森林资源保护恢复和持续增长，促进我国碳中和目标的顺利实现，加快推进森林治理能力现代化建设。

　　关于森林可持续经营，业界已有较为丰富的成果积累，为本书的撰写奠定了基础。然而，当前对于森林可持续经营理论尚缺少较为深入和系统的梳理，森林可持续经营的实践模式也缺少较为系统的建构和经济学视角的分析。因此，本书尝试在前人研究的基础上较为系统地梳理和阐释森林可持续经营理论与实践状况。本书共包括十章。第一章和第二章为基础理论：第一章为森林可持续经营理论的提出及发展；第二章为森林可持续经营模式及经济学分析。第三章至第五章为国外实践：第三章为基于行动者视角对德国森林可持续经营进行分析；第四章为中德森林可持续经营合作项目及成效评价；第五章为美国、日本、澳大利亚和芬兰等国家的森林可持续经营实践状况。第六章至第十章为国内实践：第六章为森林经营与病毒传染及其防治；第七章为中国森林可持续经营实践状况、存在问题及相关建议；第八章为国有林区天然林可持续经营分析；第九章为集体林区人工林可持续经营分析；第十章为新时代森林可持续经营构想。

　　中国人民大学农业与农村发展学院柯水发教授、国家林业和草原局经济发展研究中心赵海兰博士和刘珉处长作为本书主要著者，组织策划了本书的撰写、审校与出版。中国人民大学农业与农村发展学院的博士生张朝、乔丹和纪元，硕士生马磊娜、童毓瑶、夏天超、李美、袁婉潼、李康淼、周丁盈等参与了相关章节及附件的撰写。

　　本研究系国家林业和草原局经济发展研究中心委托项目"德国森林可持续经营的经济学分析及经验借鉴研究"的结题成果。特别感谢该项目所提供的出版经费支持！

　　本书既可作为高校相关专业师生的参考读物，也可供森林经营相关领域的政府和企事业单位工作人员参考借鉴。

　　由于著者水平有限，书中难免存在错漏之处，敬请同行及广大读者给予批评指正！

著　者

2021 年 8 月

目　　录

第一章
森林可持续经营理论的提出及发展

一、可持续发展理论的提出与内涵

(一)可持续发展理论的提出

可持续发展的思想是人类对包括人在内的地球生态系统的不断认识中逐渐形成的。工业革命的发动，引起了技术上不断革新的连锁反应，增强了人们对环境问题的干扰能力，更加树立了人类战胜自然的信念和对未来美好生活的憧憬，在这一历史阶段，人类不可能自发产生保护环境的念头。

人类全球意识萌发和面临的人口、资源和环境日益严峻的形势引发了对包括环境在内的全球问题的关注。1972 年 6 月 5-16 日，联合国在瑞典首都斯德哥尔摩召开了人类历史上第一次"人类环境会议"，发表了人类历史上的第一个"人类环境宣言"。尽管这次会议是人类环境史上的里程碑，但在指导思想上并没有从根本上解决问题。因此，1972 年人类环境会议之后，人类所面临的环境与人口、资源和粮食等问题不但没有好转的迹象，反而日趋严峻。在这样的背景下，由 50 多个国家、100 多个政府机构和部门，500 多个非政府组织成员和 3000 多名志愿人员组成了世界自然保护联盟(IUCN)。

1978 年，国际环境和发展委员会(WCED)首次在文件中正式使用了可持续发展概念。世界自然保护联盟(IUCN)于 1980 年 3 月 5 日发表了《世界保护策略：可持续发展的生命资源保护》，就在同一天，联合国大会也向全世界发出呼吁："必须研究自然的、社会的、生态的、经济的，以及利用自然资源过程中的基本关系，确保全球的可持续发展。"1987 年布伦特兰报告《我们共同的未来》发表之后，可持续发展才对世界发展政策及思想界产生重大影响。1992 年 6 月在里约热内卢举行的"联合国环境与发展大会"(UNCED)是人类有史以来最大的一次国际会议，大会取得的最有意义的成果是两个纲领性文件：《关于环境与发展的里约热内卢宣言》(又称《地球宪章》)和《21 世纪议程》，标志着可持续发展从理论探讨走向实际行动。

(二)可持续发展理论的内涵

随着社会的发展，人们对可持续发展的重视程度日益提高，其相关定义也不断改善和深化。侯景亮(2020)提出可持续就是指事或物能够长久存在、发展的状态,可以用来形容经济、社会、文化,也可以用来定义森林系统。关于可持续发展的定义有很多,最初是由《我们共同的未来》报告提出,其将可持续发展定义为"既能满足当代人的需要,又不对后代人满足其需要的能力构成危害的发展";人与生物圈计划(MAB)国际协调理事会认为可持续发展是把当代人类赖以生存的地球及局部区域,看成是由自然、社会、经济等多种因素组成的复合系统,它们之间既相互联系,又相互制约;联合国粮农组织认为可持续发展是指管理和保护自然资源基础,以及调整技术和机构变化的方向,确保获得和持续满足当今及今后世世代代人类的需要。

可持续发展涵盖下列4项:未来性(关心未来各代的福利)、平等性(经济利益在代内和代际的公平分配)、区域性(发达国家利用或耗竭了大量的自然资本,却将成本分摊给世界来共同承担)和生物多样性(维持生态环境系统的完整性)。尽管存在诸多定义,但其共同的基本要素有:①可持续发展不是一个单纯的经济学问题,而是一个涉及自然科学、社会学、政治学、经济学等许多领域的一个复杂性、综合性系统工程;②可持续发展追求代际与区域间的公平与效率,追求人类平衡与增长极限;③可持续发展认为有限增长的经济及解决贫困问题同样重要,强调发展是硬道理;④从某种意义上说,经济持续发展是社会可持续性发展的基础,资源的永续利用是经济可持续发展的基础,生态环境的保护与改善是资源可持续利用的基础。

二、森林可持续经营的提出

(一)森林可持续经营的背景

20世纪80年代后期,林业工作者将可持续发展的思想应用于林业中,产生了可持续林业的概念。当可持续发展的思想引入林业后,并不是对永续利用的否定,而是针对森林生态系统在维护和维持人类生命支持系统中的作用和地位,以及当代人类所面临的环境和发展问题,将物质产品生产和环境服务放在统一的高度来认识。森林生态系统的可持续经营的思想并不是1992年联合国环境与发展大会的首创。从1980年起,已经有一些国际组织相继展开了致力于调整林业政策的工作,以保持热带森林的可持续经营,联合国环境与发展计划也在约束性和非约束性的各类林业活动中加强了影响。

森林毁坏和减少对全球环境带来了严重的危害。全球森林面积不断减少,森林生物多样性下降。这一严峻的事实,不但预示木材及木材产品的短缺会越来越严重,而且导致全球温室效应增强,全球气候变暖过程加剧,并对全球生态环境安全造成严重的影响,直接危及人类的当前以及未来的生存。虽然森林对于社会可持续发展的贡献不仅仅局限于全球气候变化等生态环境方面,但仅就这个方面而言,已经使森林可持续发展成为世界共同关注的热点。在1992年联合国环境和发展大会上,森林受到广泛关注,大会特别突出强调了林业可持续发展在全球可持续发展中的重要性和它的战略地位。大会讨论并通过了几个彼此独立而又有所关联的重大文件,它们是具有纲领性的《关于环境与发展的里约热内卢宣言》，具有行动计划意义的《21世纪议程》以及《关于森林问题的原则声明》。这一系列重要文件均包含了加强森林资源管理保护、合理利用和对森林可持续经营的要求。比如，在《21世纪议程》中，第十一章"防止毁林"专门讨论了森林问题。《关于全球森林问题的原则声明》中表达了几乎所有国家和人士对森林保护的关注，它阐明了关于保护、经营和可持续地开发所有类型森林的要求，还系统全面地论述了森林在人类可持续发展中的关键作用，世界各国为了保护和可持续地利用森林和林地所应采取的措施以及国际技术资金援助与合作、国际林产品贸易等领域的重大问题。这些都表明森林问题已经成为全球关注的热点，森林的可持续经营及发展正在成为全球的共识。

(二)森林可持续经营的进程

1. 森林可持续经营思想首次成为国际共识

关于森林可持续经营的思想要早于1992年的里约会议(蒋有绪，2000)。1980年起，已经有一些国际组织开始致力于调整林业政策，保持热带森林可持续经营。1992年里约会议充分强调了保护和发展森林的重要性，大会形成的每一个文件都包含了加强森林资源的保护、合理利用和对森林可持续经营的要求，会议一致认为森林的保护和可持续发展对于世界的环境和人类十分重要。《21世纪议程》主要是指进入21世纪以后人类可持续发展的行动计划，提出防止土地和水资源退化及空气污染、保护森林和生物多样性的行动项目方案，强调可持续发展会战胜贫困和环境退化。至于《关于森林问题的原则声明》，几乎所有国家和人士都表示了对全球森林保护的关注，欧盟、加拿大等组织和国家积极主张并推动达成《森林公约》，发达国家基本上一致提出希望达成公约，而发展中国家基本上都持反对态度，担心发达国家以此限制发展中国家的发展和合理利用森林资源，因而，会议只能在认识一致的基础上达成了《关于森林的原则声明》。《声明》阐明了关于保护、经营和可持续开发所有类型森林的要求，并尊重各国利用其森林资源的主权。

在里约大会之前，部分国际组织和联合国也在致力于调整林业政策，以保持热带森林的可持续经营。里约大会的召开标志着森林问题成为全球范围关注的焦点，森林的可持续经营思想也首次成为全世界各国的共识。

2. 森林可持续经营的国际行动

里约大会后，森林可持续经营进入了实质阶段(蒋有绪，2000)。在联合国可持续发展委员会(CSD)的领导下，全球范围内开展了森林可持续经营的国际性行动。总的来说，森林可持续经营的国际进程主要集中在3个领域：①森林可持续经营的标准与指标体系的研制和试验性实施，主要林业国家的政府和几乎所有的国际林业组织都以此为起点；②国际组织和各个国家间也纷纷开展森林可持续经营的试验活动；③森林认证制度的研讨和建立。这3个领域都可以有国际性的活动(由国际组织、政府集团或非法规约束的国家自愿结合来进行的)和国家性的活动。

经过联合国森林论坛近17年的谈判，联合国大会于2007年通过了《不具法律约束力的国际森林文书》(2015年更名为《联合国森林文书》)。把森林可持续经营问题和全球粮食危机、气候变化放在了同等高度。《联合国森林文书》主要内容包括3部分，一是重申了关于森林问题的原则声明中确立的一系列原则;二是确立了全球林业发展目标;三是规定了国际社会和各成员国应采取的政策措施。《联合国森林文书》设立了 4 大全球森林目标:一是通过森林可持续管理,包括保护、恢复森林、植树造林和再造林,扭转全球森林面积下降的趋势,并加大努力防止森林退化;二是增强森林的经济、社会和环境效益,可通过改善以森林为生者的生计等方法;三是大幅增加世界各地保护区和其他可持续经营林区的面积,以及可持续经营森林产出的林产品的比例;四是扭转森林可持续管理方面官方发展援助资金日益减少的趋势,并争取多渠道资金用于实施森林可持续管理。

2017 年 4 月,第 71 届联合国大会审议通过《联合国森林战略规划(2017—2030 年)》,这是首次以联合国名义做出的全球发展战略,彰显了国际社会对林业的高度重视。该规划在《联合国森林文书》4 项全球森林目标的基础上,列出了 6 大全球森林目标和 26 个具体目标,如到 2030 年,全球森林面积增加 3%,并提出了各层级开展行动的执行框架和资金手段,明确了实现全球森林目标的监测、评估和报告体系,制定了宣传策略,形成了各国履行《联合国森林文书》的行动计划。《联合国森林战略规划》可视为《联合国森林文书》的实际操作版。

3. 森林可持续经营的国家活动

据《2015 年全球森林资源评估报告》统计(FAO,2016),截至 2015 年,全球总共有 140 个国家和地区报告已建立了支持森林可持续经营的政策和法律框架,同时 126 个国家报告有全国性的平台以便于利益相关者参与政策对话,116 个国家和地区定期报告他们的森林状况,86 个国家和地区对国际标准和指标进程进行定期报告。

专栏 1-1　历届世界林业大会有关森林可持续经营的议题

世界林业大会(英文:World Forestry Congress,WFC)或称世界森林大会,为国际性的林业学术研讨会,是全世界规模最大、最具影响力的林业研讨会,主办单位为联合国粮农组织(FAO)林业部与各主办国政府。1992 年世界环发会后的每一届全球林业大会,均把森林可持续经营及相关问题纳入大会议题。

第 11 届世界林业大会的主题是"为了可持续发展——面向 21 世纪的林业"。大会宣言中指出:各国应发展和应用森林可持续经营标准与指标体系来评价森林状况,并在此基础上建立国家森林调查与监测系统,并认识到森林滥伐和退化。

第 12 届世界林业大会的主题是"森林——生命之源"。大会最终声明中指出:在保持水土、维护生物多样性、调节气候、增加碳汇的同时,减少毁林,防治森林退化和森林破碎化;在推动战略和行动计划时,强调促进标准与指标进程以及森林认证的互认。标准与指标体系以及生物多样性、碳汇和减少毁林及森林退化问题已经受到国际社会的关注,并敦促把这些内容作为社会发展的先决条件,优先推动和发展。

第 13 届世界林业大会的主题是"森林在发展中的制衡作用"。这一主题充分反映了人们对森林功能、森林内涵,以及森林在经济社会可持续发展中至关重要作用的深刻认识。会议的主要成果之一是将与气候变化有关的机制作为优先领域予以立即关注,特别

是减少毁林和森林退化排放机制（REDD）、简化清洁发展机制（CDM）下的造林再造林项目规则，以及减少毁林和森林退化排放与森林恢复和可持续管理机制（REDD+）的实施。气候变化以及森林可持续经营中的 REDD 再一次受到重视，并把这些内容作为成果和发展战略（雷静品，2013）。

第 14 届世界林业大会的主题是"森林与人类：为可持续的未来而投资"，大会形成《德班宣言》。《德班宣言》就 2050 年林业状况制定了远景目标，指出未来森林将是确保粮食安全和改善生计的基石。一方面要统筹安排森林及其他土地利用，从根本上解决毁林动因；另一方面要加强森林可持续经营，应对气候变化，优化碳吸收和储存，提升生态服务能力。《德班宣言》提出了一系列行动，包括加大对森林教育、宣传交流、研究和创造就业机会（尤其年轻人）的投资。强调有必要在森林、农业、金融、能源、水和其他部门之间建立新的伙伴关系，并与原住民和当地社区密切合作（林业经济，2015）。

除世界林业大会外，其他国际会议和平台组织形成的有关森林可持续经营公约有：《濒危物种国际贸易公约》《国际劳工组织（ILO）公约》《国际热带木材协议（ITTA）》《联合国生物多样性公约》《21 世纪议程》《关于森林问题的原则声明》《气候变化框架公约》《防治荒漠化公约》等。

资料来源：FAO 网站

三、森林可持续经营的内涵与原则

（一）森林可持续经营的内涵

关于森林可持续经营（Sustainable Forest Management，简称 SFM）的概念，国内外有多种解释。李裕等（2007）总结国际上几个重要文件和国际组织对森林可持续经营的定义和解释如下：

《森林问题原则声明》：森林资源和林地应当可持续地经营以保障当代和下一代人的社会、经济、生态、文化和精神的需求。这些需求是森林产品和服务，如木材、木材产品、水、食物、饲料、药品、燃料、庇阴、就业、休憩、野生动物生境、景观多样性、碳库和自然保护区，以及其他森林产品。应该采用适宜的措施保护森林免遭污染的有害影响，如大气的污染、火灾、病虫害等，来保持森林的多种价值。

《热带森林可持续经营》：广义地讲，森林经营是在一个技术含意和政策性可接受的整个土地利用规划框架内，处理有关森林保护和利用方面行政的、经济的、社会的、法规的、技术的问题。

《赫尔辛基进程》：可持续经营表示森林及林地的管理和利用处于以下途径和方式，既保持它们的生物多样性、生产力、更新能力、活力和现在及将来在地方、国际和全球水平上潜在地实现有关生态、经济和社会的功能，而且不产生对其他生态系统的危害。

国际热带木材组织（ITTO）认为：森林可持续经营是经营永久性的林地过程，以达到一个或更多的、明确的专门经营目标，考虑期望的森林产品和服务的持续"流"，而无过度地减少其固有价值和未来的生产力，无过度地对物理和社会环境的影响。

《蒙特利尔进程》：森林可持续经营表述为，当森林为当代和下一代的利益提供环境、经济、社会和文化机会时，要保持和增进森林生态系统健康的补偿性目标。

联合国将可持续森林经营描述为"一个充满活力和不断发展的概念，其目标是为当代和后代的利益而保持和提高所有类型森林的经济、社会和环境价值"。

总而言之，尽管森林可持续经营有各种解释，但其基本内涵是一致的。首先，森林可持续经营的总目标，是通过对现实和潜在森林生态系统的科学管理、合理经营，维持森林生态系统的健康和活力，维护生物多样性及其生态过程，以此来满足社会经济发展过程中，对森林产品及其环境服务功能的需求，保障和促进社会、经济、资源和环境的持续协调发展。其次，从内容上讲，森林可持续经营是一种包含行政、经济、法律、社会、科技等手段的行为；从技术上讲，森林可持续经营是各种森林经营方案的编制和实施，从而调控森林目的产品的收获和永续利用，并且维持和提高森林的各种环境功能。

（二）森林可持续经营的原则

一般来说，森林可持续经营意味着在维护森林生态系统健康、活力、生产力、多样性和可持续性的前提下，结合人类的需要和环境的价值，通过生态途径达到科学经营的目的。

森林可持续经营必须遵守以下几条基本原则：

（1）保持土地健康（通过恢复和维持土壤、空气、水、生物多样性和生态过程的完整），实现持续的生态系统；

（2）在土地可持续能力的范围内，满足人们依赖森林生态系统得到食物、燃料、住所、生活和思想经历的需求；

（3）对社区、区域、国家乃至全球的社会和经济的健康持续发展做出贡献；

（4）寻求人类和森林资源之间和谐的途径，通过平等地跨越地区之间、世代之间和不同利益团体之间的协调，使森林的经营不仅满足当代人对森林产品和服务的需求，而且为满足后代人的需求提供保障。

评判是否实现森林的可持续经营应该从生态、社会、经济3个方面综合衡量，即同时满足生态上合理（环境上健康的）、经济上可行（可负担得起的）及社会上符合需求（政治上可接受的）的发展模式。

四、森林可持续经营评价标准和指标

当今，可持续发展已经成为全球的共识。但在初期，面对"什么是森林可持续经营？"这样的问题，没有人能回答清楚，这就迫切需要用标准和指标来描述它。标准是确定森林资源可持续发展程度所必需的衡量尺度。采用什么样的标准和指标（Criteria and Indicator，简称 C&I）是衡量一个国家和区域森林可持续经营水平的重要标志，也是研究和制定森林可持续经营战略和林业可持续发展战略的重要内容。

森林可持续经营的标准和指标已被公认是定义、界定、评估、检测森林可持续经营的最佳手段和方法。世界各国已认识到需要确定一个全球统一的森林可持续经营的定义,发展、建立一些森林可持续经营的评价、检测和报告手段以便使森林及森林生态系统能持久地提供物质和环境方面的服务。为此,在世界各国不同程度地开展有关森林可持续经营的标准与指标研究并形成了不同进程的基础上,由联合国环境与发展委员会(UNCED)牵头,许多国际进程的成员国一起确定了相对统一的可持续性的判定标准,并借以将监测森林经营活动效果的相应指标具体化。就研究现状来看,有关森林可持续经营的主要标准和指标是在 3 个层次上进行的(姜春前,2004)。

(一)第一层次:国际全球或区域水平的指标与标准

这个层次主要是指国际组织立足于全球或大的地区所开展的指标协调行动。目前,全球范围内已逐渐形成了 9 大国际进程以评价和监测森林可持续经营状况。即国际热带木材组织进程、赫尔辛基进程、蒙特利尔进程、塔拉波托倡议、非洲干旱地区进程、近东进程、中美洲进程、非洲木材组织进程和亚洲干旱地区进程。

1992 年 3 月,国际热带木材组织进程确定了热带成员国湿润热带森林适用于国家及森林管理单位两级的 7 个标准和 66 个指标,称为国际热带木材组织进程。

1993 年 6 月,在芬兰首都赫尔辛基召开的第 2 次欧洲森林保护部长级会议,决定开展关于森林可持续经营的标准和指标体系的研究。1994 年 6 月在日内瓦召开的第 1 次专家会议上通过了包括 6 个标准 27 个指标的赫尔辛基进程。

1995 年 2 月,蒙特利尔进程工作组在智利首都圣地亚哥发表了《圣地亚哥宣言》,确立了关于温带和北方森林的保护和可持续经营的标准和指标体系的 7 个标准 67 个指标,即为著名的蒙特利尔进程。

1995 年 2 月,由亚马孙合作条约的 8 个缔约国在塔拉波托制定关于亚马孙森林可持续经营的国家级水平上的指标体系,塔拉波托倡议共 7 个标准 4724 个不同水平的森林可持续经营评价体系研究概述指标。

1995 年 11 月,联合国环境规划署和联合国粮农组织联合在肯尼亚首都内罗毕召开了有关非洲干旱地区森林可持续经营的标准和指标专家会议,会议提出了关于森林可持续经营的国家级水平上的包括 7 个标准 47 个指标的非洲干旱区进程。

1996 年 10 月,联合国粮农组织和联合国环境规划署在开罗召开可持续森林管理标准及指标专家会议。30 个与会国确定了包括 7 个国家级标准和 65 个指标的近东进程。

1997 年 1 月,联合国粮农组织和中美洲环境与发展委员会联合召开专家会议,为中美洲环境与发展委员会的 7 个成员国制定森林可持续经营标准与指标。确定了国家水平上的包括 8 个标准和 53 个指标的中美洲进程。

1997 年,由 13 个非洲国家制定的经营单位级别的森林可持续经营指标体系,共 28 个标准 60 个指标,称为非洲木材组织进程。

1999 年 12 月，在印度博帕尔举行的"亚洲旱林可持续森林管理国家级标准及指标制定研讨会"上，9 个国家参加了会议，并且确定了本地区干旱森林可持续经营的 8 个国家水平的标准和 49 项指标。

各组织和进程的森林可持续经营标准和指标虽然侧重点不同，但目标基本一致，即都把森林作为一个复杂的生态系统来讨论，都是寻找了获得森林多种效益的可持续经营的特征。

2004 年，联合国森林论坛(UNFF) 确定了森林可持续经营的 7 个主题领域，作为森林可持续经营参考的主要框架，主要来源于蒙特尔进程和其他主要进程标准与指标体系的 7 个标准，即：①森林资源的范围；②森林生物多样性；③森林生态系统健康和活力；④森林的生产功能；⑤森林的包含功能；⑥森林的社会经济功能；⑦法律、政策和机构框架。森林可持续经营的这 7 个主题领域被联合国粮食及农业组织(FAO)确定为全球森林资源评价的框架，而且对 2007 年 4 月 UNFF 通过的不具有法律约束力的森林文书起到了重要的借鉴作用，7 个主题领域还成为林业国家行动和国际合作的框架。

专栏 1-2　蒙特尔进程(MP)的产生和发展

1995 年 2 月，蒙特尔进程工作组在智利首都圣地亚哥发表了《圣地亚哥宣言》，确立了关于温带和北方森林的保护和可持续经营的标准和指标体系的 7 个标准 67 个指标，即为著名的蒙特尔进程，又称温带及北方森林保护与可持续经营标准与指标体系，该体系用于成员国分析和评价本国森林可持续经营的进程。

2003 年进程成员国利用蒙特尔进程标准与指标体系编制并出版了第一次国家报告，在 12 个国家报告的基础上形成了蒙特尔进程 2003 年回顾报告。根据进程报告的经验，考虑到国际社会的最新发展，如 UNFF 的成立等，12 个成员国在 2003 年 9 月通过了《魁北克宣言》，宣言回顾了蒙特尔进程的进展，确定了进程 2003—2008 年的远景目标，明确采取一系列行动加强蒙特尔进程的作用，包括回顾和修改进程新的标准语指标体系。

2007 年通过了《蒙特尔进程战略行动计划》SAP(Strategic Action Plan)，以指引进程的发展方向。经过近 5 年的修改和完善，新的标准与指标体系于 2008 年 11 月在俄罗斯召开的工作组会议上通过，新的指标体系比原来指标体系更具有可操作性，更容易统计、监测和报告，具体包括 7 个标准和 54 个指标。

蒙特尔的 7 个标准为：①生物多样性的保护；②森林生态系统生产能力的维持；③森林生态系统健康和活力的维持；④水土资源的保持；⑤森林对全球碳循环贡献的保持；⑥满足社会需求的长期多种社会经济效益的保持和加强；⑦森林保护和可持续经营的法规、政策和经济体制。

同时进程要求成员国利用标准与指标体系报告国家进展，即国家森林可持续经营报告，分别在 2003 年和 2008 年完成了两次国家报告。2004 年 UNFF 确定了森林可持续经营的 7 个主题要素，主要来源于蒙特利尔进程和其他主要进程指标体系中的 7 个标准，作为森林可持续经营参考的主要框架，也被联合国粮农组织确定为全球森林资源评估的框架，2007 年 12 月被联合国大会批准写入关于所有类型森林的不具有法律约束力的森林文书，作为林业国家行动和国际合作的框架。

2017 年在美国纽约召开的联合国森林论坛第 12 届会议上，蒙特利尔进程 12 个成员国发布《延吉宣言》。12 个成员国在《延吉宣言》中承诺，未来将抓好 4 个方面活动：一是最大限度地加大标准与指标体系的应用力度，为政策制定及相关讨论提供高效灵活的技术框架，积极应对实现森林可持续经营过程中面临的挑战和出现的问题。二是通过提高监测、评估和报告森林对环境、经济和社会贡献的能力，以公开透明的方式满足多种国际报告的需求，在地方和全球层面不断加强标准与指标体系的应用，着力推动森林可持续经营的政策制定和实践探索。三是积极参加涉林国际进程，借鉴成员国在编写国家报告中的经验，分享最佳实践、分析方法和新技术，利用蒙特利尔进程的标准与指标体系，提高森林权威信息和报告的一致性，实现森林可持续经营的最终目标。四是为提高对森林可持续经营政策、实践和报告的理解和认识，积极与其他区域及多边森林和非森林组织开展交流合作。

截至目前，蒙特利尔进程共有阿根廷、澳大利亚、加拿大、智利、中国、日本、韩国、墨西哥、新西兰、俄罗斯联邦、美国、乌拉圭等 12 个成员国，包含了全球 60% 的森林和 90% 的温带及北方森林，35% 的人口、45% 的全球木质林产品贸易。

资料来源：编者根据相关文献和资料整理

(二)第二层次：各国标准与指标

此层次是指各个国家或地区按照国际标准同时结合自身国情和林情制定各自国家的标准和指标。

澳大利亚在蒙特利尔进程的框架下，充分征求了科学研究人员、政策制定者、工业部门、森林保护团体、原住民、社区代表等不同利益群体的意见，制定了亚国家水平的标准与指标，同时将其划分为 ABC 三类(Technical Advisory Committee，2001)。

加拿大森林部长会议从 1993 年就启动了标准与指标的研究计划，2 年后就颁布了国家级标准与指标框架，它包含 6 个标准(生物多样性保护、生态系统状况和生产力、土壤和水保护、全球生态循环、多种效益、社会责任)和 83 个指标。1997—2000 年，加拿大为 12 个示范林制定了当地水平的标准与指标，并出版了标准与指标的应用手册，还对指标的监测进行了规范。其中包括指标的衡量单位、监测尺度、间隔时间、数据来源等。

美国林务局为协调全美的森林可持续经营的活动，于 1998 年 7 月牵头召开了圆桌会议，有来自联邦、州、地方政府、环境和非政府组织、私有林主、工业及研究教育机构的约 50 名代表出席。会议同意将蒙特利尔进程的标准与指标作为评价国家水平和亚国家水平森林可持续性的框架。1998 年美国与国际林业研究中心(CIFOR)进行合作，在 Boise 和

Idaho 进行试验，制定出亚国家水平的标准与指标。

中国十分重视森林保护和可持续经营问题，并积极参与国际上的有关活动。中国是蒙特利尔进程成员国，也是 ITTO 进程和亚洲干旱地区倡议的成员国。同时，中国也是较早开展森林可持续经营标准和指标制定工作的国家之一（黄雪菊，2015）。中国政府对此高度重视，1995 年开始，中国林业科学研究院就开始了中国森林可持续经营标准和指标体系的探索，并提出了《中国森林保护和可持续经营标准和指标体系》的框架草案。2002 年，中国政府颁布了《中国森林可持续经营标准与指标》（见表 1-1），该标准的制定充分吸纳了国际上有关标准与指标体系的命题成分，与国际上的标准和体系接轨。同年国家林业局科技司支持的"中国区域水平森林可持续经营标准和指标体系研究"，使区域水平的标准和指标体系得到了进一步的发展和完善，随后又制定了中国东北地区、西北地区、西南地区、亚热带地区和热带地区 5 个区域水平的标准和指标体系，与此同时也在不断探索经营单位水平的标准和指标体系的制定和测试。2004 年国家林业局确定浙江省临安市等 7 个地方为国家首批森林可持续经营试验示范点以探索森林可持续经营理论和科学经营模式，为建设和完善有利于促进我国森林可持续经营的环境、机制发挥了先导性、示范性作用。2011 年，国家林业局根据不同区域、不同的森林起源以及不同森林权属，在全国范围内确定了 200 个森林经营单位作为中国森林可持续经营管理试点单位。2012 年，国家林业局在各类森林经营试点示范的基础上，选择确定了 15 个中国森林经营样板基地和 12 个履行《国际森林文书》的示范基地，进一步促进中国特色森林经营政策管理和技术体系的建设和发展，为国际森林可持续经营积累提供示范作用（国家林业局，2013）。2013 年国家林业局出版了我国第一部《中国森林可持续经营国家报告》，为中国森林可持续经营提供了翔实的数据证据和理论支撑，是中国森林可持续经营发展史上的一个重要里程碑，这将为今后完善森林可持续经营标准和指标体系起到积极的促进作用。

表 1-1　中国森林可持续经营的标准和指标

标　准	指　标	
1 生物多样性	1.1 生态系统多样性指标	1.1.1 森林类型占森林面积的比值
		1.1.2 按龄级或演替阶段划分的森林类型的面积及比值
		1.1.3 人工林中针叶树与阔叶树的比例
		1.1.4 按世界保护联盟（IUCN）或其他分类系统划定为保护类林地的森林类型面积
		1.1.5 按龄级或演替阶段确定为保护区的森林类型面积的比值
		1.1.6 森林片段化程度
	1.2 物种多样性指标	1.2.1 森林物种的数量
		1.2.2 根据立法或科学评价，确定处于不能维持自身种群生存力的森林物种的状态
	1.3 遗传多样性指标	1.3.1 分布范围显著减少的森林物种数量
		1.3.2 从多种生境中监测到的代表种的种群水平
		1.3.3 已开展种质基因保存的物种数

（续）

标 准	指 标	
2 森林生态系统生产力的维持	2.1 林地面积和能够用于木材生产的林地净面积	
	2.2 各森林类型面积和活立木蓄积	
	2.3 林业用地中各类土地面积的比例	
	2.4 用材林总活立木蓄积	
	2.5 人工林面积及其活立木蓄积	
	2.6 可供木材生产的林地面积与蓄积按龄级的分配格局	
	2.7 用材林年采伐量不大于年生长量	
	2.8 非木质林产品收获量	
3 森林生态系统的健康与活力	3.1 超过历史波动范围的事件所影响的森林面积及其比例	
	3.2 有害气体和酸雨的危害面积及比例	
	3.3 温室气体对森林植被及敏感森林生态系统类型的影响	
	3.4 基本生态过程或生态系统中指示性生物组成减少的林地面积和百分比	
4 水土保持	4.1 土壤侵蚀严重的林地面积和百分率	
	4.2 坡度在 25° 及以上的坡耕地退耕还林（草）的面积和百分率	
	4.3 主要用于生态保护目的的林地面积和百分率	
	4.4 森林集水区溪流量和持续时间显著偏离历史变化范围的百分率和公里数	
	4.5 水体生物多样性和理化性质显著偏离历史变动范围的林区水面的百分比	
	4.6 水土流失地区的治理面积和治理率	
	4.7 人工林立地指数严重下降的面积和百分率	
	4.8 在国家规定应必须进行水土保持的坡地从事生产活动时，已采取水土保持措施的面积和百分率	
	4.9 森林地被物保护的程度和面积及比例	
	4.10 受难降解有害物质累积危害的林地面积及比例	
5 森林对全球碳循环的贡献	5.1 森林总生物量生产（分类）	
	5.2 薪炭林面积与消耗量及其贡献	
	5.3 林产品生产量、消耗量及其贡献	
	5.4 毁林面积及其贡献	
	5.5 森林的吸收	
	5.6 森林土壤碳排放	
	5.7 森林泥炭二氧化碳、甲烷等的排放	
6 长期社会效益的保持和加强	6.1 生产、消费和劳动就业	6.1.1 人口年增长率和社会经济发展速度
		6.1.2 木质和非木质林产品的年需求量
		6.1.3 木质和非木质林产品的年生产量
		6.1.4 木质和非木质林产品的供需平衡
		6.1.5 木质和非木质林产品的年进出口量
		6.1.6 木质和非木质林产品的产值及在加工后的附加价值
		6.1.7 林业部门提供的直接或间接就业机会
		6.1.8 林业部门各就业门类的劳动生产率和职工收入
	6.2 对林业部门的投资	6.2.1 对林业生产的投资
		6.2.2 对林业研究、教育、开发和推广的投资
		6.2.3 上述各类投资的回收率
	6.3 森林游憩、旅游以及社会、文化、精神价值	6.3.1 以游憩和旅游为主要经营目的的林地面积及其占森林总面积的比例，以及用于一般游憩和旅游设施的数目和类型
		6.3.2 森林旅游接待能力和实际人数

（续）

标　　准		指　　标
	6.4 社会精神文化价值	6.4.1 用于保护文化和其他精神需求的林地面积和其占森林总面积的比例
7 法律及政策保障体系	7.1 立法	7.1.1 明确森林资源权属 7.1.2 森林资源保护管理 7.1.3 森林经营行政法规
	7.2 促进森林保护和可持续经营的政策	7.2.1 促进森林资源分类经营的政策和实施 7.2.2 促进公众参与林业的政策和执行 7.2.3 促进人力资源培养的政策和实施 7.2.4 促进林业产业结构调整和实施 7.2.5 基础设施建设政策和实施
	7.3 促进森林保护和可持续经营的经济政策和实施	7.3.1 林业生产优惠经济政策和实施 7.3.2 森林生态效益补偿基金制度建立及实施
8 信息及技术支撑体系	8.1 监测和评价	8.1.1 各指标的相关数据的可获得性和程度 8.1.2 森林调查、评估、监测和其他相关信息的范围、频率和统计数据的可靠性 8.1.3 国内测算方法与国际通用测算方法的转换
	8.2 研究与发展	8.2.1 森林生态系统的结构和功能特征 8.2.2 森林环境效益的核算体系和核算技术 8.2.3 科学技术贡献率的评价 8.2.4 人为干扰对森林影响的预测能力的提高 8.2.5 可能的气候变化对森林影响的预测能力

资料来源：国家林业局．中国森林可持续经营指标和体系 LY/T 1594—2002. 2002

（三）第三层次：各国内部地区级或具体经营主体级的指标与标准

在国家内部，根据地域差异规律，进行地区级或经营主体级别的森林可持续经营标准的研究。此层次指标体系的研究是森林资源可持续经营由理论走向实践的重要步骤和内容。

1997—2000 年，加拿大为 12 个示范林制定了当地水平的标准与指标，并出版了标准与指标的应用手册，还对指标的监测进行了规范。其中包括指标的衡量单位、监测尺度、间隔时间、数据来源等。魁北克、安大略、萨斯喀彻温和纽芬兰等省已着手制定省级的标准与指标。1998 年美国与 CIFOR 进行合作，在 Boise 和 Idaho 进行试验，制定出亚国家水平的标准与指标。为加强亚国家水平的标准与指标与"蒙特利尔进程"标准与指标的联系和相兼容性，美国林务局又于 1999 年开展了"地方单元标准与指标的制定"项目（简称 LUCID）。该项目首先在美国的 6 个国有林区内进行研究和试验，其框架也是采用原则、标准、指标和验证参数 4 级结构（姜春前等，2004）。

2002 年中国制定完成并发布了中国森林可持续经营标准与指标。在此基础之上，国家林业局科技司推动了"中国区域水平森林可持续经营标准与指标体系研究"。2010 年制定完成并发布了系列区域标准，分别是：中国东北林区森林可持续经营指标、中国西北地区森林可持续经营指标、中国热带地区森林可持续经营指标、中国西南林区森林可持续经营指标。在宏观尺度研究的基础之上，我国中等尺度的森林可持续经营标准的研究也有一定发展。2001 年结合张掖地区自然和社会经济条件以宏观标准的理论框架为基础，构建了与当地结合度更高的指标体系；2006 年，理想参照目标值的方法被引入黑龙江省林口林业局可持续森林经营评价体系之中，在计算或评分方法方面得到进一步完善；广东省于 2009 年建立了省域森林可持续经营指标体系，并分析了影响省级森林经营可持续性的相关指标；2013 年，扎根理论被用于东北林区可持续经营标准与指标的选取，并在该基础上利用宏观标准综合分析，形成了森林资源、环境、经济和社会等 4 个方面的指标综合；2015 年，以专家咨询法构建抚顺山区森林可持续经营指标体系，并分析了影响该地区森林可持续经营程度最主要因素。我国关于微观尺度的森林可持续经营标准与指标的相关研究多集中在研建方法的引入创新方面，如：采用目标法结合专家咨询法是较早应用于微观尺度的森林可持续指标构建方法，并对广西壮族自治区高峰林场可持续经营现状进行了评价；参与式方法在浙江省临安市首次被用于微观尺度指标的构建，并且对 3 个乡的 9 个村制定了度量森林经营生态可持续性的指标，展开了横向比较分析；黑龙江省穆棱林业局在开展实证研究中，利用德尔菲法确定了适用于森林经营单位水平的综合监测评价指标及其权重（罗姗和王六平，2016）。

五、本章小结

　　本章主要概述了森林可持续经营的概念、内涵和原则，梳理了森林可持续经营的背景和进程，以及森林可持续经营的标准和指标体系。1992 年在里约召开联合国环境与发展大会以后，森林可持续经营得到了全球范围内的广泛关注，并迅速成为全球共识。联合国、各国际组织、各个国家在全球范围内积极采取了促进全球森林可持续经营的行动，主要包括森林可持续经营的标准与指标体系的研制和试验性实施、森林可持续经营的试验活动以及森林认证制度的研讨和建立。

　　近 30 年来，全球森林可持续经营取得了初步的成果，但也面临着不小的挑战。因此，应该进一步唤起全球对森林问题、环境问题、气候变化问题的关注，充分认识森林可持续经营在应对气候变化中的可能贡献，提高林业在各自国家和地区发展中的地位和作用；同时，争取更广泛的资金支持，用于生物多样性、REDD+、气候变化等领域的研究，用于构建森林可持续经营统一的标准和指标，用于森林可持续经营领域的能力建设。毕竟森林可持续经营是人类发展过程中面临的新课题，需要不仅是一代人，甚至许多代人的努力才能实现。

第二章
森林可持续经营模式及经济学分析

一、引　言

    森林生态系统是陆地最具功能性、最繁杂庞大的生态系统，是地球生命支持系统中不可缺少的部分。森林资源具有调节气候、涵养水源、净化空气等功能，是持续、稳定发展社会、经济、资源和环境的重要基础，实现森林资源的可持续发展，才有可能取得社会经济的可持续发展。

    从 20 世纪 60 年代人类开始关注自身的生存和发展基础，到 1992 年的《21 世纪议程》都强调了可持续发展的重要性，它强调资源与环境的合理利用，使后代人至少有与当代人同样的自然资本和发展机会。森林可持续经营是一项长期且复杂的社会经济活动，可持续地管理森林资源，满足现在和未来世代的社会、经济、生态、文化等多方面的需求，是社会经济实现可持续发展的重要前提。

    面对错综复杂的世界，仅仅依靠直觉做出的判断往往不够牢靠，要理性看待问题，运用经济学思维思考问题，将经济学原理应用到复杂的现实中，展现事物的丰富内涵。对森林资源的开发利用若不考虑资源与环境的价值，一味追求高额利润，对森林进行掠夺式开采，必定会阻碍社会经济的进一步发展。可持续发展是社会发展的必然选择，也是社会良性发展下去的必由之路（黄元等，2015）。从经济学的角度探究森林资源的可持续经营发展模式对现代社会的发展具有重要意义。

    可持续经营管理森林资源是全球林业发展的共同主题。实现森林可持续经营已成为实施国家可持续发展战略的重要组成部分。目前来说，森林可持续经营模式还处于不断的探索和发展之中。本章试图总结归纳森林可持续经营模式的机制，梳理并介绍全球主要森林可持续经营模式，最后以森林多目标经营模式为例，分别从投入产出、多目标最优化等经济学视角具体分析森林可持续经营模式，以期推动森林资源的合理开发利用，实现森林资源的可持续经营。

二、森林可持续经营模式解析

    针对森林可持续经营模式的探究，大部分学者都是基于对某地区的实际调研，发现森林经营管理中存在的问题，从而提出实现森林可持续经营的措施。例如有学者基于对大兴安岭林区、福建和河北等地区的实地调研，发现现有森林经营中各地区都存在着森林资源质量不高和结构不合理(郑志向，2015；张兰等，2018；孟凡成，2020)、经营活动缺乏系统科学指导和商业性采伐过度等问题(张兰等，2018)。针对这些问题，不同的学者结合各地区实际状况提出不同的应对措施来实现森林资源的可持续经营。郑志向(2015)结合福建省的森林资源现状，提出以落实经营权和处置权为载体，构建与集体林权制度改革相适应的森林可持续经营模式；白长志(2015)通过对大兴安岭林区的调研提出通过分类经营森林资源、构建可持续经营的社会参与机制以及森林资源的监测体系来对森林资源进行可持续经营管理。

也有少部分学者对整个森林可持续经营模式进行分析，认为应该利用扩大森林经营范围、分化森林经营模式、完善森林管理系统等措施来构建森林可持续经营的有效模式。侯景亮(2020)还认为应该通过建设防护林、增强法律意识等方式来促进森林可持续经营。

(一)森林经营过程

森林资源的开发和利用被认为是一项经济产业，又可以是一项社会事业，是集社会、经济、生态环境为一体的特殊行业。在对森林资源进行开发利用的过程中形成了一个产业链，产业链中的不同阶段构成了一个有机整体，如图 2-1 所示，依次经历了生产经营阶段、加工利用阶段、消费贸易阶段和回收处理阶段。森林资源只有在各个阶段都实现良性发展，才能实现森林资源的可持续经营。

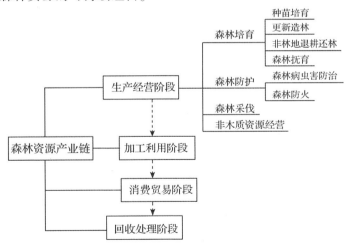

图 2-1 森林资源的产业链构成

森林资源生产经营阶段主要是指从种苗培育开始到树木被采伐存放到仓库为止，在这个过程中主要包含森林培育、森林管护、森林采伐和非木质资源经营等环节。在生产阶段会有大量的投入和产出，主要的投入包括土地、劳动力、资金(树苗和肥料等)、技术等方面，产出可能包括正向和负向产出，即带来经济效益、社会效益和生态效益的同时，也有可能会带来毁林、污染等。

在森林资源经过了上游的森林经营主体的生产阶段后，就进入了产业链的加工利用阶段。森林资源加工利用阶段是指加工企业将木材投入生产线，生产出各种形式的林产品，供社会消费和使用。生产出的各种林产品开始投入市场，进入了消费贸易阶段。在这一阶段，一部分林产品供国内消费者使用，满足国内消费者的需求，另一部分林产品有可能通过贸易渠道进入国外市场，满足国际消费者的需求。最后，林产品在消费者手中耗尽使用价值后，就进入了回收处理阶段。下游企业针对林产品的废旧物进行回收，重新设计开发，使得每一块木材都能物尽其用，发挥木材的最大价值。

在森林资源产业链中，每一阶段都可能会有正负外部效应的产生，而且在每个阶段以及各阶段内部的关系是错综复杂的，各个阶段通过各种因素的共同作用实现良好发展，才有可能实现整个森林资源的可持续发展。就森林资源的开发利用来说，生产阶段是整个产业链的基础阶段，决定着木材质量高低，是十分重要的一个产业链环节。

（二）森林可持续经营模式的机制建构

森林可持续经营离不开森林经营主体、政府、市场和社会组织的共同作用。因此，本文从上述 4 个不同主体来构建森林可持续经营模式机制。如图 2-2 所示，森林可持续经营模式的机制是由影响森林经营的重要因素组合而成，各要素之间相互影响、相互制约、相辅相成，以期充分发挥森林的经济效益、社会效益和生态效益，从而实现森林的可持续经营。本文接下来将具体分析不同主体作用下，不同因素如何推动森林实现可持续经营。

1. 基于森林经营主体角度

森林经营主体在种苗培育、更新造林、森林抚育、病虫害防治等多方面都有着重要影响。因此，在生产阶段，要遵循一定的经营理念和方式，根据经营目标，采取相应的营林技术，才能实现森林的可持续经营。

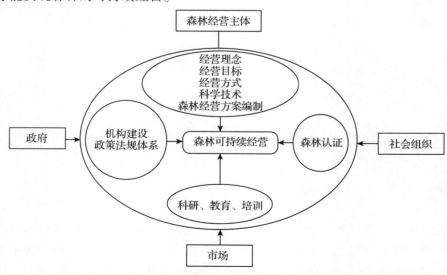

图 2-2　森林可持续经营模式机制

1）经营理念

在对森林资源进行管理时，遵循一定的经营理念是实现森林可持续经营的前提，是森林经营管理活动的重要原则。森林经营应遵循质量原则、发展原则、协调原则、公平原则和分类经营原则（国家林业局，2013），实现对森林资源的合理配置，减少资源浪费，促进森林可持续发展。

首先，森林在遵循质量原则，合理利用和开发森林资源时，不产生负面影响，减少对环境污染破坏等；其次，森林按照发展原则，不违背自然发展原则和经济发展规律，可以持续收获林产品，满足国内外消费者的需求；然后，根据协调原则，兼顾森林经济效益、社会效益和生态效益，可以充分发挥森林生态系统的整体功能，合理配置森林资源；最后，根据公平原则有限度地利用和使用森林资源，有助于做到代际和代内的利益均衡，实现森林可持续经营。

分类经营是对森林资源进行合理管理利用的重要经营方式，既可以保护生态环境，也能确保森林资源的供给平衡。分类经营模式可以大致分为商品林和公益林两种，结合森林结构、树种特性、森林土壤发育等多种因素进行精细化作业，实现森林生态系统的良性循环，推动森林资源、经济和环境的共同发展。按照《中华人民共和国森林法》的相关规定，根据林区经济发展和社会自然环境的要求，全面体现出森林的作用，商品林和公益林的比例应该保持在 1：3 的范围内（白长志，2015），有助于推动森林的可持续发展。

2）经营目标

经营目标随着社会经济的发展和全球气候环境的变化也会发生变化。不仅仅是经济效益、社会效益和生态效益的变化，也会是单目标或多目标的调整变化。森林经营目标一定程度上反映着社会发展程度，对社会发展具有指引和导向作用。法正林理论仅考虑了森林蓄积的永续利用，导致森林稳定性较差，难以发挥森林的多重功能等问题，之后德国提出的"近自然林业经营"兼顾了森林的多功能性，尊重理解自然，实现森林的可持续经营。

过去以木材产出为单一目标或者以木材生产为主的多目标森林经营导致了森林经营主体一味地追求经济效益最大化，过量砍伐森林，引发了山洪暴发、水土流失等严重后果，给社会造成巨大损失，带来外部不经济，导致资源配置的低效率。因此，各国开始将森林经营的重点由木材生产转变为生态效益为主的多目标经营。现在大多数国家森林经营是以生态效益为主，兼顾生产效益和社会效益，通过合理的开发，使得森林资源物尽其用，创造最大价值，提高资源配置效率。未来随着生态效益的不断改善和提高，人们越来越重视森林资源给人们带来的文化、历史、地理等知识环境，森林经营以社会效益为主也不失为一种未来的森林经营目标发展趋势。

3）经营方式

经营方式在森林经营过程中也扮演着不可替代的作用。在森林经营过程中，将树木分为目标树、干扰树等，目标树的确立是至关重要的。目标树是为实现森林规划目标而选择的，对森林主导功能起支撑作用，凡是影响目标树生长的树木都应该伐除，对目标树影响不大的可以保留，以减少抚育伐强度，并作为辅助木支持目标树的生长。进行目标树经营有助于快速形成森林骨架、提高森林质量、优化森林种源并决定演替方向、保持森林生态持续稳定；并且经营成本比整体经营低，投入少，管理难度也比整体经营小，还可美化森林景观(国家林业和草原局政府网，2018)。

4)经营技术

森林可持续经营过程中，科学技术是森林资源可持续经营的重要保证。改善和提高森林育苗技术、栽种技术、造林技术、防火技术、管护技术、检测监测技术和病虫鼠害防治技术等多方面的技术水平，有助于从源头培育品质优良的种苗，有效保障营林成效，提高森林综合效益，稳定森林生产效率。通过完善的林业技术推广体系，将现代化科学技术有机融入森林的开发利用过程中，使科技成果转化为生产力，科学指导森林经营主体进行树木种植，促进森林健康有序发展，实现森林可持续发展。

5)森林经营方案

森林经营方案是指导经营单位保护、发展、合理利用森林资源，实现科学经营、永续利用和提高森林经营管理水平的总体规划设计文件，是检查和评定生产成果的标准，也是森林经营工作的主要成果(陶少军等，2019)。森林经营方案是管理、检查和监督森林经营活动的重要依据，是实现森林可持续经营的重要路径和保障。编制科学合理的森林经营方案，有助于优化森林资源结构，提高森林生态系统整体功能，改善野生动植物的栖息环境，促进人与自然和谐发展，科学、精准提升森林质量和森林资源管理。

2. 基于政府角度

(1)政策法规体系。一方面，健全的森林保障制度，如关于商品林管理、野生植物保护、国有林场管理等方面的法律法规，有助于加强对森林资源开发利用的监督和管理，规范森林经营管理工作，充分发挥法律的强制性和权威性。另一方面，不断完善的林业技术标准体系，可以加强对林木种苗培育质量的把关，规范生态公益林和商品林基地的发展，加强对森林资源的培育管护，促进森林资源的可持续发展。

(2)机构建设。不断完善的林业行政机构体系和事业单位机构体系，包括森林公安和防火机构、检察院等监督机构及木材检查站、森林病虫害防治检疫站、环境检测机构等单位，为科学的森林管理提供保障和支撑。各机构各司其职，充分发挥自己在森林资源管理中的作用，及时发现森林经营过程中存在的问题或障碍，及时采取有针对性的解决办法，优化森林管理水平，确保森林经营的实效性，满足可持续发展的要求。

3. 基于社会组织角度

非政府组织在森林经营管理过程中扮演着重要角色。其中，森林认证作为促进森林可持续经营的有效工具，是保护与利用森林资源、协调森林生态效益与经济效益的一种重要调节手段(王燕琴等，2017)。通过森林认证，有助于提高森林经营单位的森林经营水平，监督和检验森林经营实践；稳定企业现有产品市场份额，并为进入新市场创造市场准入条件；也保护了森林和生物多样性，促进森林生态系统的完整性，实现森林的可持续经营。

在森林资源领域，活跃着一大批形形色色的非政府组织，包括一些行业协会、学会、基金会、绿色组织等。行业协会作为政府和企业之间的桥梁，既向政府传达森林企业的共同要求，同时也协助政府制定实施森林发展规划、政策、法规等，协调森林企业的经营行为，监督森林企业产品、服务质量、经营作风等多方面内容，稳定行业的优良发展。学会往往通过开展森林资源方面学术交流和研究、出版森林相关书刊与刊物、森林相关从业人员的继续教育等工作，来推动森林教育、技术和时间的进步，确保森林资源的持续利用，满足当前和未来的社会对森林资源的需求。基金会可能会通过资助造林、育林等方式促进森林的发展。绿色组织致力于对森林的保护，通过科研和技术发明等方式解决环境保护的问题，鼓励全球人们采取积极行动促进持续性发展。社会组织共同作用，发挥自身力量来改善森林环境，规范森林经营发展，促进森林可持续经营。

4. 基于市场角度

在森林可持续经营过程中，市场可以通过供求机制、价格机制和竞争机制等使森林资源得到合理配置。森林经营主体在森林培育管护等过程中根据市场价格波动、需求量变化等市场信号来调整供给量，实现供求之间的基本平衡；在对一些生产要素的投入过程中，价格可以反映供求关系，并且调节木材生产和流通，也会促进企业的竞争和激励；森林认证也是通过市场机制来促进森林可持续经营等等。市场在森林可持续经营过程中扮演着不可替代的作用。

5. 基于多主体共同作用角度

森林可持续经营离不开各个主体的共同参与和共同作用。政府通过补贴等方式促进森林资源的创新利用和科研技术的提升，开展座谈会、宣讲会等方式传播森林知识；高校或者一些教育机构通过社会教育和宣传，包括保护森林资源、生态建设、林业法制等知识的教育，提高民众保护森林及生态建设的公众意识；政府或企业开展理论和实践培训，提升从业人员的素质和能力，研发更高水平、高质量的种苗培育、栽培、防治等技术，为森林可持续经营夯实基础。

三、森林可持续经营具体实践模式

(一)森林可持续经营实践模式划分

在森林可持续经营模式机制的框架下，根据不同目标，实际生活中实践模式也不尽相同。如图 2-3 所示，在单目标和多目标经营模式下，皆可实现森林的可持续经营。

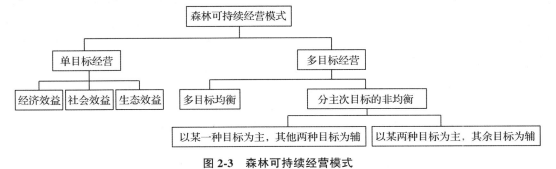

图 2-3 森林可持续经营模式

1. 单目标可持续经营模式

森林资源按照单目标经营模式，可以分为以经济效益（木材产出）为目标的森林经营模式、以社会效益为目标的森林经营模式和以生态效益为目标的森林经营模式。在单目标经营模式下，应不以过度损害或破坏其他两种目标的效益为代价，合理利用开发森林资源，使其发挥森林生态系统的各种功能。例如，过去以木材产出为目标的经营模式过度损坏了森林资源，带来严重的灾害，影响后世的生存环境和对资源的利用，这是一种短期获利的经营模式，缺乏持续性。但若对环境的危害是可控的，可以通过技术或法律等强制规定改善或减轻危害，以此实现经济效益最大化的模式是可持续性的。

2. 多目标可持续经营模式

根据多目标经营模式，可以分为多目标均衡和分主次目标的非均衡。

（1）多目标均衡即是根据森林的多功能性，来实现森林经济效益、社会效益和生态效益的统一。在对森林资源的经营管理过程中，要同时实现经济效益、社会效益和生态效益最大化，不能损害任何效益，要共同促进三者的发展，以此满足人们的需求。通过不断地利用科研成果，推广适合各个区域的技术应用，调整和制定森林经营管理的相关政策和措施，充分考虑综合效益的统一。例如，以往的一些造林政策一味强调造林任务，忽视了后期的抚育管护、病虫害防治等长期经营措施，只有造林面积的增加，却不见森林的形成，社会效益和生态效益不能充分发挥，出现一些决策上的失误（殷鸣放和周立君，2012）。但若政策加以调整，纳入相关指标进行政府内容考核，可能就会减少上述现象的发生，实现综合效益最大化。

（2）分主次目标的非均衡即包括以经济效益为主、社会效益和生态效益为辅，以社会效益为主、经济效益和生态效益为辅以及以生态效益为主、社会效益和生态效益为辅的以某一目标为主、其他两种目标为辅的经营模式；以及以经济效益和社会效益为主、兼顾生态效益，以经济效益和生态效益为主、兼顾社会效益以及以社会效益和生态效益为主、兼顾经济效益的以某两种目标为主、其余目标为辅的经营模式。在非均衡经营模式下，重点发展主要目标，但不能忽略次要目标，不能以损害次要目标来实现主要目标，次要目标也要纳入整个森林经营过程中。

无论是单目标经营还是多目标经营，都应按照上述森林可持续经营模式机制进行利用和管理，森林经营主体、政府、市场、社会组织在森林资源经营过程中协调发展，提高森林资源配置的效率，遵循一定的经营理念、经营方式和森林经营方案，遵守法律法规，采用高质量的科学技术等多要素的共同作用下，维持森林生态系统的稳定发展，满足当代人和未来世代对森林的需求。

（二）几种常见的森林可持续经营实践模式

为了实现森林可持续经营，各国纷纷发展森林可持续经营的模式。并开展大量的森林可持续经营实践活动。目前，已经逐步形成多种森林可持续经营模式，较典型的有：森林近自然经营、森林多功能经营和森林生态系统经营。

1. 森林近自然经营

近自然林业是模仿自然、接近自然的一种森林经营模式。"接近自然"是指在经营目的类型计划中使地区群落主要的本源树种得到明显表现。它并不是回归到天然的森林类型，而是尽可能使林分建立、抚育、采伐的方式同"潜在的自然植被"的关系相接近。要使林分能进行接近生态的自发生产，达到森林生物群落的动态平衡，并在人工辅助下使天然物质得到复苏。近自然林业理论基于利用森林的自然动力，也就是生态机制，其操作原则是尽量不违背自然的发展。近自然林业理论阐述了这样一个道理：林分越是接近自然，各树种间的关系就越和谐，与立地也就越适应，产量也就越大。

2. 森林多功能经营

森林多功能经营是以营建多功能森林为目标，采取有效而可持续的经营技术和综合措施，充分发挥森林的生态、经济、社会、文化等多种功能，实现森林功能最大化的一种森林经营方式（曾祥谓等，2013）。多功能森林的本质特点就是追求近自然化的、但又非纯自然形成的森林生态系统。因此，"模仿自然法则、加速发育进程"是其管理秘诀，即人工按照自然规律促进森林生态系统的发育，生产出所需要的木材及其他多种产出。模仿自然的内涵很多，主要是利用自然力、关注乡土树种、异龄、混交、复层等。其实多功能森林经营的理论基础及方法就是传统的森林经理学（侯元兆和曾祥谓，2010）。20 世纪 60 年代以后，德国开始推行"森林多功能理论"，这一理论逐渐被美国、瑞典、奥地利、日本、印度等许多国家接受推行，在全球掀起多功能经营的浪潮。1960 年美国颁布了《森林多种利用及永续利用生产条例》，利用森林多功能理论和森林永续利用原则实行森林多功能综合经营，标志着美国的森林经营思想由生产木材为主的传统森林经营走向经济、生态、社会多功能利用的现代林业。1975 年德国公布了《联邦保护和发展森林法》，确立了森林多功能永续利用的原则，正式制定了森林经济、生态和社会 3 大功能一体化的林业发展道路（亢新刚，2011）。

3. 森林生态系统经营

森林生态系统经营定义为能同时满足人们对森林的生态需求、经济需求及社会需求的森林经营方式（陆元昌和甘敬，2002）。生态系统经营是"在景观水平上维持森林全部价值和功能的战略"。一般说来，生态需求是不易变的，而技术变化及公众期望的变化影响着经济需求的变化，社会需求也与经济需求的变化有关。所以生态系统经营是一个复杂的动态概念，难以用明确而简洁的定义描述，以至于以务实为特征的欧洲近自然森林经营学术界在这个概念提出后的很长一段时期内对此未做出太多响应。但是美国林业界进行了持续地探索，在生态系统经营总概念的指导下，从不同的角度做出了不同的定义，这些定义的共同点是反映生态学原理、重视森林的全部价值，考虑人对生态系统的作用和意义。

专栏 2-1　基于人工干预强度的森林经营模式分类

森林可持续经营（SFM）是支撑现代林业管理的一个关键概念，要实现森林可持续经营需要找到森林的社会、生态和经济效益之间的平衡，选择合适恰当的森林经营模式是实现森林可持续经营的关键步骤之一。然而，评估各种森林可持续经营模式的可持续性较为复杂，因为森林资源的性质以及不同经营模式在不同时空下的影响各不相同。

目前，国外学者试图对森林经营模式进行分类，这些分类方式主要分为两种视角。

第一类主要是经济视角，即从生产要素利用率和经济回报进行分类；第二类主要是生态视角，取决于自然条件的改变程度。这两种视角都会对生物多样性和其他可持续性标准产生影响。新的森林可持续经营分类方式应该能够与地方或国家一级的可持续性标准和指标相联系，并且足够灵活，这样才能适用于更加广泛的森林类型。

基于上述分类方式的不足，Duncker et al.（2012）提出了一个新的框架，即根据森林经营强度不同对森林可持续经营的模式和实践进行分类，并与可持续森林经营指标联系在一起。与传统分类方式不同的是，该框架旨在与反映可持续性的经济、生态和社会组成部分的标准和指标一起使用。无论森林经营的具体目标如何，采取的行动（或不采取行动）将对森林生态系统的状况和进程产生影响。这种行动将在一定程度上影响森林的产品和服务。因此，林产品和生态服务的提供可被视为森林管理的结果和驱动力。因此，该框架可以作为任何分析的基础，这些分析旨在探索不断变化的政策和造林作业对可持续性标准和指标以及对提供生态系统服务的影响。

Duncker et al.（2012）根据树木以及林分的不同发展阶段（从生长到成熟期），总结出了人工干预的12项森林经营可能采取的决策，并根据森林经营的人工干预程度大小将森林可持续经营分为5种，5种不同森林经营模式的人工干预强度排序为：自然保护区（最低），近自然林业（低），多功能林业（中），集约经营的同龄林业（高），短周期林业（最高）。

资料来源：Duncker et al.，2012

四、森林可持续经营模式的经济学分析范式

从经济学角度对森林进行的研究涉及森林资源产权、森林保险和森林生态等多个方面。从森林资源产权的角度，关宏图和刘文燕（2010）运用外部性、准自由进入性和产权的可分性等经济学理论分析，揭示了我国森林资源产权制度改革的必然性；吴希熙和刘颖（2008）通过市场供求平衡原理，从市场失灵、外部效应等分析了森林市场保险供求失衡的原因；也有学者对现代森林经营模式驱动力进行分析，张旭峰等（2017）以近自然全流域森林经营模式为例，从市场、经营主体和制度安排的角度认为产品和要素市场、企业家精神、政策与人才等等都是构建现代森林经营模式的驱动因素。有极少部分学者对森林可持续经营运用经济学进行研究，王楚南和王晓宇等（2009）结合西方经济学中公共产品外部性等相关理论认为通过实施森林资源集约经营、分类分区经营和加强技术创新等措施可以促进森林生态、经济和社会系统的可持续发展。本文以多目标均衡的森林可持续经营模式为例，用经济学的视角来分析在此模式下如何实现森林的可持续经营。

（一）投入产出分析

森林经营周期在森林经营过程中起着重要作用，关系到生产计划、经营措施等一系列生产活动的安排。一般经营周期主要是轮伐期和择伐周期，轮伐期用于同龄林，择伐周期用于异龄林经营中。其中，轮伐期＝采伐年龄＋森林的更新年限，采伐年龄依据不同林种

的成熟龄和经营单位内、外部经济技术条件综合研究来确定；而择伐周期的长短取决于森林经营水平、林分立地条件、树种、林况等因素。

本文假设一个森林经营周期为30年，如图2-4所示，在每个周期内，都需要持续不断地投入大量的劳动力、土地、资本和技术。在经营周期内，刚开始要培育良种壮苗，注意对树种种植构造调整并且引入科学的营林方法，以实现在推进经济效益发挥的同时，保障木材的产出和森林资源的可持续性输出。另一方面，也要注重对森林资源的生产性投资，注重技术投入。在森林资源的经营管理过程中，一些小型经营主体所掌握的市场信息与反映市场的信息能力明显不够，并且林农在林木培育过程中容易受到资金与技术的约束，导致林农难以实现规模效益。

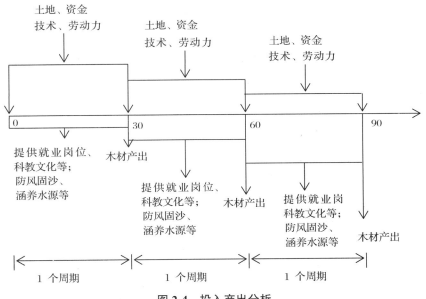

图2-4 投入产出分析

森林资源由于在一个周期内都需要大量的劳动力投入，这为人们提供了一定的就业岗位，同时也为人们提供了精神激励、文化创作、美学等价值，产生一定的社会效益。并且只要森林存在，生态效益就会连续产出，净化空气、涵养水源等功能发挥作用的时间是持久和不间断的。一般来说，森林生产的周期比较长，回报产出较慢，经济效益不是短时间就可以呈现的，需要经过持续不断地培育，经过一定的时间周期，才能有一定的木材产出，满足市场对林产品的需求。在对森林资源进行采伐时，采伐量不应超过生长量，保持森林资源更新的活力，发挥法律体系、机构的监督作用，实现对森林资源的合理利用。我国最初进行的只顾采伐利用不顾育林的掠夺式经营损害了森林资源的正常木材产出，往往会破坏森林的功能和养分。在一个经营周期结束后，继续进行劳动力、资本等持续性投入，进行合理采伐，产生持续性的效益产出，形成投入和产出的良性循环。考虑到未来子孙后代的利益，在对森林资源开发利用时要考虑森林所带来的负外部性，降低加工污染等带来的破坏。显然，遵循森林采伐量不超过生长量的原则下开发利用森林，并注重人工培育的森林经营方式是符合森林可持续经营模式的方式。

我国不断完善和发展的森林采伐限额和采伐许可证制度，对森林资源进行了有效的管理，在市场资源配置的作用下与政府的宏观调控相结合，满足木材生产需求的同时，也能持久发挥生态效益。森林经营主体通过持续不断的资本和技术等投入，遵循永续原则，不过度砍伐森林资源，实现森林资源合理投入和产出的良性循环，从而实现经济效益、社会效益和生态效益的统一。

（二）多目标优化分析

多目标最优化（VMP）研究用于多于一个的目标函数在给定区域的最优化。对于森林可持续经营模式的研究中，我们将森林资源产出最大化作为目标，而森林资源产出已经不再局限于经济效益最大化，还应包括社会效益和生态效益。本研究将目标函数设为森林资源效益最大化，包括经济效益、社会效益以及生态效益最大化。约束条件设为：①产业扩张约束（陈郭石等，2019）；②非负约束（陈郭石等，2019）；③采伐约束；④技术进步系数设定。然后进行求解。

1. 目标函数

假设一个森林经营周期内，Max 森林资源效益=经济效益+社会效益+生态效益。

所以，考虑到未来世代的利益，从此刻开始的第一个经营周期到第 N 个经营周期内，

$$\text{Max 森林资源效益}_{\text{total}} = \sum_{i=1}^{N} \text{Max 森林资源效益 } i \text{。}$$

本文主要研究在一个经营周期内使森林资源效益最大化，从而使总的森林资源收益最大。

1）经济效益最大化

森林资源作为社会发展的不可替代的自然资源之一，在木材、能源、食物、化工原料和物种基因资源方面都彰显着重要的经济价值。并且，随着经济社会水平的提高，人们生活质量的不断提高，森林生态旅游成为人们休闲娱乐活动的选择之一，也为国家带来一定的经济收入。

Max 经济效益=森林有形产品和服务价值+森林无形产品和服务价值。

其中，森林有形产品和服务价值=林木价值+森林实物产出价值。

林木价值=林分活立木价值+灌木林价值+未成林造林地林木价值（郝婷婷等，2015）。

森林实物产出价值=木材产出价值+灌木林产出价值+经济林产出价值+薪材产出价值（郝婷婷等，2015）。

森林无形产品和服务价值=森林旅游收入+康养游憩价值+森林健身价值+森林疗养价值+其他价值。

2）社会效益最大化

随着社会的发展，为满足不同森林主体的不同层次需求，森林资源为人类提供就业的效益，产生促进人类身心健康的效益，带来了对社会的文化、科教、心理、历史等多方面的有益效果，是人类社会不可或缺的重要资源。

Max 社会效益=满足自我实现需求的价值+满足认知和美感需求的价值+满足尊重需求的价值+满足情感归属需求的价值+满足安全保障需求的价值+满足本能需求的价值。

其中，满足自我实现需求的价值=森林精神激励价值+森林文化创作价值。

满足认知和美感需求的价值=森林科教价值+森林伦理价值+森林美学价值。

满足尊重需求的价值=森林外交价值+森林隐私庇护价值+森林心理慰藉价值。

满足情感归属需求的价值=森林情感价值+森林历史价值+森林地理价值。

满足安全保障需求的价值=森林军事国防保障价值+森林社会保障价值+森林环境保障价值。

满足本能需求的价值=森林生存支撑价值。

3) 生态效益最大化

森林资源在发挥经济和社会效益的同时，对于生态环境的改善也发挥着重要作用。森林环境具有调节气候、涵蓄水源、保持水土、防风固沙等功能，通过生态调节作用进而有助于维护生物多样性和遗传多样性等。

Max 生态效益=涵养水源价值+保育土壤价值+固碳释氧价值+防风固沙价值+保护生物多样性价值+其他价值。

2. 约束条件

1) 产业扩张约束

为了避免经济过大波动，森林资源规模应限制在一定幅度内波动。产业扩张约束如下：

$$P_1 X \leq X \leq P_2 X$$

其中：$P_1 > P_2 > 1$；P_1 和 P_2 代表了森林资源增长率的上限和下限。

2) 非负约束

森林资源的最终产出不可能为负数，都是正向输出，其约束如下：

$$X \geq 0$$

3) 采伐约束

森林资源的采伐量不能超过同期生长量，其约束如下：

$$X_{i采伐} \leq X_{i生产}$$

4) 技术进步系数设定

在经济全球化的背景下，科学技术不断发展。森林经营技术的进步和创新是实现森林可持续发展的关键。设定技术进步系数符合森林资源发展状况。

在森林资源规模有限的条件下，科学技术进步是提高森林资源质量和效益的重要手段。通过技术创新和提升，会加大森林资源产出的实际供给，在原需求不变的情况下，不仅提高了消费者剩余，也增加了社会福利。如图 2-5 所示，原均衡点为 E_0。当技术进步，社会供给增加，供给曲线由 S_0 移动至 S_1，新的均衡点也由 E_0 移动至 E_1，价格由 P_0 降至 P_1，消费者剩余由 AE_0P_0 增加至 AE_1P_1，社会福利由 AE_0B 增加至 AE_1C。可见，技术进步同时提高了消费者和社会的总福利。

3. 求解算法

对于多目标最优化问题的求解方法有很多，在林业上，应用广泛的算法主要有多目标

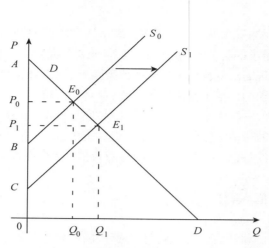

图 2-5　技术进步引起的福利变化

进化算法、人工神经网络、混沌优化算法、蒙特卡洛整数规划法等（肖晓伟，2011）。最流行的是进化算法，大多采用基于帕累托最优解的排序方法。

采用进化算法的结果是一组帕累托最优解组成的求解集合，对森林产出最大化的求解结果应是在约束条件下，决策者根据实际需求选择最为优秀的政策或者措施，使经济效益、社会效益以及生态效益最大化，促进森林资源的有效配置。

为使森林资源的经济效益最大化，近年来，国家不断调整和改进森林资源结构，由传统的粗放式资源开发逐步转向集约经营，通过科学选种与育种，高标准整地，运用先进的农林科学技术加强森林抚育等措施改善森林资源经营状况，也可以大力发展旅游业，打造森林生态旅游服务，促进森林资源的最佳利用，逐步实现森林资源的可持续协调发展。森林生态旅游的发展为实现森林资源的良性循环和持续经营提供了可借鉴的模式。

为使森林资源的社会效益最大化，应合理运用"天然林保护工程"等项目政策，改善人们的就业问题，促进林区的繁荣发展；致力于提高资源利用效率，从降噪、吸附灰尘等方面改善人们的生存环境；加强森林生态文化建设，增强人们对生态文明的认同感和自豪感。

为使森林资源的生态效益最大化，国家不断加大生态环境的保护力度，坚持生态优先，保护优先，实现森林资源的可持续利用和发展。国家通过建立森林生态效益补偿制度，明确资源来源和用途，在适度鼓励发展商品林的同时兼顾生态效益，进行合理的开发利用，使森林资源迈入了生态与经济协调发展的良性循环。

五、小结与展望

研究发现，森林可持续经营模式机制是由多方主体多种因素共同组成。森林经营主体通过遵循和实施一定的经营理念、经营方式，依据一定的经营目标和森林经营方案，采用高质量的技术进行森林资源管理和利用；政府、市场和社会组织通过机构建设、政策法规体系、科研、教育等方式协调作用于森林经营，各要素之间相互影响，相互制约，相辅相成，推动森林实现可持续经营。本文弥补了以往森林可持续经营模式机制构建方面的遗漏，并从投入产出、多目标优化的经济学视角来分析如何实现森林可持续经营，对现实实践具有一定的指导和借鉴意义。本文主要是从代际角度分析森林可持续经营，具体实践中远不止代际问题，发达地区与落后地区的区际、发达国家与发展中国家的国际、不同群体之间的群际等问题都会对森林功能的发挥、效益的实现产生影响，未来还有待从这些角度进一步深化研究。

第三章
德国森林可持续经营分析：基于行动者视角

一、引　言

德国是林业发达国家，是林业理论的发源地之一。尤其是近年来德国近自然营林技术和多功能森林理论在世界森林经营领域处于领先地位。在生态文明建设的背景下，中国森林经营处于从木材利用向可持续绿色发展的转型过程中。学习借鉴德国可持续森林经营经验有助于更好地实现我国的森林经营转型。

已有文献对德国森林经营模式的介绍往往是技术中心主义思维，体现在对德国造林技术的细致描述上（周立江，2005；周亚林，2008；汤景明，2015）。这虽然贴合德国以木材为导向的森林经营传统以及历史悠久的营林技术，但是要想全面了解德国森林经营模式的面貌，单纯以技术为中心的介绍无疑会显得支离破碎。其次，已有文献往往采用"危机—应对"这样看似和谐融洽的逻辑论述，例如德国工业革命引起对木材的大量需求，继而木材短缺引起木材永续利用的法正林营林思想，接着森林生态效益恶化引起近自然林的营林思想（吕继光，1994；顾巍巍和王瑞霞，2008；赵海兰和刘珉，2019）。这样一种和谐的宏大叙事往往会掩盖了森林经营模式转变背后复杂的利益纠葛。行动者的视角是森林政策和管理学科近年来兴起的一种研究视角，弥补了在森林范式描述方面结构化宏大叙事的不足。本文将以森林经营中行动者的视角形成与德国森林可持续经营模式的逻辑和经验相符合的阐述。

森林政策和管理面临多种往往相互冲突的诉求，并由此产生不同的政策回应和管理模式（Lars Borrass et al.，2017）。对森林的诉求包括木材生产、生物多样性保护、审美和文化价值以及缓解气候变化等。由此形成的不同的管理模式包括从经济理性下的高度重视商品生产的森林经营模式，到强调地方参与和利益相关方参与的基于社区或社会的森林经营模式，再到注重生态系统服务和保护的森林经营模式。范式可以被定义为一组"共同的价值观、信仰和共享的智慧，这些价值观形成个人的态度和行动的基础"（Brown and Harris，1992）。

德国可持续森林经营又被称为多功能林业模式，这种模式因平衡多种诉求受到赞扬。但是德国的森林可持续经营并不是一开始就是多功能经营模式，而是从木材蓄积永续利用的可持续演变而来（Andreas，2012）。早在 1713 年，Hons Carl von Carlowitz 在他的《Sylvi-cultura Oeconomica》（《森林经济》）书中首次使用"可持续性"一词。源于对木材的极度渴求——经过几十年不受控制的利用，中欧的森林几乎被摧毁。这个词最初的意思不过是保护原材料产量的持续性和稳定性，也就是说，从森林中提取的木材数量不应该超过在同一时期内可以补充的数量（数量上的可持续性）。直到 20 世纪后期，这种概念才让位于多功能（社会、经济和生态）利用的概念。

工业革命以来，德国森林资源过度采伐利用和大量破坏，恢复和发展森林资源的迫切需求，推动了德国森林经营理论与技术的发展。1826 年德国洪德斯哈根（Hundeshagen）提出了法正林理论，确立了以木材经营为中心的森林蓄积永续利用的经营思想并付诸实践，并一度成为一些国家衡量森林经营水平的标准。由于这一经营思想忽视了森林的其他功能，森林纯林化、针叶化严重，森林稳定性差，生态问题突出。随着工业和经济的发展，从 20 世纪 50 年代开始，德国相继提出了森林效益永续经营理论和森林多功能理论。20 世纪 70 年代是德国实现多功能林业指导思想根本转变的时期。1972 年的风暴使大面积人工林受害，随后发生的各类森林灾害又使大量人工林受到严重影响。面对灾难，德国林业界认识到把目标局限于木材生产并以追求纯经济利益为核心的单一目标的林业体系的问题，开始放弃"法正林"学说以及以经济收益为导向的人工林轮伐期作业体系，而明确了林业的多功能目标和基本原则（陆元昌等，2010）。20 世纪 90 年代，德国开始推行"近自然林业"的理论与技术，并将它作为新的林业政策和经营方针（印红等，2010）。此外，德国还拥有先进的森林资源和环境监测技术体系。德国在从 20 世纪 40 年代开始的 Lange Bramke 森林水文定位站和从 20 世纪 60 年代开始的 Solling 森林生态系统定位站（MAB 计划）长期研究的基础上，成立了后来世界著名的森林死亡研究中心（后改名为森林生态系统研究中心），在相关方面做了许多开创性的研究工作，并逐渐发展和形成了一套很有特色的、适应当今社会的林业发展需要的森林资源监测内容和技术，并研制了成套的先进仪器设备和发展了一些树木生长和森林资源动态模型。现在，这个监测网络已包括西欧和北欧的主要国家，形成了泛欧的一体化监测体系（张会儒等，2002）。

下面本文将以行动者视角论述德国可持续经营模式的演变逻辑，首先对德国森林经营相关的行动者进行简要的历史梳理，从以国家主导的对木材经济效益的单一诉求，转变为私有林主、国际非政府组织等保护组织新兴主体进入森林经营领域并争取多种森林诉求。这一背景下政府为回应社会对森林的多种诉求逐渐改变传统的木材生产管理职能，开始采取多样化的管理手段协调多种利益诉求。政府森林经营理念的变化加速德国从法正林向多功能营林理念的转变。接着本章第三部分论述德国森林经营理念的变化，以及新的可持续经验理念下各个行动者所采取的手段策略。分析发现，各个行动者所采取的森林经营措施一定程度上彼此协调适应，共同塑造多功能可持续森林经营模式。

二、森林经营行动者的变化

(一)木材生产的单一诉求与法正林思想

工业化以来德国从一个农业国家开始逐步发展成为工业资本主义的中心。重工业的发展带来了对木材的大量需求，德国的冶炼业起初也大多选择在林区周边设厂，以方便利用木炭作燃料。到 1840 年前后，普鲁士生铁生产主要还是采用木材为燃料冶炼的。此外，随着工业化的推进，建筑的扩建、铁路的发展对木材的需求也在不断增加(刘珉，2017)。这一时期的森林砍伐，不仅造成德国森林面积再次减少，木材供应严重短缺，而且还引起了生态环境的恶化。新兴的资产阶级为了解决木材短缺的问题，一方面，着手建立新的森林法律秩序，颁布森林保护法律，使森林面积下降的趋势得以控制；另一方面开展了大规模的恢复森林的运动，当时出于迅速恢复森林的经济效益的考虑，营造的森林都是速生的同龄针叶林，过去残留下的部分阔叶林和天然混交林也改造成了单一树种的针叶林。到了20 世纪后，恢复森林的努力终见成效，森林的蓄积量和生长量都比原来翻了 1～2 倍，但德国的森林却变了样，原始的森林群落不见了，取而代之的是林相单一的人工林(郭跃，2000)。

这一时期为适应对木材的需求，林业经营思想和理念不断推陈出新，并在一定时期内引领了世界林业发展思潮。"永续性"作为森林经营理论最初由卡洛维茨提出，他指出"这个国家最伟大的艺术、科学、努力和组织的基础，是营造和保持能够持久地、不断地、永续地利用的森林"。此后奥托尔特、哈尔蒂希、哥塔等从不同层次对"持续经营"做出了补充和完善，总的来说，森林永续经营就是追求最高木材产量的持续性和稳定性，采伐的木材不能多于也不能少于在良好经营条件下所能够提供的数量，同时让后人也能得到现代人所得到的同样多的利益。后来洪德斯哈根出版了《林业科学方法论和概论》等著作。由此，在森林经营史上闻名遐迩的"法正林"理论横空出世，成为森林永续和均衡利用的经典理论。"法正林"是具有理想结构和理想状态的抽象化的森林，是由同一作业法、同一轮伐期所构成的经营整体。它应满足以下 4 项要求：一是它的林分具有最高的平均生长量，即具有法正生长量；二是在轮伐期范围内所有的龄级都是法正林分，且面积相等；三是法正林分的空间配置应该是满足在执行各项营林措施时，经营上不受任何损害，即林分法正空间排列；四是在投入营林资本获得满意利润条件下，法正生长量的质量和法正蓄积组成应保证固定的最高林业收入。当经营总体的四项法正条件全部实现时，结果必然具有法正蓄积量，即在轮伐期范围内全部龄级的同等面积上，法正林分所获得的木材数量。几十年后，弗斯曼发表了"土地纯收益理论"，迎合了林业轮伐由资源导向转变为经济导向的趋势，并在德国盛行了 20 多年。1867 年，弗斯曼的理论遭到了普鲁士国有林业局局长哈根的批判，他指出"经营国有林不能逃避对公众利益应尽的义务……不主张在计算利息的情况下获得最高的土地收益"。这一理论被誉为经典的"森林效益永续经营理论"(刘珉，2017)。

（二）森林的多种诉求与多功能森林经营模式

对森林的多种诉求和森林多功能管理模式的形成之间并不是线性相关和一蹴而就的。期间德国森林还经历一段曲折的战火破坏历史。

1. 多功能森林经营模式的前奏

1871—1918年，德意志进入第二帝国时代。人们对森林的功能需求日益增多，一方面：激进的民族主义者认为森林是国家财产，希望森林能点燃人们的爱国热情，带来集体精神和服从意识；自由主义和家园保护联盟认为"与享受海洋权力一样，人人应该享有陆地表面的权力，支持无限制的无伤害的在森林中的徒步旅行"；社会民主主义及工人代表则希望城市工人在工作之余有更多的休闲空间，用来缓解工作和生活的压力；农民则希望从森林中获取薪材，采集非木质林产品。另一方面：贵族和地主则要求严格保护他们森林的所有权和狩猎特权，不允许外人入侵他们的领地。1880年的《田野与森林法》，支持领地所有者对森林的财产权利，并对森林盗窃处罚做出了严格规定。法律的公布在大贵族及大地主阶级、中产资产阶级、无产阶级、自由主义、民族主义之间引发了大范围的激烈争论，随后国家推行了一系列的社会改革措施，一定程度上缓和了人们对森林的冲突与矛盾。但第一次世界大战和第二次世界大战无疑大大地加重了对森林资源的破坏，特别是第二次世界大战时期，虽然纳粹政权也强调森林永续发展，但更多是政治考量和统治之需，紧迫的现实和利益的权衡，还是将天平倾向了保护森林的对立面，森林再一次遭到了洗劫（刘珉，2017）。

2. 多功能森林经营模式的确立

图3-1展示行动者视角下的德国多功能森林经营模式。政府、私有林主及协会、NGO等保护组织是德国主要的森林相关行动者。箭头指向的方框是各个行动者的利益诉求：私有林主和协会主要追求林业经济效益，森林的生态保护效益是NGO等环保组织的诉求，为平衡前两者的利益冲突，政府诉诸多种政策手段，包括补贴等经济政策、强制保护森林的法律规定以及森林科研教育等社会政策。经济效益和生态保护之间也主动彼此适应，体现在注重生态保护的近自然林营林技术和提高林产品溢价的认证机制的引入。

（1）私有产权的确认和国有林场的改革：私有林主地位的上升。直到19~20世纪，私有林权属才被正式确立（印红等，2010）。德国的私有林地占比达44%。私有林的经营主要依靠林业专业合作组织，即私有林协会。欧盟不允许国有企业经营私有林。林主与协会签约，对森林经营提出明确的要求。私有林协会聘用负责采伐的经理来制定森林经营方案，经理的工资由协会会费支付，政府免费提供咨询。

2003年开始，国有林进行改革，在土地州所有的所有权不改变的前提下，将经营权交给企业，州政府林业主管部门实施监管。起初这一改革遭到许多人的反对，NGO组织主张公投。根据法律规定，公投10%以上的公民签字反对，改革就不能通过。最后9.8%公民投反对票，没有达到法定人数，反对无效。2005年开始启动改革，成立了林业经营公司，由企业负责经营。2009年对改革的情况进行评估，结果表明，企业经营良好，收入比以前明显提高了（国家林业局考察团，2010）。

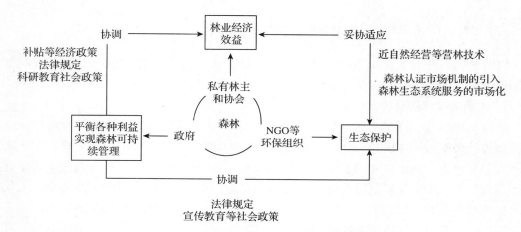

图 3-1　行动者视角下的德国多功能森林经营模式

（2）生态保护主义理念：NGO 等保护组织的产生。20 世纪下半叶以来，因工业文明带来的空气、土壤和水体污染、气候变化等一系列环境问题以及环境问题引发的食品安全危机、民族冲突加剧、社会动荡等一系列经济、社会和政治问题，人类中心主义思想逐渐式微，各种与环境相关的主义如弱人类中心主义、非人类中心主义和生态女性主义兴起（刘金龙等，2020）。在德国，一批环保主义组织产生于 20 世纪 50 年代，包括绿色和平组织、德国自然和生物多样性保护联盟、世界自然基金会、德国自然基金会、自然之友、罗宾·伍德和德国环境救济组织。与森林有关的事务密切相关的有德国森林保护协会（Franziska，2017）。在环保组织的带领下，"现代"环保运动经历了 6 个阶段：1969—1974 年环境保护运动初具规模，非政府组织致力于改善城市的生活条件；1975—1982 年经济和生态的两极分化，环境问题与增长政策的差距；1983—1990 年环境运动制度化，由于毁林和切尔诺贝利核反应堆灾难，环保议题受到公众高度重视，德国环境保护部成立；1991—1995 年德国统一后经济增长议题占据上风，非政府组织处于守势；1996—2006 年"可持续发展"议题在国际范围内兴起；2007—2017 年环保组织宣传和动员专业化，出现联盟和大规模示威，反对核能、工业农业、自由贸易协定（Franziska，2017）。

在上述两个主体产生的背景下，政府改变传统的管理职能，为协调多个主体的多种需求，管理手段多样化，体现在经济政策、法律法规、科研教育和宣传等社会政策，具体见后文分析。

三、森林经营理念及方法的变化

（一）私有林主和协会：从经济效益出发对生态效益的兼顾——近自然经营

可持续森林经营的概念可以容纳多种经营概念，如近自然森林经营（Close-to-nature Forest Management）、适应自然的森林经营（Nature-conforming Forest Management）和连续覆盖林业/恒续林业（Continuous Cover Forestry）等（黄清麟，2005）。连续覆盖林业描述了一个可持续森林经营模式，其重点是保持森林连续覆盖，即以单株择伐替代皆伐，使森林能在一定程度上永续地保持一定的林分结构，实现可持续。因此，连续覆盖林业不是一种具体的培育方法，而是包括所有以择伐为特征的森林培育系统。合乎自然的森林经营的一个显著特点是将森林作为一个连续、多样和动态生态系统来考虑，强调保护森林的自然过程和遵循潜在的自然植被进行树种选择。虽然近自然森林经营和合乎自然的森林经营在指导方针（例如适地适树，天然更新的优先性等）上有许多共同点，但合乎自然的森林经营的概念特别强调保护自然过程、天然林生态系统和潜在植被（王秋丽，2018）。

这些可持续经营理念以具体营林技术落实到私有林管理实践中，对应着不同的树种形成不同的营林技术和营林理念（Andreas，2002）。

1. 矮林

矮林或"低森林"（Niederwald）一词指的是从树桩上长出的森林，在相对较短的周期内被砍伐（约为10年）。矮树林的利用是最古老的森林经营形式之一。它过去主要是为了确保薪柴的供应。除此之外，橡树的低森林部分被用来提取鞣制树皮（单宁酸）。今天，矮树林由于不再具有商业价值而迅速减少（目前占西德联邦各州林地的1%）。然而，由于这些森林可以为各种各样的物种提供庇护，并且构成了诸如松鸦等稀有物种的潜在栖息地，因此，仍然存在这种利用方式的剩余区域应该得到保护，这也是出于社会历史原因。

2. 高标准森林

高标准的森林，用材林或"高森林"（Hochwald）是指从种子繁殖而来的树木的森林。Burschel & Huss（1987）认为，高标准森林有2种经营类型：择伐和皆伐。

1）择　伐

只有约1.4%的德国森林（基于木质地面面积）采用了单树选择采伐（Statisticalsches Jahrbuch，1996）。在林业中，单株选择系统是指所有年龄层的树木同时存在于同一地区。在传统的单树选择林中，包括了山毛榉、冷杉和云杉这3种主要树种。在德国，由于气候和场地位置的要求，这种相对"接近自然"的管理形式只能在有限的区域内实施。这种管理方式通常是一棵一棵地收集木材。在这个系统中，树冠层始终保持完整，没有出现原始森林在原始生长阶段出现的空隙。然而，这样的间隙为许多重要物种提供了栖息地，对风暴或森林火灾清除的区域的自我诱导演替具有重要意义。因此，也称为群体选择砍伐，可以对生物多样性产生有利的影响。

近自然林在德国发挥着重要作用，据统计，德国近自然林合计占森林总面积的76%，人工林仅占24%（李茗等，2013）。近自然经营是卡尔·盖耶教授于1886年认识到单一年龄组和砍伐森林经营的负面影响后首次提出。近自然森林经营的指导原则是避免皆伐，利用天然更新，适地适树，择伐利用。近自然森林经营在树种选择方面比较灵活（强调阔叶和混交，以生态学为依据，意在保持生态功能，而保护自然过程并非其目的）。近自然育林的3个基本原则（吴水荣，2015）：①目标树应该是乡土树种，也可以引进适应当地条件的外来树种，但从近自然育林的角度看，最好选择乡土树种；②林分结构应该是稳定的、健康的，能够实现持续的演替。这里所说的稳定，不仅是指林分结构的稳定，同时也包括林分抵抗风险及各种灾害的稳定性；③结合经营目标，尽可能地运用自然力经营森林。

近自然森林经营中两个重要的核心成分是单株树择伐和目标直径收获。单株择伐是为了优化林分结构，确保森林连续覆盖。物种对光、水和营养物质的需求以及它们随时间变化的生长模式决定了可采用的树种混交模式和营林措施。因此，单株择伐包括不同的择伐类型，如选择疏伐、目标树择伐等。以一个具体的经营策略为例，在目标树择伐中，首先在幼龄林中选择一定数量的高质量树木，目标树的数量被估计为当达到最终收获的目标直径的林木加上一定数量的在林分中被保护林木数量的总和。随后的疏伐经营的目的在于促进这些目标树生长，即提高它们的生长。目标树择伐的重点只在关注目标树。另一方面，目标直径收获是应用于择伐系统的收获类型，即仅收获达到某一径级以上的成熟树。这种收获类型可应用到其他单株择伐的培育模式中。因此，目标直径可根据树种特性、特定立地条件上的生长速率、经济目标和风险评估来确定。最后，当达到目标直径时收获单株木或群组，收获采伐过程将会延续几年甚至几十年，因为不是所有林木同时达到所需的径级，下一代森林的更新则是通过天然更新或在老树的庇护下种植更新，这也是连续覆盖森林的核心原则（王秋丽，2018）。

此处以橡树林为例解读近自然林经营。德国斯帕萨特地区有一片古老的国有橡树林，约 67.3hm^2，属于 Rothenbuch 林业企业所有。据德国 2000 年森林清查资料，该林分主要由橡树和欧洲山毛榉混交，橡树平均年龄达 350~365 年，山毛榉平均年龄为 145 年；每公顷立木蓄积量达到 498m^3，其中橡树 271m^3、山毛榉 227m^3；平均胸径橡树为 72cm、山毛榉为 33cm；平均树高为橡树 34m、山毛榉 23.5m，最高的橡树达到 44m。该橡树林最早是 17 世纪初人工营造的，后来经过长期持续的经营，形成了高大的橡树乔林。1855—1877 年又在高大乔林下种植了山毛榉，逐步培育为珍贵的大径级阔叶混交用材林。从 2003 年起，利用这片森林创建了埃克霍尔天然林保护区，目的是将这片橡树林作为欧洲重要的"生态旗舰"保护起来，不再允许开展任何经营活动。但是专家对此表示忧虑，因为如果单纯保护，仅依靠自然的力量，多年以后这些橡树将会消失，取而代之的是山毛榉纯林，这主要是由于山毛榉是当地极具竞争力的乡土树种。这片橡树林能够发展到今天正是由于进行了长期持续的经营活动，通过人工干预伐除竞争性的山毛榉而促进了橡树目标树的生长。因此需要适时给目标树创造出足够的生长空间。成熟木的高度取决于立地的肥沃程度，而树干直径则取决于树冠生长的空间。因此，要想培育大径级木材，就要通过伐除竞争树木而为目标树释放出足够的生长空间，即使干扰树是珍贵树种也应伐除。这种经营方式的采伐强度不会很大，一般在 20%~30%左右（吴水荣等，2015）。

2）皆　伐

皆伐是指将森林分成几片区域，其中树木的组成相当一致，特别是在年龄方面。其中造林措施，如再生、抚育和间伐以林分为单位独立进行。另一种皆伐是指清除系统（Clear Cutting System），即清除整个区域，然后以一种均匀的方式重新种植。通过对采伐地区的森林经营，约 97%的森林被改造成单一年龄群的种植园（人工森林）或类似的结构。当前，清除砍伐措施会受到严格的法律限制，如果超过一定的规模，必须得到相关联邦州森林管理局的特别许可。这方面的安排因州而异。例如，在北莱茵—威斯特法伦州，砍伐面积限制在 3hm² 以内，而在巴登—符腾堡州，超过 1hm² 的砍伐面积需要获得许可。

（二）NGO 等环保组织：从生态效益出发对于市场机制的应用

森林认证是 20 世纪 90 年代初的非政府组织首创的，主要是作为解决热带森林砍伐和非法采伐的一种机制。由非政府机构核证森林产品的想法是在 20 世纪 90 年代出现的，作为对付热带地区森林砍伐和森林退化的一种手段。目前，全球已有 4.430 亿 hm² 林地通过了森林管理委员会（FSC）和森林认证认可计划（PEFC）的认证。森林管理委员会成立于 1993 年，是世界自然基金会与一些非政府环境组织、木材生产者、土著团体和社区林业团体之间的一项联合努力。FSC 为独立认证机构制定了标准化标准和指标，以认证可持续经营森林，其中包括但不限于可持续产量技术。FSC 认为，森林经营需要在环境、社会和经济上可持续发展，同时要符合国家和国际林业法律。管理标准还将包括遵守正式的保有权，考虑土著和习惯权利，以及经济上的效率和透明度。（https：//globalforestatlas. yale. edu/amazon/logging/forest-certification）

德国有 3 个森林认证体系在实践中应用：①Naturland 于 1996 年成立，由环保组织组成，这个认证体系最为严格，通过认证的森林面积最小；②森林管理委员会（Forest Stewardship Council，FSC）是 1993 年成立的国际性森林认证体系；③泛欧森林认证体系（Pan-European Forest Certification，PEFC）于 1999 年成立，通过这个认证体系认证的森林面积最大。这 3 个体系的经营标准如表 3-1 所示（黄清麟，2005）。

表 3-1　德国不同森林认证体系有关多样性指标的"经营标准"比较

指　　标	Naturband	FSC	PEFC
参照区面积	接近 10%（仅对公有林）	至少 5%（公有林和大的私有林）	没有做出规定
杀虫剂的使用	完全禁止	不能使用化学杀虫剂	可允许在综合森林保护的范围内作为"最后的手段"
土壤耕作	仅对土壤腐殖质层（在特别许可的条件下）	仅对土壤腐殖质层，而不是下层土	不允许干扰矿质土的大规模耕作
皆伐	不允许	不能作为普遍原则	不能作为普遍原则（特殊情况除外）
采伐时间	宜在冬季	宜在适合的天气条件下	没有做出规定
生境的保护	保护特别生境（在法律要求保护的以外）	对高保护森林的经营活动不能减少（保持或增加）其典型特征	森林经营要为受保护的生境做出特别的许可
非本地树种的栽培	不允许	允许，但只能占少部分	允许
木质残体策略	目标：占活立木蓄积量的 10%	不能减少（保持或增加），但是没有具体目标	应该保持足够的程度
天然更新	应该作为要实现的目标	应该优先考虑	应该优先考虑
天然演替	允许	允许	未提及

来源：黄清麟，2005

1995 年 2 月，世界自然基金会德国分会成立 FSC 德国国家工作组，负责制定、解释和修订德国森林认证标准。而当时实行的森林认证系统 FSC 体系更为适合大规模的森林经营者，并不适合德国小规模、家庭式森林经营者。当时德国林业是私有林占森林总面积的46%，公有林占 34%（包括州共有林和联邦共有林），其余 20% 为当地市政府所有，而大多数私有林主的森林经营规模比较小，其收入根本无法支付高昂的 FSC 认证费用，因而不愿将 FSC 体系作为本国的森林认证框架。基于以上因素，德国林业委员会（DFWR）支持建立以地区/区域水平为基础的 PEFC 体系。该体系适合于拥有不同规模森林的经营者，并充分保护所有森林经营者的利益。1998 年由 PEFC 德国工作组制定了《德国森林认证标准和指标》，该标准强调在地区和森林经营单位（FMU）水平的计划和经营，共 121 个可持续森林经营（SFM）指标。PEFC 认证程序共分为林权所有者与认证机构签订认证合同、检查、加挂标签 3 个阶段。当年秋季，地区认证试验计划在认证专家的指导下，开始在巴登-符腾堡州、巴伐利亚州、图林根州试行，2000 年 3 月开展森林认证工作。随后，德国森林认证计划得到了 PEFC 委员会的认可。为修订完善 PEFC 章程，PEFC 于 2003 年 10 月分别设立了"修订认证方法与章程""修订社会经济标准""修订生态标准"和"销售"等 4 个工作组，开始对 PEFC 章程及认证标准与方法进行全面修订完善。为推动德国森林认证的进程，2002 年 9 月德国政府制定政府木材采购新政策，要求未来 4 年内各级政府部门采购的所有木材均需来自通过认证的森林并不断给予资金支持和政策扶持。PEFC 体系作为德国境内的市场领袖获得了来自公众及业界的广泛支持。目前有超过 730 万 hm² 的森林获得 PEFC 认证，占森林总面积的 2/3，获得林产品产销监管链证书超 1600 个，PEFC 已成为德国国内认证木材供应可靠的合作者（孙丽芳等，2018）。

（三）国家政策对多种利益的兼顾：多种政策工具

1. 补贴和税收优惠等经济政策：对近自然林经营技术的激励

国家对可持续营林技术的支持体现在 4 个方面：一是在森林经营和采伐管理上。私有林面积在 500~1000hm² 以上的，要以森林经营方案为基础，明确每年采伐量。没有森林经营方案，采伐不符合常规的，要受到惩罚。德国《森林法》规定，对违法采伐，处罚由县政府决定，罚前征得林业主管部门同意。二是积极完善国家公共财政支持，既包括联邦和州政府的，也包括欧盟的支持。如巴伐利亚州用于扶持林业发展的公共财政补贴，每年达到 2500 万欧元，100 万欧元用于退耕还林，补贴标准为 400~500 欧元/hm²；300 万欧元用于林业专业合作组织，400 万欧元用于林区修路；1700 万欧元用于营造林补贴。三是给予造林和种苗培育补助。欧盟为了解决农产品过剩问题，通过支持各国将耕地和草场转化为林地，积极鼓励植树造林，按面积和树种给予补助。如橡树可补助 5000 欧元/hm²，其他树种最少 3500 欧元/hm²，包括种苗和人工劳务费。对于退耕、退牧还林（必须是混交林）的，给予连续 20 年的补助，每年 200~800 欧元/hm²（分年支付），平均大约 5000 欧元/hm²，约合造林成本的 70% 左右。补助金中，50% 由欧盟资助。同时，对于种苗培育各州都有补助。如图林根州补助标准为 1000 欧元/hm²，肯普滕州对于私有林母树补助标准为 25 欧元/株。四是给予森林经营补助。其一是成林抚育补助，如巴伐利亚州，30 年以下的中幼林抚育，给予 300 欧元/hm² 的补助；如果是生态防护林的抚育，再增加 50% 的补助，达到 450 欧元/hm²。其二是对林地土壤改良给补助，鼓励经营者改良土壤提高林地生产力。其三是对森林调查规划补助，对于私有林主为制定森林经营方案开展的调查规划设计，一般可以得到 10 欧元/hm² 的补助，国有林和社团林（集体林）大约 30~40 欧元/hm²。其四是基础设施建设补助，为了支持森林可持续经营，德国对林业合作组织或者私有林主购买林业机械和林道等给予财政补助。如巴伐利亚州对购买林业机械的，其购买金额的 25% 可以获得州财政补助。政府对林道建设也给予较高的补助，补助标准是山区为林道建设成本的 80%，平原为 60%。（印红等，2010）

2. 法律法规等规制政策：法律等对生态效益的确认

为了保证森林生态环境的保护与建设，德国联邦政府和各州政府都建立了一系列有关森林保护的法律法规。比如《德国联邦森林法》《联邦环境保护法》《联邦自然保护法》《联邦狩猎法》等。联邦森林法和各州森林法的立法指导思想和具体规定中，都始终强调森林在生态环境中的重要作用。《森林法》规定："保护和提高森林经济，利用及其对环境的持续效能，对气候、水土、空气净化、土地肥沃、景观、农业结构及人们休闲游憩的作用，保持森林的有序经营，促进林业发展，并协调公众与林主的利益。""森林地未经州政府批准，不能改作其他用途，即使是经过批准占用的，也必须在附近地段营造相同面积的森林予以补偿，林地面积只能增加不能减少。""森林的采伐量必须小于森林的生长量。"在执法上，政府对破坏森林和野生动物的处罚是十分严厉的。如德国《刑法》242 条，将盗伐林木视为盗窃罪；对偷猎行为处 5 年以下有期徒刑；改变林地用途、在林中实施其他作业的、搬动、破坏各种林业标志和设施的、林中采集林产品或花卉植物的、在林中用火的，在林中放或设置蜂箱的、随意在林地搭设帐篷等行为都要受到行政处罚。这些法律法规和执法条例，不仅体现了保护森林的基本思想，而且也明确规定了保护森林的许多具体措施，它们充分保证了森林在国家中的地位，保证了森林资源的持续增长，以及森林生态环境的保护和建设的顺利开展（郭跃，2000）。

3. 社会政策：科研教育和宣传

1）投入和组织基础及应用科研项目

这些研究项目主要针对森林近自然化改造的科学原理和生态基础及林业经济政策等开展。例如由联邦教育与研究部（BMBF）于 1998—2003 年执行的"未来导向的林业研究"项目被认为是国家环境研究计划中最有意义的项目，其目标是实现森林近自然化转型改造的基础理论、技术体系和政策机制等问题的系统化研究，以支持全国多功能林业健康发展。项目研究内容包括了森林近自然化改造的基础理论、多功能林业的方法体系、利用森林自组织潜力的技术经济学机理、主要改造方法的生态经济和文化效果量化表述以及评价森林经营与自然环境保护一体化的现代林业体系集成等 5 大重点领域。项目布局根据地理特征和区域主要问题划分为 5 个课题：德国北部 3 个平原州内的松树人工林近自然混交结构化改造、埃尔茨山脉和萨克森低地林区生态进程和可持续体系研究、士瓦本中部和巴伐利亚国家公园区云杉速生林以生物多样性经营为特征的自然立地混交化研究、南方黑森林区以树种结构调整为特征的恒续林转型研究、下萨克森州实验区多功能可持续林业指标和政策试点研究。到 2006 年止，"未来导向的林业"研究项目做了总结并提出系统化的成果，认为项目成果一方面展示了森林近自然化改造在提高社会效益方面产生的积极影响，另一方面证明了通过合理利用木材来实现林业的多项任务和功能是一个与生存环境相关的社会政策导向问题，需要在国家和全社会得到进一步理解和支持(陆元昌等，2010)。

德国还倡导编制系统科学的森林经营方案。德国州级林业管理机构管理全州国有森林，指导全州私有林和社区林的经营。在州以下分区域设立地区一级的森林管理局，主要职责是落实州的各种林业计划，组织制订森林经营方案，审批下属林业局和私有林主的经营计划，监督区域内各生产单位的森林经营和木材生产，管理区域内国有林，并对私有林主提供免费咨询服务。以德国中部的下萨克森州为例，介绍具体的森林经营技术。

下萨克森州政府在 1989 年制定了名为"雄狮计划"的长期生态林业发展计划，其基础涉及森林资源经营管理 3 个层次的法律性原则，即共同利用原则、可持续利用原则和经济可行利用原则。这个计划包括了区域近自然森林经营计划的基本原则和目标、森林经营区划、树种选择、森林发展类型设计和不同区域层次的近自然经营计划等主要内容。州林业局与相关的科研机构及基层部门合作于 1991 年完成了全州第 1 次近自然森林经营计划。在 3 大基本原则指导下，计划将可持续林业发展的总体目标分解为以下多功能生态林业的13 个基本原则：①保护土壤并适地适树地选择树种；②增加阔叶林和混交林；③天然更新优先；④促进森林生态健康发展；⑤改进森林结构；⑥目标树设置和目标直径利用；⑦保持古树并保护濒危植物；⑧逐步建设森林保护区网络；⑨保证森林特殊功能发挥；⑩保护和抚育林缘绿带；⑪用生态方法治理病虫害；⑫在生态系统的缓冲能力内开发利用野生动物和非木材产品；⑬在生态允许的范围内应用林业机械和其他林业技术作业方式。在这些基本原则的指导下，雄狮计划的第 2 次近自然森林经营设计的主线是首先进行基于立地生境的森林生长与经营区域划分，深入进行树种特性和选择分析，在树种生态和经济特性基础上，结合区域划分进行以阔叶树种和混交林为主的森林发展类型设计，并以森林发展类型和区域分类结果为单元，进行各生长区和全州层次在生态和经济双重基础上的立地相关森林发展类型归类，完成森林经营计划工作(陆元昌等，2010)。

联邦德国汉堡林业及木材研究院是隶属于联邦食品及农林部的国家级研究机构，由 7个研究所组成：①世界林业研究所主要从事热带及亚热带森林生态系统、森林调查与监测、森林经营等方面的研究；②林木遗传与植物栽培研究所从事种源实验与遗传资源、生态遗传、栽培与抗性、生物技术与分子遗传学等方面的研究；③林业经济研究所从事林业政策、木材市场研究、企业经济管理等方面的研究；④木材生物与保护研究所从事木材结构与质量、木材生物、木材损伤、木材保护等方面的研究；⑤林产化工研究所从事细胞与半细胞、木质素、提取物与胶合材料、纸浆、纸与纤维板等方面的研究；⑥木材机械与物理研究所从事木材加工技术、木材建筑业等方面的研究；⑦森林生态与林业勘查研究所从事森林生态、林业调查、野生动物生态与捕猎等方面的研究。联邦德国汉堡林业及木材研究院主要职责是为联邦粮农林部进行决策提供科学依据，积极拓展研究新领域，并为国家及社会公众提供信息、咨询与建议，同时承担汉堡大学生物系木材专业的教学任务。其中3 个研究所的领导与学术顾问由汉堡大学木材专业教授担任，而其他研究所的教授承担木材专业的教学，这是颇为独特的教学单位与研究单位的结合(廖显春，2000)。

2）森林教育

森林体验教育是德国近自然森林经营和可持续发展的重要手段之一。德国历来就重视林业的社会教育工作，其政府要求各级林业机构、相关协会及生物圈保护区等都要积极参与森林生态公众教育。森林教育形式多种多样，其中主要的方式方法有：让青少年参与植树活动；建立森林教育体验中心，通过在森林中的具体实践活动，亲身体验森林；配置森林博物馆，通过陈列展览，让公众了解森林，认识森林，从而保护利用森林等(汪清锐，2018)。进入21世纪以来，德国越来越重视全民森林教育工作，把这项工作作为林业主管部门的重要职责，积极推进。根据德国《森林法》规定，教育要面向中小学生和幼儿园儿童。

林业部门的4大任务之一，就是向社会宣传为什么要发展林业、林业对人类社会生存发展的重要意义。州林业局设有专门的教育处，重点是面向社会的林业宣传教育、州投资咨询和方案编制。巴伐利亚州建立了9个森林体验中心，归州林业部管理。森林体验中心，以前是边界驻防使用地，1999年成立欧盟以后就废弃了，2000年经批准，由州林业局、私有林协会、企业、私有林主等投资成立，建了两个木屋和两条小路，以便进入林区体验。体验的内容包括：观察动物跳远、土壤结构、降水在土壤和沙石中渗入情况对比、观察植物生长、认识树木了解植物生活习性、观察动物活动等。在树林里沿山路还建了许多体验设施。通过森林体验活动，培养人们对森林的兴趣，使他们热爱森林。

四、经验启示

(一)有选择地借鉴德国营林技术

1. 森林自然属性与"林下割灌"

德国的森林98%都是人工林，林龄整齐，只需在终伐期的前20年左右关注更新即可，不赞成林下割灌。而我国东北地区大多是天然林，林龄复杂，随时可能天然更新。天然林要自然更新，就必须控制林下杂灌盖度(陈永生和王珏，2017)。

2. 劳动力和木材市场"目标树"

德国劳动力成本非常高，每个工人每小时工资约30欧元。木材市场也不如中国，只有大径级材才能获得收益。在每公顷林地选择100棵左右的目标树，将影响目标树生长的干扰树伐除以保证生长空间，其他的保留木则不予关注，可以节约劳动力。在没有显著增加成本的情况下，通过培育珍贵树种所生产的高质量木材能够提供更高的收入。而我国木材短缺，小径材、残次材都能获益，劳动力成本也相对较低。我国的林业经营者提倡以目标树为架构的全林经营，既吸收德国经验的精华，伐除干扰树释放目标树的生长空间，同时兼顾全林生长，对其他有价值的保留木也进行修枝，并适度伐除其干扰木和其他贬值林木，通过抚育提高全林生长量。这样不仅可以通过抚育采伐不断获取收益，也能安排职工就业(陈永生和王珏，2017)。

（二）形成符合中国国情的森林认证模式

德国私有林占森林总面积的 46%，公有林占 34%（包括州共有林和联邦共有林），其余 20% 为当地市政府所有，而大多数私有林主的森林经营规模比较小，其收入根本无法支付高昂的 FSC 认证费用，因而不愿将 FSC 体系作为本国的森林认证框架。基于以上因素，德国林业委员会（DFWR）支持建立以地区/区域水平为基础的 PEFC 体系。该体系适合于拥有不同规模森林的经营者，并充分保护所有森林经营者的利益（孙丽芳等，2018）。

我国以小规模低强度的联合认证为主（校建民等，2019）。随着禁止天然林商业性采伐政策的实施，我国的木材供给逐步从对国有天然林的依赖转向集体人工林，东北大型国有林业局逐渐退出认证舞台，集体林联合认证逐渐成为认证原料的供给主力。在集体林权制度改革后，林地由集体经营转变为个体经营，出现了经营规模小、管护成本高、缺少营林技术和林农容易受利益驱使等问题，组织小农户开展联合认证可以有效改善这些问题。但在小规模联合认证的审核过程中，仍存在着一些容易被忽视的问题，如联合认证管理体系落实不到位、对标准理解不充分、审核员判定有一定主观性等，这些问题往往影响着小规模组织的认证效果。因此，有必要提高小规模组织对森林认证标准的理解程度。对于小林主、林农来说，森林认证是一个新生事物，森林经营标准要求复杂又不易理解，充分理解和掌握认证相关知识需要一定的时间和过程。建议在认证推广和筹备过程中制作分发内容简单易懂的小册子，及时多次开展培训。

（三）采取多种政策手段，发挥政府的利益协调作用

森林政策和管理面临多种往往相互冲突的诉求，包括木材生产、生物多样性保护、审美和文化价值以及缓解气候变化等。为协调多样化诉求，德国林业部门采取多种政策手段，包括以近自然林经营技术为导向的补贴和税收优惠等经济政策、确认生态效益地位的法律法规等规制政策以及加强森林科研和教育的社会政策。

第四章
中德森林可持续经营合作项目及成效评价

一、引　言

德国是世界上林业发达的国家之一，其成功的森林经营理论和实践，特别是近百年来形成的人工森林生态系统经营理论和方法，可以为中国建立可持续的森林经营体制提供非常宝贵的经验和做法。中德两国政府在林业领域的合作经过20多年的发展，已经在植树造林、病虫害防治、森林可持续利用及培训教育等领域取得了成功的经验，项目的实施对培养林业技术和管理人才、提高林业的技术和管理水平、促进林业发展起到了重要的推动作用，也为开展"中国森林可持续经营政策与模式"项目奠定了良好的基础（许勤和赵萱，2008）。

对于中德林业可持续经营的合作概况，一些学者做了相关的回顾展望与研究，其中雷静品等（2011）通过对中德森林可持续经营合作项目的实施概况和项目开展的有关活动进行介绍，并且根据其中的项目概况评估了中德合作项目的成果和产生的积极影响。程鹏（2008）对安徽省中德可持续经营项目进行了实践与研究，在总结安徽省中德林业项目合作的有效措施与改进经验的基础之上，对今后开展森林可持续经营的经验与困难作了补充，并提出了今后改进森林可持续经营的建议。张良实（2004）对中德财政合作项目中云南省一期造林项目实施过程的创新模式进行总结，并建议推广项目管理新模式和科学运行机制。以上学者的研究和讨论大多数都关注的是中德森林可持续经营模式的实施成效、项目经验、改进建议等，然而对于项目实施完成后是否能给项目实施区带来持续有效的收益缺乏一个系统的评价体系。因此，本文在中德森林可持续经营合作项目的相关研究基础之上，运用层析分析法建立一个评价指标体系，用于对今后中德森林可持续经营合作项目效益效果的评估评价。

二、中德两国林业合作项目概况

中德两国的林业合作开始于20世纪80年代，主要合作方式包括技术合作和财政合作。技术合作开始于1983年，财政合作开始于1993年。财政合作的内容主要是在我国长江中上游和黄河中上游水土流失严重、生态严重恶化的地方进行生态造林，以改善当地生态环境和消除农民贫困。期间，中德林业合作紧扣时代脉搏，从 20 世纪 80 年代以研究示范为主，20 世纪 90 年代以生态造林、扶贫发展为主，到 2005 年前后开始在南方地区以森林可持续经营为主，在北方地区以荒漠化防治为主，同时加强国家政策指导和项目推广应用(白万全，2016)。1993 年，从陕西第一个中德合作生态造林项目实施以来，项目区从 1 个省的 8 个县发展到覆盖了 16 个省(自治区、直辖市)的 100 多个县，项目数量从 1 个发展到了 22 个。2002 年以来，河北、安徽、湖北、云南、陕西、宁夏六省(自治区)林业厅(局)执行的中德合作生态造林项目一期已经先后结束。

到目前为止，中德双方进行了众多的财政合作项目与技术合作项目。经过多年的合作发展，两国已经在中国 20 多个省(自治区、直辖市)开展了森林可持续经营项目。中德合作森林可持续经营项目的实施能够使我国学习、引进和推广国际森林可持续经营的先进理念，并且借鉴德国及林业发达国家森林可持续经营技术和经验，从而提高中国森林生态系统的质量和林地生产力(许勤和赵萱，2008)。

(一)中德林业技术合作项目

1. 中德林业技术合作项目特点

中德林业技术合作项目具有合作领域范围广、合作形式多样化、项目管理机构专业化等特点。具体来说：项目合作领域既有技术层面的(例如中德技术合作大兴安岭火烧迹地更新项目)，也有管理层面的(例如中德技术合作山西参与式在农业林业的应用项目)；既有通过植树造林，应对气候变化方面的(例如中德技术合作山西金沙滩杨树速生林项目)，也有通过生态保护与修复，完善生态系统保护及保护生物多样性方面的(中德技术合作四川大熊猫自然保护区建设项目)。项目合作形式包括德方组织专家进行项目指导，开展人员培训，中方技术人员赴德考察学习，双方成立联合专家组开展调研，召开研讨会、共同编制森林经营方案等。德方项目管理机构是德国国际合作机构(GIZ)，GIZ 主要受德国联邦政府部门委托实施项目，德国经济合作与发展部(BMZ)是 GIZ 的主要委托方，GIZ 在中国的工作主要是为中德双边政治对话提供技术支撑，以及为政府、企业和社会各界牵线搭桥。此外，还提供德国领先领域的咨询服务、技术专长、知识传授、培训进修和组织机构发展等。

2. 中德林业技术合作过程简要回顾

自从中国改革开放以来，德国技术合作机构(GTZ)与中国林业部门在众多领域开展了卓有成效的合作。这种合作始于 20 世纪 80 年代，主要根植于 1992 年联合国环境与发展大会以来各种涉林国际公约履约框架与相关对话之中，是一个相互学习、相互促进的过程，也是一种求同存异、互惠共赢的过程，体现了中德两国在国际森林制度、湿地保护修复、生物多样性保护等多个方面的国际共识与协作。林业部门的合作，特别是加强森林可持续经营一直是中德技术合作的重点。随着项目的陆续实施，技术合作的重点逐渐从地方层面的技术援助发展成为支持省级规模的农村可持续发展，乃至推动国家层面的林业改革和项目示范推广。

以下列举了自 1984 年以来中德技术合作实施的 15 个林业项目，如表 4-1。

表 4-1　中德技术合作项目一览表

序号	项目名称	期限(年)
1	中德技术合作山西金沙滩杨树速生林项目	1984—1998
2	中德技术合作森林病虫害生物防治中心建设项目	1985—1993
3	中德技术合作大兴安岭火烧迹地更新项目	1992—1996
4	中德技术合作江西山区可持续发展项目	1996—2003
5	中德技术合作四川大熊猫自然保护区建设项目	1997—2004
6	中德技术合作云南省热带林保护和恢复项目	1997—2003
7	中德技术合作海南省热带林保护和恢复项目	1997—2003
8	中德技术合作林业教育培训项目	1999—2004
9	中德技术合作三北防护林监测体系项目	1999—2006
10	中德技术合作山西参与式在农业林业的应用项目	2000—2006
11	中德技术合作北京密云水库水源涵养林项目	1998—2007
12	中德技术合作西部林业可持续发展整体项目	2004—2007
13	中德技术合作森林资源管理政策研究项目	2008—2011
14	中德技术合作湿地保护与管理项目	2010—2013
15	中德技术合作低碳土地利用项目	2012—2015

结合前人的相关研究成果(Stefan Mann and Bernhard von der Heyde，2011；戴广翠等，2012；赵海兰和郭瑜富，2020)，纵观中德林业领域的技术合作历史，大致可归纳为 5 个阶段：①地方层面：独立的项目(自 20 世纪 80 年代初至 90 年代末)；②省级层面：采用综合性的、跨部门的方法，以促进农村的可持续发展(20 世纪 90 年代)；③部门层面：多领域合作，有针对性地支持林业部门改革(自 2000 年起)；⑤国家层面：直接指导示范项目，促进项目全国推广(自 2008 年起)；⑥国际合作层面：在中德林业合作意向声明的基础上，组建中德林业工作组和政策对话平台，加强两国林业全方位的合作(自 2015 年起)。可以看出，中德林业技术合作是由地方、省级、部门再到国家、国际合作层面，由单一项目到多领域、再到全方位合作的一个逐渐推进的过程。

第 1 阶段，"森林病虫害生物防治中心建设"项目可被视为这一阶段的典型代表。20 世纪 80 年代初，我国人工林相对不稳定性增加，纯林所带来的风险已经显而易见，加之不经选择地使用有危害的和持久留存的化学制剂，使情况变得更为糟糕。与第一阶段的其他参与措施相似，此项目的实施缺乏现场指导，技术至上可被视为其特性。到了 1992 年，项目在林业部森防总站的协助指导下取得了成功，工作人员可以通过使用项目的规范方法独立开展工作。然而，由于激励机制和监测方面的不足，原先设想的让非国有部门参与森林保护和病虫害防治的工作受到阻碍。这种局限性可被视为中德林业合作在第一阶段的特点，旨在逐渐扩大项目覆盖区域、向国家层面推广传播的目标没有实现。

第 2 阶段，"江西山区可持续发展"项目可被视为是第二阶段的例证。该项目体现了中方合作伙伴的需求和优先领域，遵循国家"十五"规划，将环保与扶贫结合，致力于制度能力建设，赋权社区组织，建立示范，探索并推广小额信贷计划。与第一阶段不同的是，项目的参与式方法明显改善了农村生计，并使其向国家层面推广成为可能。然而，由于机构协调涉及很多部门，将参与式土地利用规划推广到项目实施区以外的地区显得尤为困难。因此，虽然该项目通过参与式管理改善了地方示范区的农村生计，但在省和国家层面的项目推进要低于预期。这可被视为第二阶段的特点和项目所面临的共同挑战。

第 3 阶段，"西部林业可持续发展整体项目"清晰地反映了这一阶段的情形。与以往项目不同的是，该项目从一开始就直接与国家层面的行政主管和研究机构密切合作，并且整个项目周期都以国家的需求为导向。项目内容包括政策与法规、林业经营管理与保护、荒漠化和参与式土地利用规划。该项目虽然涵盖范围很广，但是具有足够的灵活性，能够对合作伙伴机构（国家林业局）的需求及时做出回应（如帮助改善天然林保护工程等），因此在项目实施区域的进展顺利，在国家层面得到了较好的认同，为林业部门改革进程提供了有力的决策支持，并通过能力建设和知识管理，对中德技术合作项目进行重新定位，向着近自然管理和多用途的森林经营方向调整。

第 4 阶段，"中德技术合作森林资源管理政策研究项目"是以前森林经营管理项目的延伸和升华，关注森林可持续经营，重视森林生态功能，如碳汇和生物多样性保护等，目标在于通过调整国内生产经营，减少负面影响，以应对全球环境问题，并认为多用途和近自然的森林经营是林业发展未来的选择。国家林业局有关单位与德方合作伙伴共同负责实施，项目在福建、湖南、海南等南方几省开展，进行有针对性地能力建设，编制森林经营方案技术工具，制定森林可持续经营方案，致力于森林经营相关的知识传播和省级层面的技术推广。2008 年 1 月，中德技术合作"中国森林可持续经营政策与模式"项目（以下简称：森林可持续经营项目）正式启动，项目实施期为 4 年。项目支持中方合作伙伴依照国际间公认的原则和标准，紧密围绕国内林业改革与发展的优先领域与进程，探索森林可持续森林经营。

第 5 阶段，2013 年 5 月，我国国家林业局与德国食品、农业和消费者保护部在德国汉诺威市联合召开中德林业工作组第一次会议。2014 年 3 月，我国农业部和德国食品和农业部签署《关于在华共建中德农业中心（DCZ）的框架协议》，并依托中德农业中心深化双边林业合作。在中德林业工作组的领导下，成立中德林业政策对话平台，旨在加强双边林业合作，推动双边科技交流、人员培训、试点建设、政策对话等工作，并积极争取外部支持，打造跨部门、跨领域的国际合作网络，支持山西森林可持续经营技术示范项目，推动中德双边森林可持续经营实践。中德林业政策对话平台的设立标志着中德林业走向了全方位的合作，走向了政策制定的顶层设计合作。

（二）中德林业财政合作项目

1. 中德林业财政合作项目特点

中德财政合作项目支持领域涵盖气候和环境保护（能源、再生能源、自然资源保护、公共交通、污水处理、固废处理）以及社会基础设施（如职业教育或医疗）等，涉及林业方面的项目包括造林、森林可持续经营、保护地管理、城市绿化等。中方主管单位是财政部，德方主管单位是德国经济合作部，项目管理机构是德国复兴信贷银行（KFW）。KFW股东为德国联邦政府和州政府，其主要目标是促进德国国内发展、促进国际化、促进发展中和转型国家发展。中德林业财政合作项目具有投资规模大、以造林项目为主、项目管理机构综合性强等特点。具体来说：项目合作资金方面，从 20 世纪 90 年代至今，中德林业财政合作项目援助金额达到 1.88 亿欧元；项目内容方面，以植树造林为主，截至 2014 年年底，已经累计实施了 30 多个中德林业财政合作项目，近些年来，合作项目范围有所扩大，涉及生态保护与修复、生物多样性保护、森林可持续经营等多个方面。

2. 中德林业财政合作过程简要回顾

德国在 20 世纪 90 年代已经成为中国林业双边合作领域最重要的援助国，最大的一个财政合作项目便是 1993 年开始的合作造林。1993 年，结合国内实际需要和德国政府的援助政策，我国政府提出了在中德财政合作下开展造林项目的想法，得到了德国政府的积极支持，双方同意在生态环境相对薄弱且生活条件比较贫困的"三北"地区、长江和黄河中上游地区开展造林项目，单个项目的周期大部分为 5~8 年，投资为 600 万~800 万欧元。截至 2010 年年底，已经实施的生态造林项目，涉及 17 个省份的 110 多个县。

以下列举了早期实施的 20 个中德合作造林项目，见表 4-2。

表 4-2　中德财政合作造林项目一览表

序号	项目名称	项目执行单位	咨询公司	签字年份、执行期限
1	中德财政合作陕西西部生态造林项目	陕西省林业厅	GITEC/GWB	1993/5 年
2	中德财政合作湖北长江三峡生态造林项目	湖北省林业局	GITEC/GWB	1994/7 年
3	中德财政合作云南金沙江生态造林项目	云南省林业厅	GITEC/GWB	1994/6 年
4	中德财政合作山西北部风沙区生态造林项目	山西省林业厅	GFA	1995/5 年
5	中德财政合作宁夏贺兰山生态造林项目	宁夏回族自治区林业局	GITEC/GWB	1995/5 年
6	中德财政合作河北白洋淀积水山地造林项目	河北省林业局	GITEC/GWB	1996/5 年
7	中德财政合作安徽长防林项目	安徽省林业厅	GITEC/GWB	1997/8 年
8	中德财政合作四川省造林与自然保护项目	四川省林业厅	GITEC/DFS	1997/8 年
9	中德财政合作湖南长江中上游生态造林项目	湖南省林业厅	G1TEC/OFS	1997/10 年
10	中德财政合作江西九江中上游生态造林项目	江西省林业厅	GITEC/DFS	1997/6 年
11	中德财政合作重庆长江中上游生态造林项目	重庆市林业局	GWB/GFA	1998/5 年
12	中德财政合作云南金沙江上游生态防护林项目（云南二期）	云南省林业厅	GWB/GFA	1998/5 年
13	中德财政合作陕西延安生态造林项目(陕西二期)	陕西省林业厅	GWB/GFA	2000/12 年
14	中德财政合作内蒙古治沙造林项目	内蒙古自治区林业厅	GITEC/DFS	2000/9 年
15	中德财政合作辽宁治沙造林项目	辽宁省林业厅	GITEG/DFS	2000/6 年
16	中德财政合作安徽长防林项目（安徽二期）	安徽省林业厅	GWB/GFA	2001/9 年
17	中德财政合作河北承德生态造林项目（河北二期）	河北省林业局	GITEC/DFS	2001/5 年
18	中德财政合作甘肃天水生态造林项目	甘肃省林业厅	GFA	2002/5 年
19	中德财政合作湖北二期农户造林项目	湖北省林业局	GFA	2002/9 年
20	中德财政合作湖南二期农户造林项目	湖南省林业厅	GFA	2002/5 年

根据中国政府的需求和德国政府的援助宗旨，双方确定的项目目标是：

生态目标——从可持续林业出发，创建高水平的营造林模式，扩大和恢复森林植被，控制水土流失，改善生态条件。

扶贫目标——在公平、透明和自愿的原则下，鼓励农民竞争参与、自主管理。并通过参与项目增加收入，促进农民生活水平的提高和农村发展。

营造林——营造林是项目建设的主体，占德方援助资金 3/4 以上。每个项目根据项目区的实际情况创建 4~8 个营造林模型，项目按模型组织实施。各地形成的主要营造林模型有：防护林、用材型防护林、生物多样性林、用材林、经济型防护林、经济林、村片竹园、混农造林、庭院林业、封山育林、补植型封山育林等。

苗木生产设施——温室、塑料大棚、灌溉设施、母树林、采穗圃等。

水土保持工程——沉沙凼、截洪沟、防护墙、谷坊、坡改梯、在所有造林小班保留适量的原生植被带等。

森林保护及基础工程建设——防火瞭望塔、防火道、林区道路及防火防病虫工具等。

森林经营——在后期开展的中德财政合作造林项目中，除了人工造林之外，项目包括制定简单实用的森林经营计划内容，以通过抚育、修枝、间伐及最终的采伐与林产品销售等项目活动来实现项目的长期可持续性。

辅助设施和基本能力建设——设备和交通工具，包括办公、培训和推广所用的一些基本设施和配备，主要有：培训中心、林业站、汽车、摩托车、计算机、打印机、传真机、复印机、摄像机、照相机、电视机、GPS 等。

技术培训和推广——主要内容有：项目管理、制图、监测、财务等方面室内培训；抚育造林、嫁接、修枝、水保等现场培训。

技术咨询服务——咨询服务主要是在项目管理、监测与评估、林业经营和资源利用、林业推广及社会经济评估等方面，聘请咨询专家为项目提供技术咨询等。

根据双方签署的实施协议，截至 2012 年年底，已完成营造林 86.3 万 hm^2，森林经营 10.4 万 hm^2，修建林道 2319 公里，建立苗圃 50 个，培训人员近 12 万人次，受益人数近 104 万。20 年来，项目产生了巨大的生态效益、经济效益和社会效益：项目区森林覆盖率显著提高，其中最高增加 49.2%，减少水土流失面积近 42 万 hm^2；农民劳务费收入约 5.7 亿人民币，林产品收入 67.6 亿人民币；受益农户约 87 万户，为农民创造了 2200 万个就业工日。

中德林业财政合作围绕森林可持续经营，近些年又启动了一些新的项目，如天然林恢复可持续经营项目（2009，2011）、湖南森林可持续经营项目（2015）等，这些项目的实施效果有待于进一步监测评估。

三、中德森林可持续经营合作项目概况

（一）合作项目

中德就森林可持续经营领域的合作开始于 21 世纪，主要以财政合作为主，部分是技术合作项目，其中财政合作项目占全部项目数量一半以上。并且目前的财政合作项目也从合作造林向森林可持续经营的方向转变。中德财政合作森林可持续经营四川项目是最早的合作项目，于1998年开始实施、2008年结束，项目实施的10年期间在保留原有合作造林项目的同时对森林可持续经营进行研究，期间中德两国政府所进行的技术与财政合作中，将更多的合作造林项目转变成森林可持续经营方向的项目，从而促进项目实施地区林业经营的可持续发展。

（二）合作方式

根据表4-3可以发现中德合作的森林可持续经营的项目中财政合作项目居多，且根据项目相关资料可以发现中德合作项目的资金来源主要由德国政府无偿援助赠款、德国政府低息贷款和中方各级政府配套资金三部分构成。中德技术合作则主要针对森林与可持续发展相关问题，引进德国一些先进的经营理念并充分考虑中国现实条件，根据实际情况进行本土化来真正发挥合作项目的作用。

合作项目的执行单位一般是项目所在地的省级林业局，少数归国家林业局直接执行或国家林业局和地方林业局联合执行。

表4-3　中德森林可持续经营主要合作项目

项目名称	援助金额（万元）	项目执行单位
中德财政合作森林可持续经营四川项目	12600	四川省林业厅
中德财政合作湖北森林可持续经营项目（Ⅲ期）	—	湖北省林业厅
中德财政合作皖南生态造林扶贫项目（Ⅱ期）	9600	安徽省林业厅
中德技术合作"中国西部地区森林保护及可持续经营管理"整体项目	—	—
中德技术合作西部林业可持续发展整体项目	4800	国家林业局
中德财政合作贵州森林可持续经营项目	8134	贵州省林业厅
中德技术合作"森林可持续经营政策与模式"项目	3840	贵州省林业厅
中德财政合作京北风沙危害区植被恢复与水源保护林可持续经营项目	750万欧元	—
中德财政合作安徽森林可持续经营与扶贫项目（Ⅲ期）	10800	安徽省林业厅
中德财政合作南方森林可持续经营框架项目	384	国家林业局与各省中德财政合作造林项目

资料来源：(雷静品等，2011)

四、中德森林可持续经营合作项目实施成效

总的来说，一些中德合作项目的实施在生态、经济和行业发展方面取得了显著的成果并产生了可观的效益，特别是在生态方面的影响；在经济和社会方面也取得了不同大小效果。其最为突出的效果表现在以下几个方面：

一是项目区的森林覆盖率增加。通过实施德国的一些先进可持续理念，增加了森林和防护林的生态稳定性和生物多样性，引进了森林经营技术，减少了水土流失。

二是采取的恢复生态植被措施得当。中德财政合作造林项目在实施过程中为恢复植被采取了多种措施。与其他的恢复植被措施相比，封山育林被证明是一种对恢复自然植被有着很好成本效益的措施，该措施又得到了禁牧措施进一步的支持。

三是项目区农民的收入显著增加。从中期和长期效应来看，由于改善了当地的生态环境，增加了农业的生产力，同时也由于来自经济林的收入，增加了农民的收入，他们正从项目获得的益处中寻求自己的致富和发展。从目前发展状况看，农民已经掌握了管理和经营经济林的技术，所以其持续性将能得到保证。

四是项目起到了示范的作用。中德合作项目取得的成功经验和做法为国内其他林业工程的实施起到了很好的示范作用，例如，对天然林保护工程和退耕还林工程以及其他国际合作项目的执行产生了重要的影响。

五是培养了一批林业可持续经营的人才。近几年来的项目引进合作过程中，已经培养了一大批各级管理人员、技术人员。目前这些人才已成为我国林业发展的中流砥柱。

六是获得了森林可持续经营管理方面的经验，如参与式项目规划与开放式管理相结合。参与式项目规划是村级宜林地范围内的项目，内容由农户参与规划，目的是让他们充分了解项目的各项规定和标准，调动他们实施项目的主动性(白万全，2009)。开放式管理的具体做法是广泛宣传，让项目区群众了解项目的有关政策和全部要求，从项目的宗旨到经营形式等内容都要明确告诉村民，让群众全面了解自己参与项目的责任、权利和义务(张良实，2004)。关于森林可持续经营方面的技术和相关知识，通过合作项目中的一些专家指导、咨询和培训等活动来提升林农的森林经营技术水平和基础知识，加强林农的林业可持续经营意识，极大地提高林业局职工的管理水平，为今后项目结束的后续效益产出奠定基础。

以湖北省的森林可持续经营示范区为例，对2005年以来实施的建设项目进行调查。结果表明：林分结构得到明显改善，形成了由乡土树种组成的多树种混交结构和异龄林结构的近自然森林；森林植物种类明显增多，比项目实施前多5种以上的植物；森林质量显著提高，林木平均胸径增长50%以上，平均树高增长10%以上，平均每公顷蓄积增长50%以上；森林郁闭度保持在0.8~0.9，林地土壤腐殖质层厚达到10cm左右(佘远国等，2019)。以上数据表明项目实施地带来的示范效益明显，为今后项目区森林可持续经营持续效益的发挥提供了技术保障和科学依据。

五、中德森林可持续经营合作项目存在的问题

(一)项目引入及借鉴过程中存在的问题

中德森林可持续发展项目执行了20多年，项目的实施使我国林业对外开放方面取得了一系列成绩，但也存在一定的问题：

（1）林业建设基础设施、科技、信息服务落后。林业基础设施包括林道、基本作业设备等的落后，使引进的理念在实施过程中遇到各种问题，影响了引进技术的顺利实施。同时林场或者林业局缺少基础信息数据，即使有的地方有基础数据，但基础数据不完整或者不能满足新技术的要求，也给引进技术的实施带来不利影响（雷静品等，2011）。

（2）难以接受可持续经营理念和技术。近自然经营理念不同于人工纯林的法正林理论，我国森林经营的主要投入和生产经验相对有限，一时间不能适应复杂的近自然经营理念。项目实施区受长期的人工用材林经营的理论影响，导致项目执行过程中对一些可持续经营理念和技术的实施不到位。

近自然经营首先需要确定目标树，显然比原来的皆伐和择伐作业方式要复杂，而且确定目标树也需要林业基础知识、森林经营技术和经验，对技术人员的培训、培训后应用、应用效果监测都需要一定时间和过程，加上林业的长周期特点，农民在短时间看不到经营效果的时候很难完全接受某种新的理念和技术（雷静品等，2011）。

（3）项目资金管理落后。中德森林可持续经营的重点在财政项目的合作上，随着造林合作项目带来的森林资源和新造林面积的不断增加，合作项目资金的投入逐步向可持续经营方面转变，一方面是由于德援项目的资金并不是无偿的，另一方面是要使援助资金带来更大的效益。

（4）林业政策不配套、森林可持续经营理念不成熟。一些计划经济体制下的林业相关政策无法满足森林可持续经营的需求，对于林业发达国家的先进经验缺乏研究和学习，对森林资源的采伐和市场的监管不到位，无法将森林自然资源和经济市场联系起来，都在一定程度上阻碍着林区经济的发展。同时，合作项目结束后，对于项目取得的成果无法全面推广，也难以继续维持项目所带来的效益产出。

（5）合作项目结束后的资金问题。项目引进所带来的成果和效益的提升需要在项目合作结束后继续发挥价值，但由于援助资金的中断，后续无法继续发挥资金的支持作用，从而导致长期有效机制无法建立，森林的可持续建设难以发展。实施森林可持续经营需要长期的投入才能得到可观的收益，然而面对单一但稳定的采伐收益和可持续经营的长期高投入低收益的比较，林农可能会过分看重短期效益而放弃进行可持续经营。

（6）林农的参与性和积极性有待提高。在中德森林可持续经营项目执行过程中，项目所在地的林农参与度十分重要，项目实施需要林农在森林的保护、经营和管理等方面发挥作用。林农面对陌生的可持续经营理念，难以产生积极的参与性，尤其在项目执行初期，潜在收益无法体现时，林农很大程度上会选择立即见效但不利于森林可持续发展的短期行为，例如森林采伐、木材交易等。

（二）本土化创新改造和实践中的新做法

以安徽省中德森林可持续经营项目为例，在实行德援二期项目的过程中，发现有限面积的造林难以满足森林经营的巨大需求，于是将人工造林项目整体转换为森林可持续经营。同时项目实施到第三期时，由于我国林区中林地破碎化以及林地分派到户的经营特点，难以实现森林经营的规模化，无法发挥相应的规模效益。安徽省通过引导和试点示范，开展多种技术培训，将分散的林地按照新的利益关系进行整合，组建各种形式的森林经营组织，为开展森林可持续经营提供了示范，也为全社会各类资金参与林业建设提供了样板，最大限度地发挥森林的经济、生态和社会效益(白万全和李志刚，2015)。

与科研教学部门合作，强化项目的技术内涵。为了确保森林经营数据的系统性、完整性、真实性，中德森林可持续经营合作项目与相关农业院校签订了科技合作协议，在项目重点县和具有代表性的立地类型典型县区建立森林可持续经营示范样点，在森林可持续经营技术模型、成本效益、监测、管理机制、绩效评价标准与指标体系等方面开展广泛的研究，对项目的顺利实施起到重要的科技支撑作用(白万全和李志刚，2015)。

(三)林业水平发展带来的合作需求上的新变化

随着林业经营水平的不断发展，中德林业合作项目的需求也在不断发生变化。森林可持续经营作为林业可持续发展的核心越来越受到发达国家甚至发展中国家的关注，因此许多林业发达国家都在调整自身的林业资源管理体系以实现森林的可持续经营。在这种趋势的影响下，近年来的中德林业合作项目建设方向逐步由增加森林面积为主向以森林经营抚育、提高现有林分质量为主进行转变。

根据以上的项目实施问题可以发现，合作项目结束后大多数缺乏系统性的评价方法，导致项目的后期效益难以追踪，项目的实施成果难以精准评价，需要在评价方法、评价组织、评价机制和评价量化等方面加强项目的评估。因此有必要设计一套德国可持续经营模式的评价指标体系，目的在于为今后的德国可持续经营项目的引进和推广提供评价标准，为项目引进方决策提供依据，为进一步推动我国森林可持续经营提供参考。

六、中德森林可持续经营合作项目成效评价

中德合作项目实施之后必然会对项目区的森林经营、林区社会和林农生活等方面产生影响，为了使中德合作项目实现更好的发展，需要在项目实施期间以及项目完成后对各个地区进行定期调查，对项目区的影响进行评估。为了更好地评估项目实施后的成效，必须建立一套标准的评价体系来判断这种模式的引进是否适合中国，是否具备适用性、有效性和持续性。

(一)项目合作成效的评价方法

对于德国森林可持续经营模式引进实施后成效评价的方法，必须要根据森林可持续经营合作项目的特点，选择合理的评价方法和评价维度对项目的影响进行评价。

表4-4是3种有关项目评价方法的对比分析，能够更清晰地反映这3种评价方法的原理。

表4-4　构建指标评价体系常用方法

方法名称	创立时间	主要模型	特点	适用对象	赋值方法
层次分析法	1977年	通过对复杂问题的分解，建立层析结构图，紧接着两两比较确定各因素的相对重要性	原理简单，逻辑清晰。但不能为决策提供新方案	多目标决策问题	主观赋值法
模糊综合评价法	1965年	把一些模糊的、边界不清、难以量化的问题进行定性的综合评价	简化了评价过程，减少了评价成本，但比较主观	模糊的难以量化的问题	主观赋值法
综合指数法	1983年	对不同计量单位的指标标准化处理，从而计算综合指数，越大表明绩效越好	方法简单、容易理解，但指标要求只用同向指标，如不同向，必须做好同向处理	常用于综合经济效益指数	客观赋值法

资料来源：宋晓旭和陈曦，2019

根据表4-4可以发现对于德国森林可持续经营项目引进的评价，使用层次分析法不仅能够对复杂的问题进行分解，而且具有原理简单、逻辑清晰的特点，对于一些指标的权重确定也可以采取专家打分的主观方法来进行多目标决策问题的解决。

层次分析法是用于分析和评价多目标、多方案的决策方法。运用层次分析法来确定各评价指标的相对重要性，是系统工程对非定量事件做定量分析的一种简便方法，也是对人们的主观判断进行客观描述的一种有效办法。层次分析法将与决策有关的元素分解成目标、准则、方案等层次，在此基础上进行定性和定量分析(王莲芬和许树柏，1990)。

(二)指标评价体系的构建原则

项目评价指标体系构建的原则：

(1)全面性与系统性原则。深入分析各指标之间的相关性，合理划分各指标层，确保指标体系的系统化(曾浩磊，2019)。评估指标体系要充分发挥全面性和系统性，所选指标要能全面系统地反映各林区项目合作的实施状况，揭示存在的问题。

(2)实用性与导向性原则。科学的评价体系必须既实用又有指导作用，实用性要求指标体系能够客观、准确、及时、科学地评价项目，有效地帮助林区并使项目在林区实践中产生效益，发现其存在的问题。指标具有清晰的价值判断和导向作用，可以引导各地政府有针对性地改进优化项目合作工作，引导项目有效服务林区发展。

(3)定量与定性相结合原则。定量指标的客观性能够降低评价的主观影响，量化后的指标也在一定程度上避免误差。部分定性指标难以量化时，可采用专家评分法来实现定量统计，从而反映指标的真实情况。定量和定性相结合的指标体系能够有效提高评价结果的准确性与科学性。

(4)可得性与科学性原则。评价体系的指标选取考虑数据的可得性，保证指标的可采集、可量化和可比较的同时具有代表性和公正性，指标数据应为有依据、可获得的公开数据或第三方权威数据。评估指标的选取均需基于坚实的科学依据，对指标的定义、解释、来源和计算要有十分明确的规定和说明，同时，指标与指标之间的相关性和稳定性符合统计科学的要求(宋晓旭和陈曦，2019)。

(三)项目指标选取的依据

在明确项目评价体系构建的原则之后，项目评价体系构建也需要一定的理论基础来增强项目评价指标体系的可信度和有效度，因此本文在项目绩效管理体系、项目环境影响评价的理论基础和项目社会评估的理论取向等 3 种项目评估理论基础上进行评价指标评价体系的构建。

1. 项目绩效管理体系(PPMS)

亚洲开发银行(简称"亚行")在 20 世纪末开始在其贷款支持的项目中推行项目绩效管理体系(PPMS)。项目绩效管理体系是在规划中对项目不同阶段中的绩效实施的调整、改进及结果进行监管的系统和方法，其目的在于根据项目的投入和预期产出成果(包括成本、质量和工期)以及预期的发展目标、长短期影响，判定项目的成功度(张三力，2006)。PPMS 体系的基本构成包括：项目设计与监测框架(DMF)、项目绩效报告(PPR)、项目监测评估 (PPME)、项目完工报告(PCR)、项目绩效评价报告(PPER)(赵敏等，2014)。

项目效益监测评估(BME)则是项目监测评估(PPME)的一部分，是一套系统，用来监测评估项目建设和运营过程中，项目预期的目标是否得以实现以及目标实现的程度、方法和过程(于兰，2006)。

项目效益监测评估首先要求建立一套指标体系用于对项目建设和运营过程中所产生的社会经济影响进行跟踪监测，对项目全过程进行数据信息的定期收集、分析、管理、检查，然后根据监测得到的数据信息及资料，对项目实施全过程的监测结果进行结构性的分析评价，确定项目实施的效率和效果，确定项目实施作用于项目区所产生的社会影响方向与程度。亚行基于项目绩效管理的内涵，从相关性、效率、效果、可持续性等设定了绩效评价框架的 4 个准则，建立了 13 个评价问题，见表 4-5(何德文和罗媛媛，2017)。

表 4-5　建立评价框架的准则和问题

评价准则	评价问题
相关性	①在设计时，项目目标是否符合中国的发展政策或 /和优先重点及国际金融组织对中国的援助战略 ②在评价时，项目目标是否符合中国的发展政策或 /和优先重点及国际金融组织对中国的援助战略 ③项目是否针对中国或地方的实际问题和需求
效　率	①项目是否按照计划的时间周期实施并完工 ②项目是否按照计划的资金预算实施 ③项目是否实现了所有预期产出 ④项目完工后是否达到预期的经济内部收效率
效　果	①项目是否实现了预期目标 ②项目的实际受益群体是否达到预计的目标受益群体数量
可持续性	①项目的管理或 /和运行机构的设置、人力资源、经费能否满足项目持续运行的需要 ②项目的产出能否得到持续的维护和利用 ③项目运行所依赖的政策、制度能否得到持续的实施 ④项目贷款是否能够按时偿还

资料来源：宋玲玲等，2014

因此，项目绩效管理体系(PPMS)是对项目实施的整个过程进行监测和评估，并将项目的实际效率、效果和建设预期目标进行对比。

2. 项目环境影响评价的理论基础

项目环境影响评价是对关系到国计民生的重大项目所进行的涉及企业和国家 2 个方面利益和成本等问题的全面论证、评价和审查，以便作出科学的项目决策（宋永发等，2007）。其涉及的内容十分广泛，理论基础主要有 2 个：

（1）代际平等论。代际平等论从公正与平等的角度考虑当代人与下一代人之间的生存与发展环境问题，要求当代人在利用环境资源时更加注重适度与合理的开发，从而建立起两代人之间机会平等的持续性环境伦理道德观。

（2）协调发展论。协调发展论要求经济、社会与生态环境之间的协调发展，属于新兴发展战略的范畴。它倡导协调经济发展和环境保护两者之间的协调，进而实现整个社会、经济和环境关系的全面持续发展。为避免贫困与环境恶化之间产生恶性循环，经济发展要考虑到自然生态环境的长期承载能力，环境保护工作也要充分考虑经济的支持能力。

3. 项目社会评估的理论取向

项目社会评估的理论取向中包括环境—生态取向，它反对"人类中心论"，认为这种传统发展观和社会学理论具有片面性。尤其是在 20 世纪中期以后的西方知识界，对环境保护和经济发展之间的关系进行重新审视后，产生了"生态—发展"观，并在不断发展中形成了"浅绿"主义和"深绿"主义，前者认为经济发展和环境保护可以依靠技术进步兼得，后者则认为地球利益应当排在人类利益之前，甚至可以损害人类利益来维护地球利益。这两种主义都将人类社会系统看作生态系统的一部分，提倡减少对环境的无限索取，从而实现人类发展和福祉的持续增长。

因此，环境取向的社会评估特别适合于对环境产生巨大影响的项目评估，考察环境（生态）和社会（人类活动）之间相互影响，其关注的重点在于环境的承载力、脆弱性、恢复能力以及发展的可持续性（孟超，2017）。

（四）评价指标体系的指标选取

根据以上项目评估的理论基础，从适用性、有效性和持续性 3 个角度来进行具体指标的设置和选取。

1. 合作项目的适用性

判断中德合作项目是否能够带领我国林业走向可持续经营的道路，需要对项目执行前的适用性进行评估，那么如何对项目是否适用于中国进行判断呢？本文从项目绩效管理体系中亚行提出的评价准则中结合林区实际情况从以下几个指标进行评估：首先是发展政策，对项目的实施效果是否符合林区的发展政策来进行适用性评估；其次是援助战略，国际上对于林区的援助战略是否与项目适用；第三个指标是实际问题和需求，对于项目是否与林区的实际问题相符合进行评估；第四个指标是林区林情的协调程度，对于林区当地的森林状况是否适用于项目实施进行评估；最后是林农意愿程度，对项目实施地林农的参与意愿程度进行评估从而判断合作项目的适用性。

2. 合作项目的有效性

中德合作项目引进后具有适用性的同时还需要判断其有效性，不能带来实际成效的项目是不利于我国林业发展的。关于有效性方面的评价标准则可以从以下几个方面展开评估：首先是资金预算，对项目是否按照资金预算实施进行有效性评估；其次是时间周期，对是否按照计划的时间周期完成项目进行评估；第三是预期产出，项目实施的有效性可以从项目是否实现所有预期产出进行评估；第四是受益群体，根据林区的实际受益群体数目和预计数量的符合程度对项目的有效性进行评估；最后是多主体参与，对项目实施的各个主体进行参与度评估来反映合作项目的有效性。

3. 合作项目的持续性

中德合作项目到期之后，为了使合作过程中产生的有效成果持续发挥作用，需要对其产生效益的持续性进行追踪监测，对森林的质量进行监控，对项目实施区的森林可持续经营状况展开调查。具体包括以下几个方面：首先是人力资源和经费，对于项目结束后，人力资源和经费的后续支持进行评估能够有效反映合作项目的持续性；其次是运行机构的设置，项目完成后的相关机构能否持续运行下去是合作项目持续性的一个方面；第三个指标是产出利用和维护，是对项目实施完成后的产出是否持续性地发挥效益进行评估；第四个相关指标是政策制度的实施，这是对项目结束之后相关的林区政策制度是否持续实施的评估；最后是关于项目贷款的偿还，这是对项目合作完成后的贷款是否能够如期偿还的评估。

综上所述，将适用性、有效性和持续性的具体评价指标进行整理，如表4-6所示，从而更加清晰地反映出评价指标体系的各项指标以及具体含义。

表4-6 项目评价指标的具体含义

一级指标	二级指标	具体含义
适用性	发展政策	项目是否符合中国的林区发展政策
	援助战略	项目是否符合国际上的林区援助战略
	实际需求	项目是否针对林区的实际问题和需求
	协调程度	项目是否符合林区的林情状况
	实施意愿	项目是否符合林农的实施意愿
有效性	资金预算	项目资金预算实施是否有效
	时间周期	项目是否按照时间周期实施
	预期产出	项目预期产出是否有效达成
	受益群体	项目受益群体是否符合预期数量
	预计目标	项目结束是否达到预计目标
持续性	人力资源的配置	项目人员是否可持续配置
	运行机构的设置	运行机构的持续运行
	产出利用和维护	项目实施后的后续产出
	政策制度的实施	政策制度是否持续实施
	项目经费的利用	项目经费使用是否可持续

（五）基于层次分析法的评价指标体系

根据表4-6设置和选择的评价指标，建立德国森林可持续经营模式在中国引进实践后的评价指标体系（图4-1）。

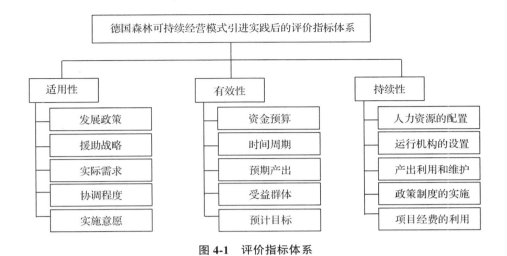

图 4-1　评价指标体系

　　得到评价指标体系的框架之后，按照层次分析法的具体步骤进行指标权重的确定。第一，确定评估指标体系 AHP 的层次结构图，将所有指标划分为目标层(最高层)、准则层(中间层)和指标层(措施层)。第二，构造判断矩阵。第三，在判断矩阵基础上利用和积法计算各指标的权重，即计算判断矩阵的最大特征根和特征向量。第四，为避免出现逻辑上的错误，将得到的判断矩阵进行一致性检验(任玉辉和肖羽堂，2008)。

　　以上指标评估体系为今后德国森林可持续经营模式的引进效果评价建立了一套标准的范式和评价原理，便于及时调查分析项目实施状况的优缺点，并为合作项目成效的综合评价提供借鉴。

七、小结与建议

(一)小　结

　　德国森林可持续经营模式的引进对于中国的森林经营有着重要的积极意义，不仅在一定程度上改善了我国森林经营的可持续经营体制，而且促进了我国林业的发展，为今后中国森林可持续经营模式的建立奠定基础、培养人才。但中德项目合作完成后的后续工作存在一些问题，从中央到地方各级政府对项目后期管理都没有作出顶层设计和制度安排，即没有相应的规章、规定、办法、措施、资金和人员安排，既然没有特殊的顶层设计和制度安排，那么外援项目后期管理就存在流于一般化管理的风险，外援项目区的保存也将面临严重威胁(白万全和李志刚，2015)。

　　因此本文对中德森林可持续经营模式引进过程中的一些合作项目进行梳理，并且将项目合作带来的成效以及项目实施过程中的问题进行分析，提出一个运用层次分析法构建的评价指标体系，从而对今后的中德森林可持续经营合作项目的后续效益进行追踪，对项目的实施成效进行评价，为今后项目引进与合作提供重要依据和参考标准。

(二)建　议

中德两国政府经过几十年的项目合作，合作的方式和合作的需求也在不断地发展和进步。我国林业国际合作的战略已经由原来的引进来为主，转变为引进来与走出去相结合的方向，财政合作也由原来的无偿援助向无偿与低息贷款结合，进一步向商业贷款发展(雷静品等，2011)。因此，中国的林业合作项目也不仅仅是被动地接受外国新型经营理念和经营模式。在长期项目合作的发展中，中国可以自主引进适合于中国林区和林情的先进森林经营理论与实践，甚至一些发展比较成熟的中国特色森林经营理念可以反向输出到德国，实现中德森林经营理念的双向合作。

新时代林业发展的合作需求逐渐由增加森林面积向可持续经营方向转变，建议做到以下几个方面的措施：

一是必须坚持高标准、高质量、高效益。质量是效益的前提，是项目成败的关键，必须把对质量和效益的要求放在首要地位。

二是中德森林可持续经营的合作需要加强顶层设计，建立一个统一的指标评价体系，在逐步完善的基础之上将该评价体系进行优化和标准化，从而实现对整个中德森林可持续经营合作项目的系统评估，同时判断今后的合作项目是否实施以及合作过程中需要改进和提升的方面。

三是中德合作要在历史的积累中不断发展，从新的视角来审视中德合作项目，在认同的基础上进行合作方式的创新，探索新的合作视角。在项目合作和项目设计上，基于双方的视角提升项目合作的质量，抛弃之前的单向援助视角，提升合作的层次。

总之，德国森林可持续经营模式的引进对我国森林经营提供了宝贵的经验和做法，指标评价体系的构建能够对合作项目结束后的效益进行有效追踪，并且为今后的项目引进和推广提供评价标准，从而进一步推动我国森林可持续经营的发展。

第五章
其他国家的森林可持续经营实践

一、美国的森林可持续经营实践

早期美国的森林经营主要依靠向欧洲学习，直到 19 世纪初美国才认识到自然资源的可持续利用问题。第二次世界大战后，随木材需求量的增加，不断增加国有林的采伐量，且采伐方式基本上是皆伐，缺乏生态系统保护和景观考虑。另外，在中西部国有林内的过度放牧也对生态系统产生了破坏。随后，工业发展带来的环境问题日益突出，这引发了环保人士的密切关注。在环保问题压力下，美国林业开始从木材利用的单一目标向追求多目标利用转变。20 世纪 80 年代开始，美国林业进入了以生态利用为主兼顾木材利用的阶段，这标志着美国森林经营开始朝着可持续方向的转变，这一时期美国以"森林生态系统经营"为主。

(一)美国林业管理思想的演进

美国林业的发展大致分为 6 个阶段：①19 世纪中期以前为森林初期利用阶段；②19 世纪中期至 20 世纪 20 年代初，美国内战之后，经济高速发展，因第一次世界大战爆发，军需物资消耗增加，森林资源大规模开发，该阶段美国林业处于森林破坏阶段；③20 世纪 20 年代至 60 年代，因第二次世界大战爆发，国家全面干预金融财政、工业、农业等领域，而后期，国有林的木材供应成为林区的主要活动，美国林业不断演变成边治理边破坏阶段；④20 世纪 60 年代至 80 年代期间，美国资本主义迅猛发展，工业发展带来的环境问题逐渐显现，引起了环保人士的密切关注，美国林业逐渐追求森林多目标利用，以实现森林资源利用程度的最大化；⑤20 世纪 80 年代至 90 年代，美国林业进入了以生态利用为主兼顾产业利用阶段，美国对国有林实施森林生态系统管理，美国林业向可持续发展转变；⑥21 世纪至今，美国林业发展进入可持续利用阶段(谷瑶等，2016)。

(二)美国森林可持续经营理念

1. 森林生态系统经营

生态系统经营是一种在景观水平上维持森林全部价值和功能的战略和思想，反映生态学原理、重视森林的全部价值，考虑人对生态系统的作用和意义。有学者总结和整理的概念如下：①生态系统经营不仅涉及资源管理技术的改革，还涉及思想和哲学等人文社会科学领域的改革；②以生态系统保护和恢复为焦点；③超越传统的时空尺度和专业分工，实行综合资源管理；④以社会需要为基础，根据政策、法规等制定管理目标；⑤综合考虑生态、经济和社会效益；⑥在实践中首先重视公众参与和协作。把生态系统经营与社会改革相结合，认为各种利益集团和个人的协作及共同参与决策的管理是不可少的；⑦现阶段的资源管理是在对复杂生态系统及其社会不十分了解，缺乏知识的条件下进行的。因此，对计划的制定和实施、实施结果的监测和分析、计划的修订等不断重复这样一个过程是必不可少的。这个过程被称为适应性经营（Adaptive Management），是生态系统经营的一个关键概念。从上述概念可以看出，生态系统经营的核心是生态系统保护，以此为目的的资源管理与社会改革相结合的想法是一种新的资源管理思想。生态系统经营思想的采用是国有林经营思想的根本转变。生态系统经营曾是克林顿政府资源管理的基本方针，联邦国有土地管理的 4 个主要部门（林务局、土地管理局、国立公园局、鱼类野生生物局）都以生态系统经营为基本方针，与资源管理有关的研究也清一色地涂上生态系统经营的标牌。

2. 农林复合生态系统管理

针对全球环境保护的浪潮，1985 年 J. F. Franklin 教授提出新林业学说，从生态学角度，确定了林业采伐的新要求。新林业认为森林经营的目标是提高森林恢复能力以及减少森林生态系统的干扰程度，促进了林分的多功能效应的发挥，对林业的可持续发展提出了更加明确和具体的要求，强调在林业生产实践中，突出环境保护价值的同时，森林经营综合发挥森林生态、经济和社会效益。目前，林业实践的前提是确保其可持续发展。根据1992 年世界环境与发展大会提出的森林资源和林地可持续经营要求，美国可持续森林经营按照"确保林业资源健康、高效丰产和物种多样化，既能满足现代人民的需求又不损害子孙后代满足其需求的能力"的原则，采用"依法治林、产学研结合、政府支持和永续性利用"的森林经营模式。很多研究单位确定评价林业可持续发展的指标体系，林产品公司和林主相应提高自身产品的可持续性。1994 年美国森林工业界实施"可持续林业发展项目"，以改善生态和保护环境。农林复合（Agroforestry）是符合现代林业可持续发展的管理模式，充分利用了林业现有土地资源和劳动力，实现经济收益最大化。1978 年，国际农林复合生态系统研究委员会（ICRAF）第一任主席 King 将农林复合系统定义为"将农作物生产与畜牧业和林业生产在同一土地单位内相结合（可同时或者交替使用），为提高土地总生产力的持续性土地经营体系"。美国农业部以及其合作组织在农林复合生态系统发挥作用可追溯至沙尘暴频发年间，建立防风林以减少平原土壤侵蚀。20 世纪 80 年代开始，农林复合体系的科学性和实践在美国得到了很好的发展。1996 年美国农业部机构间农林复合工作集团正式成立，并由农业部可持续发展项目指导，这时，农林复合才正式被制度化。北美农林复合生态系统会议每 2 年举办 1 次，重点关注土地的有效利用、生态区域及国家间的林牧复合系统，评价农林复合实践对农场主和社会所做贡献等。为了提高美国农业部以及合作组织对农林生态系统作为实施美国农业部战略性规划（2010—2015）方式的认识以及支持，促进农林复合生态系统研究、发展以及技术转移，美国农业部于 2011 年 6 月发布《美国农业部农林复合生态系统战略框架 2011—2016》。在工业发达国家和地区，农林复合生态系统的主要作用是提供生态功能服务，包括水质控制、碳吸收、生物多样性保护等。因此，农林复合生态系统的建立，可用于协调社会、经济发展与生态系统之间的关系，促使社会环境和经济实现可持续发展(谷瑶等，2016)。

(三)美国促进森林可持续经营的举措

1. 林业法律法规

尽管美国没有颁布《森林法》，但涉及林业的法律法规和条例却有 100 多种，对林业的可持续经营起到了积极的推动作用。如 1891 年颁布了《森林保留地条例》，标志着美国森林保护和资源管理工作的法制化；1960 年颁布了《森林多种利用及永续生产条例》，扩大了国有林的利用范围，实现了由传统的木材生产为主向经济、生态、社会多效益利用的现代林业的转变；1976 年颁布《国有林经营法》对国有林的经营活动提出了更高标准的要求，规定国有林经营单位定期更新林业计划，一般为 10~15 年更新一次。为了保证这些法规的实施，美国林务局针对不同时期的问题和特点，在广泛听取各方面意见后，编制 10 年规划，每 5 年修订一次且不得任意变更，以保证规划的时效性和法制性。

2. 林业税收政策

美国政府对森林资产及销售森林产品取得的收入征收各种税款，如所得税、财产税、产品税、遗产税等，增加财政收入的同时，更是通过税收杠杆实现森林资源的可持续开发。

(1)税收优惠。1980 年，美国为鼓励私有林主造林而实施免税政策，规定私有林纳税人每年可减免 1 万美元的造林投资税，当年先退 9%，其余 91% 按 7 年的期限平均退还。同时为加强森林资源的开发和保护，美国政府设置标准林场，通过免税等优惠政策鼓励私有林主加入"标准农场"。为鼓励造林更新，美国国会更是通过了一项长期决策，即只要在私有土地上进行更新造林，其费用可以在当年纳税时相应扣除，但扣除额不得超过 1 万美元。

(2)创新征税方法。为了改善森林经营条件，增加林地面积，提高经营水平，美国对产品税进行创新，通过设置一定的条件，分为强制性征收和可选择性征收。如开征可选择性产品税的州规定了最小立木蓄积量、制定林地经营计划并保证一定时间内使土地用于林业生产等条件，而开征强制性产品税的，要求所有林主必须在森林采伐时缴纳产品税。通过产品税不同的征税方法，推迟了林木的采伐，有利于森林资源的保护和永续利用。

(3)规定税收收入的使用范围。如美国亚拉巴马州税法规定：至少 85% 的采伐税税款要用于森林保护工作。阿肯色州则要求除去 3% 的采伐税款用作管理费外，其余 97% 全部归入州林业基金。森林税收收入的再投资支持森林各项经营活动，极大地促进了当地林业发展(张天阳和刘凡，2014)。

3. 林业扶持政策

美国政府为促进林业发展，实现森林可持续经营，还采取了一系列扶持政策。例如"退耕还林"政策，美国联邦政府规定，如果现有农田原先是林地，就务必进行退耕还林，且在 5 年内政府连续补助 111 美元/hm^2。为进一步鼓励更新造林，政府无偿地向私有林主提供 40% 的更新费用；同时政府还对小林主的防火防虫给予无偿援助，小私有林主造林使用苗由政府补助 1/3。

4. 森林认证

美国森林和纸业协会（AF&PA）于 1994 年创建了可持续林业倡议（Sustainable Forestry Initiative，SFI）。2005 年，SFI 获得 PEFC 认可。目前，SFI 已经针对参与认证的公司制定了 3 种产品标签，规定凡成功完成独立第三方认证并满足所有标签使用要求的 SFI 参与者都有资格使用该标签。截至 2016 年 7 月，美国通过 SFI 体系认证的森林面积为 2556 万 hm^2，加拿大通过 SFI 体系认证的森林面积为 8895 万 hm^2，SFI 在近 2800 个地点进行了产销监管链认证（赵劼和陈利娜，2017）。

5. 森林健康监测计划

欧洲和美国最早开始关注森林健康问题，在很大程度上代表着当时的先进研究水平。美国早在 1987 年和 1992 年就 2 次举行森林健康问题的国会听证会，并分别于 1988 和 1993 年制订了森林健康计划，提出了森林健康计划的目标，包括应用有效经营措施降低病虫害和火灾、计划烧除控制林火、应用环境友好农药和森林保护技术、为制订政策提供森林健康信息、恢复受害森林的健康、防止新病虫害传入、加强长期国际合作、通过宣传让公众了解和支持森林健康。美国目前已建立了覆盖全国的森林健康监测系统，定期进行健康监测和信息公布（王彦辉等，2007）。

二、日本的森林可持续经营实践

（一）日本森林经营理念

1. 幕府时期——人与森林共生

日本的气候温暖多雨，非常适宜森林生长。日本境内除高山和湿地外分布着大面积的森林。自古以来日本人的日常生活处处离不开木材，并形成了独特的"木文化"。但日本的地形复杂，多山且山势陡峭，加之常有高强度降水，因此一旦破坏森林植被，必然造成山体崩塌、滑坡、泥石流、洪水等自然灾害。在历史上，日本一直坚持以防洪、保全水土为目的的森林经营管理模式，甚至执行过"治国即治山""治国即防洪"的政策，使得持续了近 300 年的德川幕府时代较好地实现了木材生产和治山治水兼顾的森林经营管理（和爱军，2000）。

2. 工业化时期——偏向经济效益

19 世纪后半叶到 20 世纪初，受欧美工业化的影响，为了步入所谓"现代国家"的行列，日本的经济快速发展，森林被过量采伐，加之林权混乱、管理不善，使日本的森林遭到了破坏。进入 20 世纪后，日本的土地所有权和林权开始稳定，政府调整了森林管理体制，并鼓励民众大力推进造林活动，这一时期，日本的森林经营达到了持续稳定的状态。但这一稳定状态并未持续多久，随着第二次世界大战的开始和结束，日本森林由于要支持战争和战后重建而被大面积采伐。

3. 20 世纪 50 年代后期——扩大造林政策

这一时期，日本木材需求激增，每年森林采伐量大概是生长量的两倍。为了弥补天然林的损失，日本大量营造人工林。这个时期的政策被称为"生产力增强政策"和"扩大造林政策"。大量营造的人工林弥补了木材需求的缺口，为战后重建和经济复兴提供了支撑，也积累了大量营造人工林的经验。但从环境角度出发，扩大造林政策也带来了一定的代价。首先，幼龄人工林的分布面积过大，林分结构过于单一，导致生物多样性贫乏，且容易导致水土流失，对水土保持不利。其次，人工林大面积的增加，导致林业劳动力相对不足，人工林缺乏必要的抚育管理，易受自然灾害等的破坏。

4. 现代林业发展规划时期——可持续经营阶段

首先，在经营理念上，日本把森林功能的持续保持和效益的持续发挥作为森林持续经营的前提，体现了生态功能优先，经济、社会效益兼顾的思想。他们认为森林的生态效益可以在不损害经济和社会效益的情况下得到持续发挥，关键在于经营措施适当。其次，在国家林业中长期规划中，把森林的可持续经营置于主体地位，并贯彻始终。三是在森林经营的技术层面，采取一系列措施，推动可持续经营。按照他们的经营理念，唯有健康的森林，才能保证人们可持续地从森林中获得木材和经济利益。其主要特点：①实施针叶林与阔叶林混交，实现森林在生态、经济双重意义上的稳定。第二次世界大战后，日本营造了大面积的人工针叶纯林，后来逐步增加阔叶林的比重，营造起了针阔混交的复层林。②遵循自然规律，减少人工干预。他们十分注重加强群落的环境保护。根据不同的土壤类型，选择适合的乡土树种，特别注意树种的稳定性和不损害土壤肥力。为了人类健康，充分发挥森林的社会效益和生态效益，林地不施肥、不采用化学杀虫剂，不清除地被物。森林更新强调小规模，尽量采用天然更新，减少人工干预。③确定森林地块的主导功能和其他功能，明确经营目标。根据林地区位不同，分别确定各自的主导功能和其他功能，确定其发挥景观效应、防护效应还是以木材利用效应为主，明确经营目标和方向。在此前提下，根据立地条件，采取科学的经营作业方法，实现树种结构和树龄结构的科学配置，保证林分具有较高的质量和较强的稳定性。

（二）日本促进森林可持续经营的举措

1. 完善的法律制度保障

日本 1897 年颁布首部《森林法》，主要内容是对森林采伐进行规定。1957 年颁布了《新森林法》，该法内容是现代日本森林发展规划的雏形。1964 年颁布了《林业基本法》，并于 1966 年实施了首期国家森林工程，主要目的是发展速生针叶树种纯林，以满足日本国内迅速增长的木材需求。1973 年，日本实施二期国家森林工程，将环境治理纳入工程建设内容。到 2001 年，日本颁布了《森林和林业基本法》，实施了首期《森林和林业发展基本规划》，目前该规划每 5 年调整一次。《森林和林业基本法》主要强调发挥森林的多功能，以促进林业健康可持续发展。

2. 明确的森林资源权属

日本的森林权属有 3 类，即国有林、公有林和私有林。国有林为日本国家政府所有的部分，大多数由日本国家森林管理部门管理，约占日本森林总面积的 31%。公有林为县级政府部门、城市级政府部门和公众团体所有的部分，约占日本森林总面积的 11%。私有林为日本普通民众家庭所有或私营公司所有的部分，约占日本森林总面积的 58%。日本私有林所有者数量较多，但是单个所有者占有森林面积较小。据统计，大多数私有林所有者占有森林面积不超过 1hm²，占有森林面积在 1hm² 以上的约有 92000 家，但面积超过 5hm² 的所有者很少。私有林所有者中，经济收入主要来源于林业的约 3000 个，占不到 1%。日本国有林遍布日本各地，多位于高山主脉、水源涵养地等区域，主要作为"保安林"，服务公众需要，如保持水土、减少洪涝灾害，以及作为野生生物栖息地等。日本国有林的 91% 作为"保安林"，其中，划为水土保持林的约占 68%，划分为人与自然和谐共处环境林的约占 28%，划为提供林产品的约占 4%。国有林大部分归日本林野厅及其下属机构管理，仅少部分（约 6 万 hm²）由国家的其他机构管理。日本公有林由县级政府部门、城市级政府部门的林业机构或公众团体管理，有作为"保安林"管理的、作为森林公园管理的、也有的作为寺庙、神社区域的森林，或由社区公众团体管理。由于日本经济快速发展和城市化，林业经济收益和从业人数下降，大量的私有林缺乏经营。为了推进私有林经营，日本推行森林合作组，促进私有者联合经营，并不断壮大联合体，形成较大规模的森林组合，由森林合作组代表所有者对森林进行经营管理。到 2007 年年底，日本全国形成森林组合 736 家，森林合作组在私有林的营造、疏伐、采伐和林区维护等方面发挥了重要作用（白卫国，2012）。

3. 完备的森林计划制度

日本的森林计划制度完备，执行严格（薛建明，2007）。日本林业部门充分认识到有计划地维持和培育健全的森林是关系国计民生的重大政策性的问题，必须通过科学的森林计划制度，明确有关森林和林业的长期性、综合性政策方向和目标，明确森林所有者和经营者管理森林的方针，并制定相关政策。日本有比较健全的森林计划体系，在宏观层面上，政府根据《森林和林业基本法》制定《森林和林业基本计划》，明确森林经营的长期综合性的政策目标。农林水产大臣根据《森林和林业基本计划》制定为期 15 年的《全国森林计划》，该计划每 5 年制定 1 次，同时，农林水产大臣还要从政府主要负责林业公共事业的职责出发，制定与《全国森林计划》同期的《森林维护保全事业计划》，以促进森林的保护和植树造林；在中观层面上，分别为国有林和公有林制定森林计划。都道府县知事根据全国森林计划，以全国 158 个森林计划区域内的公有林为对象，每 5 年制定 1 次为期 10 年的《地区性森林计划》，明确该区域森林相关政策的方向，提出采伐、造林、林道和防护林的目标，对所属市町村的森林维护计划提出相应的规范要求。对于同一森林计划区域内的国有森林，则由森林管理局局长负责制定《国有森林不同地区的森林计划》，以明确国有林的森林维护、保全方向和采伐、造林、林道、防护林的维护目标等；在基层，由 2245 个市町村在都道府县《地区性森林计划》的指导下，自行制定《市町村森林维护计划》，明确本行政区域内森林相关政策的方向，确定森林所有者等进行采伐、造林等作业的指导原则等。森林所有者要依据所在地区的《市町村森林维护计划》对其所有（经营）的森林制定《森林管理计划》，明确规定未来 5 年的采伐、造林等具体作业内容和方式。通过 3 个层次的森林计划制度，包括在制定过程中国有林与公有林的协调、国有森林管理派出机构与所在地方的协调，并且在制定和更改过程中，将方案向广大民众公开，确实反映各方的意见，日本最大限度地使森林计划符合全社会对森林经营的期待。除此之外日本在促进森林计划的实施方面采取了许多行之有效的措施。

4. 科学的森林资源调查监测

日本的森林资源调查监测可划分为调查体系和监测体系 2 类。森林调查体系基于森林记录表和森林经营规划图，该体系起源于 20 世纪 50 年代，全面覆盖国有林、公有林和私有林，以服务国家级和县级森林计划制定、市级和经营单位级的经营规划编制为主要目的，森林调查以县为单位开展，各县 5 年内轮回开展一次，调查地块与森林经营规划图区划地块一致，调查内容包括郁闭度、优势树种、胸径、树高、树龄、蓄积、年生长量等，记录内容 41 项。森林监测体系收集数据包括森林资源监测数据、森林经营管理监测数据和野外采集的数据。森林资源监测体系的数据用来对森林调查体系的森林蓄积量和增量结果进行修正。

5. 必要的产业扶持政策

考虑到林业的公益特性和产业特征，仅仅依靠法律法规的保障是难以实现森林可持续经营的，因此，结合林业自身特点，日本政府对林业采取了积极的扶持政策（张天阳和刘凡，2014），包括：税收优惠政策、林业资金补助、设立林业专用贷款等。

6. 积极的绿色采购政策

日本是木材消费大国，由于国内劳动力成本高昂，其国产材缺乏竞争力，导致巨大的木材需求必须依赖于进口。日本进口木材大部分来源于热带国家，其中包含着大量的非法采伐的木材，这受到国际环保组织的关注。在这一背景下，日本林野厅于 2006 年 2 月发布了《木材合法性、可持续性证明指南》；2006 年 4 月以《关于推进环保产品等采购的法律》为依据修订了关于推进环保产品采购基本方针，将木材来源的合法性和可持续性加入绿色采购法中，并发表了《敬告日本出口木材及木材产品同行们的声明》，声明指出日本政府从 2006 年 4 月 1 日起实施一项新政策，即政府部门必须执行优先采购被确认为具有合法性的木材。声明对地方政府没有强制的规定，但他们有义务向这方面努力，对企业界则提倡执行这一政策。该项政策还规定 2006 年 4 月 1 日前开具的合法证明材料可以暂时性地代替上述证明资料。该项政策是保证木材和木材产品具有合法性、可持续性的第一步，将来还会根据实际情况进行修订。

实现森林可持续经营的重要措施之一就是必须有效制止目前十分猖獗的非法采伐和非法贸易活动，采取建立正常的木材交易市场、提高企业和森林经营单位森林经营水平和开展森林认证的积极性等措施。日本政府制定的木材采购政策规定将"合法性"作为评估标准，表明政府所有采购的木材的来源必须是合法的，同时将"可持续性"作为考虑因素说明政府认识到实现森林可持续经营的必要性。因此日本政府的木材采购政策对限制木材生产国的非法采伐和森林可持续经营有非常重要的影响（申伟和陆文明，2008）。

三、澳大利亚的森林可持续经营实践

(一)澳大利亚森林经营思想

1. 大规模开采天然林阶段

由于 200 多年欧洲殖民期间大面积毁林，澳大利亚林业也曾经处于资源危困状态。自 1788 年欧洲人开始大批殖民以来，在过去的 230 多年里，约有一半的澳大利亚森林被消耗殆尽，桉树占 90% 以上的天然林可采资源变得十分稀缺、经济利用价值极低(黄东等，2010)。澳大利亚依靠开采天然林提供木材的道路已经无以为继，森林资源进入危困阶段。同时，因大面积毁林，生态环境问题也日益显现。一是海风危害损失加大，澳大利亚的森林发挥了重要的沿海防护效益，但沿海区域森林破坏也最严重，大面积毁坏沿海森林致使海风直入内陆，对建筑、交通、农业生产等造成了严重危害，海风的风蚀作用加速了农业土地的退化；二是加剧了水资源紧张和土地盐渍化；三是加重了土地沙化的趋势，毁林减弱了植被对沙化土地的防护作用，加大了沙化面积扩大的风险。

2. 森林分类经营阶段

在 20 世纪 70 年代林业分类经营理论影响下，为了保护生态、增加木材供给，澳大利亚实行了以保护天然林发挥生态效益为主、以发展人工林提供木材为主的林业分类经营制度，根据是否允许木材生产，把森林分为森林保护区、多用途林和用材林。根据此分类，澳大利亚把大部分雨林和部分天然林划到森林保护区和国家森林公园，主要发挥森林生态保护作用；将部分公有天然林作为多用途林，在保护生态的前提下开展林业经营。

林业分类经营在短时间内快速地增加了人工林、降低了天然林破坏速度，对澳大利亚林业发展做出了巨大贡献。但是，经济社会发展对林业提出了更高、更新的要求，使林业又面临新的挑战。一是林产品供需矛盾突出，需扭转大额贸易赤字；二是农村、地方经济发展与就业需要进一步发展林产业，在分类经营的体制下，由于实行了天然林保护政策，一段时间内澳大利亚林产业萎缩，对地方发展的负面影响逐渐显现，发展林产业的需求日益增强；三是社会经济发展对生态需求日益提高，需要保护森林生态系统可持续经营和快速扩大森林资源面积。

3. 森林多功能经营阶段

澳大利亚的多功能林业是一种生态经济发展模式，是以充分利用森林资源和发展林产业来推动林业生态、经济和文化的协调统一发展，而不是着眼于长期依靠政府大量投资来发展，同时以生态系统可持续经营技术管理政策来保证以生态服务为基础的 3 大效益一体化经营。

1992 年世界环发大会后，可持续经营思想深入人心。澳大利亚于 1992 年发布的《国家森林政策宣言》就已经明确对澳大利亚的林业发展目标做了重大调整，要求以符合可持续生态经营的原则经营森林。随后，"地区森林协议(1997)""2020 年人工林发展战略(1998)""可持续森林战略(2004)""国家土著林业战略(2005)"等一系列政策，一再强调以生态为基础的林业 3 大效益一体化经营思想。一是强化了人工林的生态服务和社会服务要求。开展制定中、长期人工林发展计划来增加森林资源，特别是发展兼顾生态与经济功能的农场林业来解决木材供给和农业土地生态问题。农场林业建设目标是：到 2020 年，30%农户和至少 10%的土地面积参与发展农场林业，农户收入的 10%应来自农场林业。为此编制了可持续森林经营技术规程，统筹考虑保护生态系统和土壤结构、对水质和水量的潜在影响以及森林的林龄、结构以及健康状况等因素，保证森林经营尽可能减少对生态环境的影响。同时，政府鼓励长周期人工林经营，以此来增加就业岗位。二是强化了对天然林非木质林产品的商业开发。对不具有开发木材利用价值的天然林，进行以环境保护和娱乐游憩为主的生态旅游开发和长期科学研究利用；对于多用途天然林签订《地区森林协定》，在强调森林保护的前提下，开发森林全部价值，协调林业生产和自然保护之间的关系。澳大利亚在区分不同区域的森林主导功能和一般功能的基础上，对人工林集约经营兼顾经济和环境两方面的利益，对天然林开发其非木质林产品经济利用价值和社会贡献，以此来满足社会对林业的新要求。这种林业经营思想的一个显著特征是对每块森林实现以生态服务为基础的 3 大效益一体化的综合经营，这既不同于多效益主导单一功能经营的分类经营，也不同于不区分生态服务为基础的传统多功能林业经营，而是一种在生态系统可持续经营指导下的多功能林业，本文称之为现代多功能林业。

（二）澳大利亚促进可持续森林经营举措

1. 优化森林经营措施保证森林 3 大效益最大化

在对森林生态服务的科学认识的基础上，澳大利亚根据地方生态服务需求特殊性、环境敏感性、经济可行性等原则要求，分类、分区优化地方森林经营作业规程，用规章制度管制经营措施来保证以生态服务为基础的生态系统可持续经营，具体表现在造林、经营与抚育、采伐等方面。

（1）造林。首先，优先使用乡土树种造林。如人工林建设目标就明确提出将桉树与辐射松的比例由目前的 1：9 调整为 5：5，适当增加木麻黄、相思树等树种。其次，造林比较注重长期性和因地制宜。

（2）经营与抚育。严格限制人工林经营过程中喷洒和施肥对水、气、土的影响，并制定了使用名录和剂量标准，作业后需要跟踪监测与评估。另外，对天然林也按不同类别实行以发挥生态、环境、游憩为目的的抚育性经营。一类桉树天然林，每 30 年进行一次抚育性择伐，每择伐一次收获木材 $3\sim4m^3$。二类桉树天然林，每 70 年择伐一次，不进行收获性经营。三类桉树天然林只进行防火性的经营。

（3）采伐与更新。澳大利亚强制实行基于减小对环境影响的森林采伐作业规程，强制执行生态采伐要求。如澳大利亚的东南部、西澳大利亚州西南部和塔斯马尼亚林区雨量充沛、土壤条件较好，采伐迹地更新比较容易。在这些地区天然林允许小面积块状皆伐（每块面积 $10\sim20hm^2$），并实行人工更新。在全国其他地区，只允许采用择伐方式，但必须保留 $40\%\sim50\%$ 的树冠郁闭度并进行目的树种的人工补植。

2. 发展林业产业保证生态经济发展活力

澳大利亚通过政府投资刺激林产工业的发展，带动营造林投资，扩大森林面积，提高木材原材料的供给；开发森林的非木质林产品的商业、非商业利用模式，实现兴林与富民、生态与产业、保护与利用 3 大关系的协调发展。

3. 政府投资向林产工业大幅度倾斜

据 2008 年《澳大利亚国家林业发展报告》，澳大利亚林产加工投资大幅增加，如在 2002—2006 年间人工林投资增加 9 亿澳元，同期，木材加工设备更新和改良投资增加几十亿澳元。同时，在投资结构中也向林产加工业转移，如 2004 年与 2000 年相比，投资于森林木材生长和森林环境相关研究的资金在大幅度下降，与林产工业相关的年投资额由 7900 万元上升到 10800 万元。另外，农场林业，类似于我国退耕还林工程，政府通过建立农场林业发展基金推动林产工业发展来实施生态保护计划，在 1997—1998 年度和 2001—2002 年度的支持资金就高达 4700 万澳元，而不是像我国一样大量投资直接补偿给农民。

4. 政府资助森林生态服务市场的开发

澳大利亚政府为了开发适合天然林经营的商业和非商业利用模式，积极资助森林生态服务市场开发。一方面启动商业环境保护计划。2008 年 7 月制定的"保护我们家园"商业计划，为期 5 年，第一期工程于 2009—2010 年执行，现已计划公共投资 22.5 亿澳元，其中就有许多项目涉及天然林保护项目，如国家自然保护系统、生物多样性和自然遗产、海岸环境保护等项目。另一方面，澳大利亚政府建立生态旅游开发和森林经营转型援助基金，资助开发除木材外的森林经济利用价值，包括观光事业、放牧、中草药等非木质林产品的经济利用方式。生态旅游和休闲是目前生态服务市场的主要商业利用模式，政府制定了《国家生态旅游计划实施战略》，采用资助研究、市场开发、旅游基础设施建设、人才培训以及海内外生态旅游宣传等方式大力发展生态旅游和休闲产业。

5. 实行减免税政策刺激私人营造林投资

"林业经营投资计划征税"最早于 1936 年确立。1997 年修订的林业经营投资计划征税安排，主要是阐述征税扣除额相关的问题，包括林业经营投资，也包括销售利润和采伐林木投资。2007 年 7 月 1 日，由澳大利亚财政部、征税办公室、农业、渔业和林业部等综合协商了新的征税制度，主要有 2 个方面：一是考虑到林业经营季节性问题，把征税时间由 12 个月延长到 18 个月；二是允许投资者持有最初投资 4 年后的森林资产进行二级市场交易。后者对投资者非常重要，因为其可以增加投资资金的流动性，有助于形成活立木市场价格信息，鼓励长周期森林经营。另外，为了抵消温室气体排放，鼓励植树固碳，从 2007 年 7 月 1 日起，澳大利亚制定了种植树木者可以申请个人所得税扣除的政策，因为树木生长可吸收空气中的 CO_2。

6. 积极开展森林认证

澳大利亚的森林认证由"澳大利亚林业标准有限公司"（AFS Limited）负责执行。2004 年 10 月 30 日，澳大利亚森林认证体系（AFCS）实现了与 PEFC 的互认。相互认可使澳大利亚的森林认证体系与国际要求相一致，成为与 PEFC 获得互认的 22 个国家森林认证体系之一。2009 年 7 月完成第二次认可，2015 年完成第三次认可，认可的有效期至 2020 年。截至 2016 年 7 月，澳大利亚共有 24 家森林经营单位获得了 AFS 的森林可持续经营认证，认证的森林总面积为 2700 多万 hm²，颁发林产品产销监管链证书 266 个（赵劼和陈利娜，2017）。

四、芬兰的森林可持续经营实践

(一)芬兰可持续经营理念

芬兰素有"森林王国"的美誉，森林覆盖率高达 75%，是欧洲森林覆盖率最高的国家，也是森林可持续经营水平很高的国家。芬兰林业发展战略早已从木材生产转向重视生态和环境的轨道。近年来，为实现可持续森林经营目标，芬兰在强化森林和林政管理方面做了大量工作，也为世人提供了可供借鉴的经验。持续高效地发展是芬兰林业坚持数十年的经营方针。芬兰实行森林储备政策，对森林进行规划、管理、立法、指导和推广利用私有林产，要求森林拥有者在砍伐后必须进行森林再植，并采取间伐等技术措施，以确保林业资源的可持续发展。

(二)芬兰促进森林可持续经营的举措

1. 优化森林经营措施

(1)林木的选种和苗木培育。芬兰森林选种原则是根据立地和生物学特性重点开发利用乡土树种，主要有 3 大树种：苏格兰松、挪威云杉和桦木，外来树种仅供试验用。在育苗过程中，育苗种子必须是种子园生产的优质种子，插条必须是优树的后代，而且不同的育种区有不同的适应范围，这就从根本上保证了种苗的优良品质和适应性。同时也注重生长过程管理，从苗木生长用基质到成品苗分级检验，逐级按质筛选，严把苗木质量关。不仅要求苗木健壮，生长迅速，而且由于容器设计科学合理，能自然修根，毛根十分发达，既保证了苗木的优质性，也保证了造林质量(贾洪亮等，2006)。

(2)造林和幼林抚育。全面应用混交林技术。在芬兰的林区没有单一树种的林地。按照合理的树种搭配栽植混交林，其最重要的作用是可以将病虫危害降低到不足以妨碍树木健壮生长的程度，这种林地减少了病虫的危害，避免了化学农药的大量使用，保护了环境，降低了管理成本，实现了林木高产优质，是提高林业综合效益的一种行之有效的经营方式。另外，混交林可以给野生动物提供更多的栖息场所，具有更好的景观效应，有益于保持林地生态的多样性。芬兰森林病虫害不严重，所以很少使用农药，但经常使用除草剂。同时在栽植环节，平地上可使用效率很高的大型半自动移栽机，对于山地，则有专用的挖坑机和植苗枪，种植树苗方便、快速、省力。幼林抚育是指在新种的针叶树初期将周围的灌木和影响主要树种生长的树木除掉。近年来芬兰的幼林抚育方法有所改变，主要是增加阔叶树种，提高树种的混合性和林地密度。在针叶林中混种阔叶树能够改善土壤环境，减轻林区破坏程度，并能提高幼林的生态环境质量。同时，阔叶树还能保证针叶树的生长质量。也对幼林间伐，尽量促使其形成混交林和商品价值高的用材林。

(3)采伐和更新。木材由专业公司采伐。鉴于芬兰林地坡度小、人工费用高，目前采伐、打枝、造材、运输等都由专业采伐公司实行机械化作业，减少对林地的破坏，提高效率。芬兰通常在冬季进行采伐。芬兰林业界不主张择伐，认为择伐会使林分质量降低。芬兰实行林地自然再生，这是芬兰推广混交林的主要措施，即树木采伐后，通过其他树上的种子或树桩上的萌芽，生长出新的林地。目前芬兰有 80% 的新生林地来源于自然再生，其余通过人工播种和栽植的林地也是有几个树种交叉的混交林。现在每年更新的森林约占整个森林面积的 1%。近自然更新和幼龄林经营方式，使芬兰的整个森林生态系统得以健康自然地发展。

2. 推动促进林业可持续经营的林业政策

1994 年芬兰农林部和环境部联合制定了芬兰可持续林业的环境计划和一系列政策。1998 年芬兰公布了《国家森林项目（1999—2010）》，该项目由议会发布，而不像以往那样由农林部发布。该项目满足了国内外对于可持续发展策略的需求。该项目旨在保证林业就业和收入、保持生物多样性、森林健康发展、允许对森林部分采伐更新，它比芬兰以往的项目都富有激励性。芬兰林业研究所负责对森林资源进行清查，自 1921—2006 年芬兰进行过 10 次森林清查，最近的几次是 1971—1976 年、1977—1984 年、1986—1994 年、1996—2003 年、2004—2006 年（林海燕，2008）。芬兰是世界上最早进行森林资源清查的国家，现今保存着 80 多年的森林资源消长情况资料。

3. 法律保障

如今芬兰的林业立法集中在可持续林业的经济、社会、生态和文化价值，并对造林质量做出最低值限制。芬兰法律规定对有效养护幼树、培育健壮树木、保护生物多样性和保证木材永续供应的林主，政府要给予资金补贴，提供贴息贷款。同时还通过立法禁止私有林主对森林的掠夺性开发（林海燕，2008）。新的森林立法包括：《林业法案（1997）》，该法案规定了有特殊价值的物种名录并制定了如何管理这些物种的指导方针；《自然保护法案（1997）》，旨在协调芬兰与欧盟其他国家的环境规章；《可持续林业融资法案（1997）》，用于保证国家对私有林管理的补贴，如果没有补贴，经营这些私有林对土地所有者来说是无利可图的；《林业中心和林业管理中心法案（1996）》《芬兰森林和公园局法案（1994）》（制度框架）及《森林管理协会法案（1999）》。

4. 森林认证

1993 年第二届欧盟部长级森林保护会议于芬兰赫尔辛基召开，会议决定执行可持续森林管理的指标，即如今的泛欧洲林业进程。芬兰积极参与并签署了该进程，于 1994 年开始积极发展本国森林认证。当时芬兰的林业是由私有林、国有林和公有林 3 种所有制形式构成。其中，私有林占芬兰森林总面积的 60%，形式包括家庭私有林和公司私有林；国有林占 35%；公有林仅占 5%。私有林作为芬兰森林增长的主要推动力，是芬兰林业的重要组成部分，芬兰的林业因此也被誉为家庭林业。由于以家族经营的小林以 FSC 森林认证为主，面临着劳动力和资金方面的困难，因此芬兰利用现有的森林制度，制定出适合实际国情的地区森林认证体系。对私人林场，实行"芬兰林地认证体系（FFCS）"，共 37 项标准，后来纳入 PEFC 标准；对经济林和国有林实行"林地代管审议体系（FECS）"。1999 年初，芬兰成立了森林认证委员会，建立森林认证体系并于 2000 年率先与 PEFC 实现认可。此后于 2005 年、2010 年再次获得 PEFC 的认可，表明芬兰森林认证体系一贯符合 PEFC 在全球范围内得到认可的可持续基准。目前，芬兰绝大部分森林获得 PEFC 认证，认证面积达

2000 万 hm^2，占芬兰森林面积的 90% 以上，芬兰已经成为继加拿大和美国之后 PEFC 认证的世界第三大国（孙丽芳等，2018）。

五、启 示

（一）多元化森林经营理念成为世界林业发展共识

从上述国家林业经营理念的发展变化来看，各国均经历了从木材永续利用的法正林经营思想到森林多元化经营的可持续经营思想的转变。多元化森林经营已经基本获得了国际社会的认可。联合国粮农组织（UNFAO）归纳了所有森林政策的共同点，提出了多元化森林经营的理念，并且建议将其纳入国际森林政策。该理念虽然有些抽象，目前也缺乏机制支持，实践起来有些困难，但是已经基本获得了国际社会的认可。多元化森林经营是指随着森林用途的日益多元化，森林经营目标也日益多元化，不仅仅包括木材产品生产，还包括饲料生产、野生动植物保护、景观维护、游憩、水源保护等。目前，由于森林所提供的多元化产品的市场限制，多元化森林经营的竞争性降低了。例如，由于非木质林产品市场有限、规模不够而阻碍了其商业化，销售价格往往很低，不仅减少了从业者的利润，也阻碍了森林多元化经营理念的推广。

（二）各国均积极推动促进森林可持续经营的制度和法律建设

纵观部分林业发达国家的林业政策实践，其林业政策总体来说是宽松而有效的，具体呈现出以下 4 个特点：①政策保障到位。完备的法律法规、具体可行的政策举措是国外林业经营的一大特点。根据国外经验，为保护森林资源的多功能开发，实现森林可持续经营，国家有必要通过具体的法律法规对森林经营者及利益相关者的行为进行约束，对林地用途、森林采伐等进行监督。②政策目标多样。国外森林经营政策不仅考虑到森林保护问题，还考虑到森林经营者的利益诉求。其政策目标呈现多元化的趋势，包括生物多样性、涵养水源、防止水土流失、增加就业、提高林业产值等，真正实现生态效益、社会效益、经济效益三者的融合。③政策组合完备。政策目标的多样性要求森林经营者既要获取利润又要保护森林生态，而单一的政策手段难以实现。国外较为成熟的做法是多个政策手段并用，如资金补贴与税收优惠相结合、贷款基金与森林保险相结合、宣传教育与严厉处罚相结合，进而共同发挥作用。④政策创新积极。除了传统的以政府主导的林业政策外，国外非常注重市场的作用，积极引入市场机制，创新林业政策。通过政府参与创造公正公平的市场环境，同时引进林业保险制度、林业造林贷款等，让森林经营者通过市场机制能获得更多的收益（张天阳和刘凡，2014）。

（三）各国均加快森林认证进程

虽然很多国家对森林认证存有不同的看法，但近几年来，随着全球对森林可持续经营、非法采伐和非法木材贸易的日益关注，有关森林认证的国际进程和国际讨论吸引了越来越多的国家参与。这些国家已经从最初的反对或观望转向积极地探索和尝试。他们开展相关研究、进行国际合作，甚至发展本国森林认证体系，都是为了本国在森林认证这一国际林业趋势面前保持主动性。各国在考虑本国国情、林情的基础上，日益加快了森林认证的进程。

第六章
森林经营与病毒传染及其防治

　　2019 年底突发新型冠状病毒肺炎（Corona Virus Disease 2019，COVID-19）疫情，对中国的社会运行、经济发展、民生福祉和国家安全产生了广泛的影响，引起了社会各界的广泛关注。研究表明，目前 70% 的新发传染病均来源于野生动物（石正丽，2020）。而人类在进行森林生产和森林功能开发利用的过程中，也会有接触野生动物并感染病毒的可能，特别是人类猎捕和食用野生动物，更有可能直接感染和传播病毒。一方面，森林作为野生动物的重要栖息地，一旦被破坏，将造成野生动物栖息地丧失，潜在携带病毒的野生动物进入人类的生存空间。森林破坏有时候还为某些携带病毒的野生动物创造繁殖和转移的条件，从而增加传染病发生和扩散的风险。另一方面，森林反过来也可为病毒防治提供庇护疗养环境和医治药物。因此，森林及森林经营与病毒传染发生和防治关系密切。本文在此拟较为系统地揭示二者之间的关系机理，为更好地应对新冠疫情、重视森林可持续经营、加强森林治理、促进病毒防治提供借鉴参考。

一、森林中的野生动物与病毒传染

　　过度以及非法野生动物养殖容易导致病毒交叉感染和变异。大量的野生动物集中繁殖、饲养和囤积在有限的空间，或在长途运输过程中送入圈养和囤积的环境里，它们之间的疾病以及身上所带的病毒容易产生交叉感染（李坚强，2020）。据健康生态联盟估算，非法野生动物贸易额至少达到 190 亿美元，这意味着每年大约有上千万只鸟类或哺乳动物被交易。野生动物贸易产生的疾病传播机制不仅导致人类疾病爆发，还威胁到牲畜、国际贸易、农村生计等很多方面。1980—2005 年，人类出现了超过 35 种新的传染病，平均每 8 个月就会出现一种新的传染病。艾滋病、埃博拉、SARS 都与不当接触野生动物有关；自 20 世纪 90 年代中期以来，世界各地出现的新发或复发的牲畜疾病包括牛海绵状脑病、口蹄疫、禽流感、猪瘟等，已使世界经济损失超过 800 亿美元（奚志农，2020）。自然界已发现的细菌种类多达 12000 种，但尚有 100 万级数量的未知细菌有待于发现。按照国际最新的研究方法估算，我国仅脊椎动物就有可能携带 37 万多种病毒。另外，全球 20% 以上鸟类途经我国迁徙，也可能会携带病原体入境（苑苏文，2016）。因此，对于野生动物养殖业必须进行合理管控，对于非法野生动物养殖必须加大惩罚力度、严格取缔，提高对野生动物身上未知病菌的警惕。

（一）野生动物的病毒传播机理

森林里食物稀少时会导致野生动物间的竞争掠夺，其中蝙蝠的免疫能力会在这种情况下发生变化，缺少食物的蝙蝠体内病毒的复制变异能力增强。干旱季节的蝙蝠离开森林寻求生存，这进一步加剧了人类接触野生动物身上所携带病毒的概率。同时利用野生动物来进行谋生的猎人、屠宰人员以及消费野生动物的消费者等人群也会促使病毒感染的爆发。非洲西部农村有吃果蝠和猴子肉的传统，吃法包括烟熏、烧烤和加香料熬汤。研究人员发现，每次在人类疫情爆发前野生动物会先爆发疫情。多起人类埃博拉疫情指示病例正是由于直接接触果蝠、食虫蝙蝠、黑猩猩、大猩猩等动物(蒋丽香等，2015)。因此需要当地卫生部门进一步加强对野生动物的预防控制，避免病毒的传染导致疫情爆发。

近些年来，世界范围内许多流行性传染病的不断爆发引起众多学者的关注与研究，随着对传染病溯源的不断深入研究，发现许多野生动物是新发突发传染病的源头，在已经确认的约335种急性传染病中，源于野生动物的比例可达43%(秦思源等，2019)。野生动物所储存和携带的病毒在接触人类之后进一步的传播作用越来越受重视。

1. 野生动物是多种传染病的传播源头

野生动物是许多传染病病毒的自然宿主，例如SARS、艾滋病、狂犬病、埃博拉出血热、西尼罗河热等。研究人员发现艾滋病很可能是一种人兽共患病，其在70只非洲绿猴的血液中检出了与人类艾滋病病毒极为相似的病毒，检出率高达35%，并且这种绿猴会在旅游胜地及公园等场所觅食，与人接触频繁甚至会咬伤游客，这样就将绿猴体内艾滋病病毒传给游客，进而传播到世界各地(秦思源等，2019)。因此，野生动物作为病毒性传染病的源头，极大地威胁着人类的正常生产生活。

2. 野生动物携带和储存的病毒直接或间接向外传播

野生动物在环境复杂的森林中生存，资源丰富，身上携带的病毒也相当复杂，是天然的病毒储存库。蝙蝠在世界范围内广泛分布，种类丰富，加之与人关系密切，因此蝙蝠是多种人兽共患病病毒的自然宿主，且在蝙蝠体内检测和分离到的病毒就达130多种，其中包括可引起人类疾病大流行的亨德拉病毒、尼帕病毒、埃博拉病毒、马尔堡病毒、SARS冠状病毒等具有高致病性的流行病病毒(张海林，2015)。

3. 野生动物携带大量未知病毒易导致新型传染病的爆发

随着对野生动物疫病的深入研究，人们发现野生动物体内携带大量未知病原体，当外界环境发生变化时，会使携带的病原体传播并诱发新的传染病或通过演化变异产生重组病原体，比如SARS冠状病毒和H7N9高致病性禽流感(秦思源等，2019)。总之，野生动物作为大量未知病毒的携带者，在流行性传染病的研究中具有重要的意义，对于生态、生物以及人类健康安全等重要问题的解决具有关键作用。

（二）野生动物传播病毒风险加大的原因分析

野生动物在野生环境下生长且处于未被驯化的自然状态，这导致其携带的大量病毒会随森林环境、气候的变化而发生变异，这些未知的病毒可能通过一些媒介和中间宿主甚至直接传播给人类。生态环境随着时间的推移在发生改变，野生动物为了生存进行的跨境活动、人类为了利益进行的捕食野生动物等行为的频繁发生进一步加大了新型传染病病毒流入人类生产生活的风险。

1. 生态环境的改变增加了病毒传播的风险

随着全球人口数量快速增长，人类活动范围不断扩大，原本处于动态平衡的生态系统被打破，导致野生动物原本的生存环境遭到严重破坏，野生动物栖息地急剧萎缩，野生动物单位种群密度倍增，加之全球气候变暖、化学制剂的过分使用等因素可能引发病原体变异加速，导致野生动物染病或死亡等情况发生，进而导致自然疫源性疫病的发生与流行。随着人类生活空间不断扩张，不但使人与野生动物的接触更加频繁、患病或携带病原体的野生动物感染人的概率增加、野生动物病原体溢出效益明显，还会导致原本健康的其他种类的野生动物因接触这些病原体而成为新的储存宿主。同时，全球气候变暖可能使原来储存在冻土层中的病原体得以释放，而野生动物将成为第一位的感染者和携带传播者，野生动物存储和传播外来人兽共患病原体的风险加大（秦思源等，2019）。

2. 跨境野生动物增加了病毒传播的风险

跨境野生动物主要指在国际贸易中交换的野生动物，以及长距离迁徙或在边境线附近迁移的野生动物。我国在国际野生动物贸易中占有重要地位，每年从非洲、南美洲、大洋洲、亚洲等国家进口长颈鹿、陆龟、鸟类等大量野生动物，但是由于对野生动物携带病原体缺乏深入调查和研究，特别是缺少对可能携带的未知病原体检测与监测，并且一些病原体在野生动物体内带毒不发病且带毒量极低，使得一些病原体随野生动物传入我国的风险加大。迁徙是野生动物的特性，尤其是候鸟迁徙，可将病原体传播到迁徙路线上的任何国家。以禽流感为例，2018 年上半年全球范围内共发生动物流感疫情 526 起，其中野鸟禽流感 169 起，涉及亚洲、欧洲、非洲和美洲的 37 个国家和地区，禽流感亚型主要包括 H5N1、H5N2、H5N6、H5N8、H7N9 等。尤其是 H5N8 禽流感，自 2016 年年底以来，该亚型流感在短时间内已席卷欧洲乃至北半球，这与候鸟迁徙密切相关（秦思源等，2019）。

3. 捕食野生动物行为增加了病毒传播的风险

世界上许多地区野生动物肉品的消费大幅度增加，特别是在中非和南美亚马孙河流域，年消费总量分别高达 340 万吨和 16.4 万吨，研究表明，猴泡沫病毒、人嗜 T 淋巴细胞病毒、埃博拉出血热、SARS 冠状病毒、旋毛虫等人兽共患病都与猎捕、食用野生动物有直接关系（金宁一，2007）。我国明令禁止捕食野生动物，一是为了保护生态平衡，二是为了防止人类接触野生动物病毒。然而近年来野生动物的滥食和非法交易的现象屡禁不止，我国每年破获多起猎杀野生动物案件，这导致鼠疫等病毒传染病存在发生、新发、再发以及蔓延的风险，甚至进一步引起野生动物病毒的爆发和流行。

二、森林破坏、森林生产行为与病毒传染

（一）森林破坏影响野生动物生存带来病毒传播与扩散

森林是地球上最重要的资源之一，提供世界上大部分的林产品和一些生态环境服务，如水源净化、土壤侵蚀控制和固碳作用。根据 FAO《2015 全球森林资源评估报告》显示，森林面积在过去的 25 年里（1990—2015）减少了 3.1%，其中天然林面积减少 1.29 亿 hm²，全球森林生物碳储量减少了近 110 亿 t。森林破坏的表现形式及其原因有：①森林滥伐。人们出于各种目的滥伐森林，最主要的目的有 2 个：林地转换成农业用地和市场对于木材的需求（马立博，2015）。②森林火灾。触发森林火灾的原因有很多，除森林自燃外，战争是造成大面积森林火灾的重要人为原因，战争常用火攻的策略，焚烧了大量的树木。③虫害、疾病等自然原因也是造成森林破坏的重要原因。

森林破坏为野生动物的繁殖和转移创造条件，从而增加传染病发生和扩散的风险。佛罗里达大学新兴病原体研究所的流行病学者 Amy 等人（2009）通过对秘鲁亚马孙地区的仔细调查，发现砍伐后的大片森林为亚马孙河流域最重要的疟疾传播媒介。她发现森林里存在更多的蚊子幼虫，形成于穿过森林的道路旁边以及碎石后面的水坑。砍伐森林，并且在森林里修建道路，造成雨季水位上升阻塞形成死水坑，由于森林破坏这些水坑里的水无法被树木吸收。因此，这些温暖的、部分遮阴的池塘就为达氏按蚊创造了理想的繁殖地点。研究表明从 2003 年到 2015 年，亚马孙地区每年减少 10% 的森林面积导致了 3.7% 的疟疾病例增长（Andrew and Erin，2019）。

森林破坏造成野生动物的栖息地丧失，野生动物和人的生存空间越来越重叠，病毒传播的风险加大。1977 年，印度尼西亚政府声明要大力发展农业，发展经济。因为耕地较少，政府带头砍伐印度尼西亚的热带雨林，并进行了焚烧。这导致当地独有的果蝠为了生存只好离开这里，重新选择别的栖息地，逃到了马来西亚的一个果园。1 个月后当地的养猪户开始生病。到 1999 年，当地共有 265 人患上脑炎，105 人死亡。这是知道的第一起人类感染尼帕病毒案例，此后整个东南亚出现了一系列反复爆发的疫情。2019 年澳洲突发森林火灾造成上万只蝙蝠逃离森林飞向居民区。一些最严重的病毒性疾病——SARS、MERS、埃博拉、马尔堡病都起源于蝙蝠。美国加州大学伯克利分校 Cara E Brook 课题组在 eLife 上发表的一项新研究发现，蝙蝠对病毒的强烈免疫反应可能会促使病毒更快复制（Katarina Zimmer，2020）。研究人员指出，破坏蝙蝠的栖息地似乎会给它们带来压力，使其在唾液、尿液和粪便中释放出更多的病毒，从而感染其他动物（唐一尘，2020）。

（二）森林生产经营活动一定程度上会增加病毒传染风险

通常情况下，森林生产活动包括树木种植、木材砍伐、树木运输以及森林管护活动。各个环节生产活动在一定程度上都存在病毒传播的风险，人为的木材砍伐和运输还会向区外传染病毒。

1. 树木种植

在进行树木种植时，当种苗或其种子携带病毒时，病毒入侵到苗木和种子的内部组织，种苗生长力衰减。当树木通过挖掘土壤进行栽种时，会破坏地表，病毒得以释放，与土壤中的微生物发生接触，导致森林病害的流行。

2. 木材砍伐

随着森林资源的不断开发，长期超负荷采伐天然林，致使天然林的数量和质量下降，森林生物多样性、林分原始结构以及天然林特有的森林生态环境遭到了不同程度的破坏，林中生物相互制约、平衡发展的关系遭到了严重破坏，从而导致森林病虫害的发生与流行（石威，2017）。如20世纪70年代，由于森林过量砍伐、林木管理粗放、自然生态条件脆弱等原因，造成了森林病虫害进一步扩大蔓延（张立方，2013）。这一时期的主要病害有油茶尺蛾和杉木叶枯病、泡桐丛枝病、油茶炭疽病等。又如1986年，印度卡纳塔克邦西部的葛孜受到"猿猴疾病"影响的有一千余人，死亡人数超过96人。乌若拉吉的印度国家学院把该森林疾病的爆发，归因于克舍种植园为修筑道路而清伐400公顷倪得尔国家森林所导致的。森林被伐使许多哺乳动物携带着16种克舍树的病毒移栖到森林附近居住区，导致森林病害的传播（贺治坤，1986）。

3. 林产品运输

在林产品运输过程中及林木生产过程中，一些种苗、种子、原木、板材或相关林副产品一旦发生病害感染，那么在其运输过程中时，就有可能会发生病害传播与扩散。运输过程中，苗木树皮或树根一旦有损害，也会影响苗木的生物输导系统，林木生长速度减慢，为病菌的侵入、病害的发生和流行提供机会（丁立平和尧国良，2014）。

如日本栎枯萎病是典型的维管束病害，病原菌在导管内大量繁殖，并随导管水分运输扩散蔓延。据 EPPO 报道，从病死植株变色木质部、溃疡下边的皮层中、传媒昆虫的体表、传媒昆虫的虫道中都能分离出病原菌，并且指出该病能通过带病原木、木制包装、苗木、接穗以及各种无性繁殖材料等进行远距离传播。

又如雪松根部疫霉腐烂病主要发生在北美地区，进境原木携带的疫区土壤中含有病原菌卵孢子，传入国内后，通过原木运输、道路维修、地面径流以及各种动物活动传播开来，传播至国内，遇到国内寄主从其幼嫩根部和伤口侵入。

再如山毛榉溃疡病菌主要发生在北美洲和欧洲一些国家，可能会通过原木运输至境内，通过多种途径形成病害流行。第1种途径是输华原木和苗木的皮层表面携带子实体，传入国内后在适合的环境下释放大量的子囊孢子，孢子可随风、雨水溅散近距离传播，通过国内潜在传媒昆虫所创造的伤口侵入国内寄主。该途径是山毛榉溃疡病传入我国的主要途径。第2种途径是进口苗木同时携带传媒昆虫和病原菌，在传入我国之后二者形成复合侵染，在适合的条件下，侵染国内寄主。第3种途径是进口原木的皮层下携带一定数量的菌丝，在适合的条件下产生子囊孢子和分生孢子，各种孢子通过风、雨水溅散传播，再通过国内潜在传媒昆虫所创造的伤口侵入寄主（杨晓文，2007）。

4. 森林管护活动

人们通过一系列经营管护措施来培育更好的森林资源，但与此同时，一些基础的管护措施，如对林木进行松土除草、施肥、割灌等人为干预措施，会破坏土壤中微生物的自然平衡状态，增加病毒传染的风险。经过三五年，幼苗会逐渐成长，管护人员通过移栽等方式将繁密森林区域变得稀疏，改变林分原始结构，打破稳定状态，病毒可能会产生交互作用，进一步扩大森林病害的流行。

（三）外来有害生物入侵影响森林健康，加大病毒传染隐患

随着经济全球化和贸易自由化的不断发展，中国外来林业有害生物入侵危害日趋严重，中国是全球外来林业有害生物发生、危害最为严重的国家之一。森林、湿地、荒漠生态系统都受到了外来有害生物的入侵危害，极大地影响了我国现代林业建设的发展，制约我国生态文明建设进程。

据中国农业生物入侵研究室提供的数据，截至 2015 年年底，确定入侵中国的外来有害生物达到 580 余种，其中危害严重的达 200 多种。国际自然保护联盟公布的全球 100 种最具威胁的外来入侵物种中，入侵中国的就有 50 余种。中国每年在外来物种入侵方面造成的生态和经济损失超过 2000 亿元人民币，其中松材线虫病、美国白蛾等 11 种主要外来生物每年给我国造成的经济损失就高达 570 亿元。我国每年林业有害生物灾害、森林火灾、低温冻害等林业自然灾害中，林业有害生物灾害损失占比 56% 以上，为我国林业主要灾害损失。

松材线虫病、美国白蛾、松突圆蚧、松针褐斑病等重大病虫害的流行最初均是由于有害生物从国外随林产品进口而传入的（张立方，2013）。我国于 1982 年首次发现松材线虫病，目前发生面积已近 10 万 hm^2，累计造成松树枯死 3500 余万株，损失近 300 亿元。近几年来，松材线虫病发生面积逐年扩大，已经危及黄山、张家界等风景名胜区的生态安全。

新疆作为我国西北门户，外来林业有害生物入侵频繁。新疆林业外来入侵生物的发生是通过国内其他省份传入和国外直接传入 2 种途径实现的。据不完全统计，1980 年以来通过苗木引种或木质包装材料传入新疆的外来林业有害生物达 42 余种，占现有监测统计种类的 1/3，如光肩星天牛、扶桑绵粉蚧、遮扁蛾、加拿大一支黄花、苹果绵蚜、野蛞蝓、双条杉天牛、日本盘粉蚧、沟眶象、星天牛、锈色粒肩天牛、白星花金龟、黄刺蛾、冠瘿病、吹绵蚧、枣实蝇等等，其中国家林业检疫性有害生物有 6 种，自治区级补充林业检疫性有害生物有 5 种。经测算，新疆仅枣大球蚧、苹果小吉丁虫、黄刺蛾、苹果绵蚜、枣瘿蚊、苹果蠹蛾、橄榄片盾蚧等 7 种林果有害生物年度直接经济损失达 2.18 亿人民币（刘忠军，2019）。

三、森林效用开发与病毒传染防治

（一）森林的功能与效用

森林的功能主要分为物质产出功能和生态服务功能，为人类提供多种产品和服务，前

者包括提供木材、果实等，后者包括净化空气、防风固沙、调节气候、固碳、水土保持、保护生物多样性等。

森林参与生物圈水分循环和碳循环，有效地进行气候调节，对微气候和气候以及碳循环具有重大的作用。森林作为特殊的下垫面，其庞大的林冠层可以有效地调节温度、提高空气湿度、降低风速、增加降水。森林可以通过光合作用吸收大气中的 CO_2，能有效地减少大气中的温室气体。全球森林每年通过光合作用固定的碳约为 1000 亿~1200 亿吨，占大气总储量的 13%~16%（张培栋，2005）。薛建辉（1992）估计陆地生态系统 90% 的碳储存在森林中。森林植被在涵养水源、保持水土、防止滑坡，防风固沙等方面起积极作用。森林是蓄存降水的天然大水库，具有强大的蓄水作用。森林复杂的立体结构能对降水层层截持，不仅使降水发生再分配，而且减弱了降水对地面侵蚀。森林覆盖率增加，土壤流失就会随之降低，如果有效盖度达到 60%，可以显著地减少土壤流失（李良厚等，2012）。营造防护林和道路绿化是保持水土的有效途径之一（薛建辉，1992）。森林还能通过吸收、吸附、阻滞等形式使污染物离开对人产生危害的环境，有效地净化空气。森林可以吸收二氧化硫、氟化氢、氯气、氨气等有害气体，还可以阻碍放射性物质和辐射的传播，起到过滤和吸收的作用。一些抗辐射性强的树种，一定程度上可防御和减少放射污染对人体的危害。有些树木的叶、花、果、皮等可以产生一种挥发性物质，称为"杀菌素"，能杀死伤寒、副伤寒病原菌、痢疾杆菌、链球菌、葡萄球菌等，减少空气中的含菌量（刘宪明和王志君，2003）。除此之外，森林是地球上最大的物种基因库和生态环境庇护地，是陆地生物多样性的主要栖息地。森林是物种最丰富的地区，茂密的树木能给许多生物提供生活栖息场所，提供它们的生存环境。地球上的森林庇护着生物圈中 70% 的植物种，40%~50%的动物种。丰富的动植物物种的生存完全依赖于森林植被及其生态功能，它们本身也是生态系统及其功能的一部分，并在其中不断演化（李良厚等，2012）。

（二）森林的生态功能与病毒防治

1. 维持生态系统稳定，控制传染病的出现

森林可以维护生态系统的稳定，通过维持捕食者和被捕食者，植物、动物和人体中宿主、携带者以及寄主之间的平衡，来控制一些传染病的出现和传播。之前发生了很多由于森林被破坏打破了上述的平衡而感染人类的疾病，包括疟疾和黑热病；莱姆关节炎是由于橡树、黑腿虱、白足鼠和黑尾鹿之间数量的改变而引起的；阿根廷出血热是由于将自然草地全部变成单一的作物田地而爆发的。人类疯狂地破坏热带雨林，打开了恐怖的病毒库，于是巴西爆发了奥罗波凯症，1.1 万人发病；旅游的南斯拉夫人感染了马尔堡病；亚非迁移的难民引起几十万人感染登革热；避暑的美国人造成了汉塔病的大传播。一连串的大规模流行病在公共卫生不发达的国家肆虐：巴西的萨比西病、墨西哥的霍乱、印度的鼠疫、扎伊尔的埃博拉病……科学研究和现实早已证明，凡是生态平衡维系得好的地区，不仅没有流行病蔓延，人的健康状况一般也较好。例如，位于巴基斯坦的罕萨，就是一个被崇山峻岭包围、维持着原始生态的长寿村，该村 2 万人中，没有一人因流行病而死亡，年逾百岁的寿星有 40 多人，90 岁以上的老人竟达数百人之多。现在还不知道环境中到底有多少

种对人类有潜在危险的病毒或其他病原体是在生物多样性提供的自然平衡的控制之下（崔胜辉和黄云风，2003）。

2. 减少空气中的病菌和病毒，起到森林庇护功能

贾治邦（2019）指出 1 公顷大约 1500 株松树和柏树，一昼夜能够提供约 30kg 的抗生素，能杀死很多的病菌和病毒，美国因此每年节省 70 亿美元的医疗费用，约等于 500 亿人民币。吴章文（2003）发现植物的花、叶、木材、根、芽等组织的油腺细胞不断地分泌出一种浓香的挥发性有机物，能杀死细菌和真菌，这种气体被称为植物精气。王忠贵（2020）指出植物在自然状态下能释放出挥发性气态有机物，这种气态有机物被叫作芬多精。芬多精的成分复杂，并不是单一或有限的几种化合物，而是以烯萜类化合物为主的一大类复合物质，主要包括萜类、烷烃、烯烃、醇类、酯类和羧基类化合物（表 6-1）。芬多精能够增加大脑中的 α 波，稳定情绪，能够辅助调整呼吸到正常状态。森林形成的特殊自然环境能够减少空气中的病菌，有效预防病毒入侵，同时森林由于其地理隔绝位置，形成了物理屏障，在病毒爆发时期能够隔绝人与人之间病毒的交叉感染。

表 6-1　芬多精成分及其功效

类别	成　分	功　效
萜类	柠檬烯、蒎烯、月桂烯、水芹烯等（单萜）；α-松油烯、大根香叶烯、金合欢烯、烩烯等（倍半萜）	镇痛、杀菌消毒、使人镇静、抗病毒降低人体血压、抵抗炎症、杀菌消毒、镇痛、使人松弛
醇类	松油醇、薄荷醇、香叶醇、芳樟醇等	杀菌、抗病毒、抗感染、促进肝脏和心脏的机能
酚类	异丁香子酚、香芹酚、水杨酸、百里香酚	杀菌、刺激神经系统、抗感染、镇痛、愈伤、祛痰、促进消化、提高人体免疫机能
酮类	樟脑酮、蒎茨酮、薄荷酮、松香芹酮等	抗真菌、镇痛、抗凝血、抗炎症、促进消化、祛痰、提高免疫机能、使人松弛
酯类	醋酸乙酯（桃）、庚炔羧酸甲酯（堇菜）、丙酸肉桂脂（葡萄）等	治疗皮肤发疹、抵抗炎症

资料来源：王忠贵，2020

（三）森林药材开发利用与病毒防治

森林中的有些植物、动物和微生物是治疗病毒的潜在医药，有利于病毒的防治。在几百万年的进化过程中，物种发展形成了化学物质。这些化学物质能使它们抵抗传染病和其他一些疾病，有些已经成为今天最重要的药物。世界卫生组织的统计表明，发展中国家 80% 的人口依靠传统的天然药物治疗疾病，发达国家有 40% 的药物来自自然资源。我国有记载的药用植物有 5000 多种，常用的就有 1000 余种。使用最广的药物大都离不开野生动植物，许多疑难顽症的攻克也有待于野生药物的进一步开发。例如，治疗疟疾的特效药奎宁，来自南美洲的金鸡纳树。在非洲的喀麦隆、坦桑尼亚、加蓬等国家都已经从药用植物中提取能够抑制疟疾的化合物。美国科学家 Grifo 等人的研究指出在美国最常用的 150 种处方药中 57% 的药是来自生物多样性，其中 74% 是来自植物、18% 来自真菌、5% 来自细菌、还有 3% 来自脊椎动物。他们还指出下一个重要的新药来源总是难以被预测，植物、动物和微生物提供新药或是新的化学物质的潜力还尚待开发。科学家的研究表明，迄今为止，每 125 种研究的植物中就有 1 种可以用来生产 1 种主要的药（崔胜辉和黄云风，2003）。

2020 年 3 月 14 日，中国科学院院士仝小林（2020）介绍，截至 2020 年 3 月 13 日，10 个省份 1261 例新冠肺炎患者服用"清肺排毒汤"后，1102 例得以治愈，29 例症状消失，71 例症状改善。其中，40 例重症患者服用后，已有 28 例出院，12 例在院治疗，10 例症状好转由重转轻。采用"清肺排毒汤"总有效率达 97.78%，无一例由轻症转为重症或者危重症。"清肺排毒汤"主要由"麻杏石甘汤、射干麻黄汤、五苓散"等几味药复方综合而成，而这些药物的主要原料大多数来自森林。

（四）森林疗养功能有利于后期康复治疗

森林景色优美，空气清新，可以调节人的感官神经，舒缓紧张的精神状态，能改善人的神经功能，调整代谢过程，提高人的免疫力。森林由乔木层、灌木层、草本层构成。光照和降水经过再分配，在森林中形成了独特的小气候。与城市相比，森林内的气温较低并且变化平缓，相对湿度较大，使人体感觉舒适。森林里绿视率极高，可以吸收阳光中的紫外线，减少对眼睛的刺激，有助于缓解疲劳和精神压抑。森林通过高大的树冠层，可以吸收和消除噪音。森林作为天然的净化器，对水质的净化作用也很明显。研究表明大气降水中含有 85 种以上的有机化合物。大气降水中含有的污染物，经过树冠层、枯落物层和土壤层的截留过滤作用后，种类减少并且浓度降低，对人体健康起到了有益的作用（王忠贵，2020）。森林植物对人的情绪有镇静作用，使中枢神经系统放松，并通过中枢神经系统对人的全身起良好的调节作用，能使得脑神经系统从烦躁的情绪中解放出来，使人感到愉快安逸。森林植物多彩的颜色和绚丽的花朵及释放的芳香气味，会对人的大脑皮层产生良好的刺激，有助于解除人的焦虑心情、稳定情绪、消除疲劳、改善睡眠（李良厚等，2012）。

更重要的是森林可以产生负氧离子，负氧离子对人体健康极为有利，被称为"人体维生素"（章银柯等，2009）。森林的树冠、枝叶尖端放电以及绿色植物的光合作用形成的光电效应会促使空气电解，产生空气负离子，是自然界中产生负氧离子的 3 大自然机理之一（王小婧和贾黎明，2010）。负氧离子通过呼吸道进入人体内，可以提高人的肺活量，使肺部吸收氧气量增加 20%，排出二氧化碳量增加 14.5%。采用负氧离子吸入疗法，可提高机体防御机能，激发免疫功能，增强机体抗病能力，并加速支气管上皮细胞纤毛运动，有利于痰液排出，使支气管平滑肌松弛，改善肺的换气功能。负氧离子生物活性高、有很强的氧化还原作用，能破坏细菌的电荷屏障及细菌的细胞活性酶的活性，因此能起到较好的抑菌、杀菌作用，可以做到促使炎症消退，加速伤口愈合。还能影响机体内酶系统，激活多种酶，从而促进新陈代谢，对机体的生长发育起促进作用，同时能刺激造血功能，使红细胞、血小板增加，活化网状内皮系统功能，增加球蛋白（孙艳美等，2014）。森林所形成的独特的自然环境，可以作为辅助治疗，有利于病人病后的康养，加速病人的恢复，减少副作用。

四、启　示

（一）加大打击森林和野生动物资源犯罪，确保资源安全

在森林和野生动物资源丰富区域，非法猎捕、杀害珍贵、濒危野生动物和非法采伐、毁坏国家重点保护植物以及相关的非法收购、运输、加工、出售犯罪发案率较高。因此要加大刑事打击力度，在森林和野生动物资源丰富区域，检察机关应当将办理该领域案件作为工作重点内容之一，进一步加大刑事打击力度（毛光文和宋文博，2019）。探索建立协调配合机制，完善与其他政法部门之间、检察机关内部业务部门之间的监督、制约、配合，建立快速办理破坏森林和野生动物资源犯罪案件工作机制。建立健全重大破坏森林和野生动物资源保护犯罪案件挂牌督办机制，积极整合办案力量，确保办案实效，最大限度提升办案效率，对此类犯罪严惩不贷。

由于新冠病毒在我国的全面爆发，全国人大常委会出台了《关于全面禁止非法野生动物交易、革除滥食野生动物陋习、切实保障人民群众生命健康安全的决定》，国家林草局出台 7 项举措，严厉打击滥猎、非法交易野生动物等活动，坚决取缔非法野生动物市场；一律停止受理以食用为目的的猎捕、经营野生动物等活动的申请，严格规范对非食用性野生动物活动的审批活动。对于野生动物资源的严厉管控正在逐步落地。

除了简单的禁食执法工作之外，还有必要进一步做好后续相关工作，加强分类管理、精细管理和规范管理，促进野生动物驯养繁殖产业转型升级；进一步明确并向公众公布禁食名录，并着手评估禁食政策可能产生的影响，包括对相关产业和产业人员以及野生动物和种群的可能影响；出台必要的应对措施，特别还要处理好新政策未来可能带来的野生动物救治收容问题、种群数量变化与平衡问题，以及野生动物栖息地保护保障问题。此外，还有必要加强野生动物收容救治设施建设投入与规范管理，以确保森林和野生动物资源安全。

（二）做好森林相关从业人员生产安全防护，减少病毒传播风险

森林相关从业人员是森林生产经营的相关主体，在各个生产环节都要注意其生产安全防护工作。尤其是在树木种植或者一些管护过程中，从业人员应做好安全防护措施，避免通过蚊虫叮咬或者野生动物传播感染病毒。直接接触树木种植等过程的人员应该穿戴统一的服装或靴子，严格遵守生物安全原则，并且事后要注重清洁，保障个人卫生安全。同时，也应加大对森林从业人员的专业知识培训和安全防护培训，尤其是森林病害防治、森林防火以及个人安全知识等方面的相关知识，通过有计划的决策、计划以及监督等过程，让从业人员掌握专业的森林安全知识，提高个人安全意识和工作效率，减少病毒感染和传播风险。

（三）抓好森林灾害监测预报，确保森林资源生态安全

通过森林灾害（包括火灾、病害、虫害、鼠害等）的监测预报可以及时全面地掌握森林灾害发生状况，及时处理阻断森林灾害的传播，避免造成重大的森林灾害流行。因此，监

测预报机构应运用科学的方法，侦察灾害发生和发展动态，把侦察的材料结合当地气候条件、林木状况，正确推断灾害的发生、发展趋势，并及时通报，以更及时地对灾情进行处理，避免错过防治的有利时机，减少因灾害造成的损失。同时，应适当加大针对森林灾害监测投入力度，引进先进的监测系统，学习和应用最先进的监测技术，实现整个地区的监测预报网络体系覆盖，利用现代化信息技术构建数据库，大大提升森林病害检测力度，以便实时迅速进行病害分析，采取有效防治应对措施，消除森林病害隐患，确保森林资源安全和森林生态安全。

（四）加强苗木检疫力度，确保森林生物安全

根据我国检疫法规，应严格规范国内外种苗的产地检疫和调运过程中的检疫工作。检疫机构要加强对种子、苗木、其他繁殖材料及木材的调运的检疫检验，也要增强产地检疫，增强对森林植物和其产品的集贸市场的监管，采取严格的检疫检验措施，有效减少病害的传播渠道，降低森林病害的流行。同时，应加强对检验检疫站的管理，增设检疫机构，加强森林检疫工作力度。各检疫机构在对苗木检疫加强把关时，要协同商检、森检部门和木材检查站等部门的工作，规范自身行为，协同作战，制定完善的工作机制，减少有害苗木进入造林地区，减少有害森林病毒对外传播与扩散，确保森林生物安全。

（五）安全前提下合理开发森林效用促进病毒防治

森林是个宝库，森林中的一些物质已成为重要的药物，能够有效地进行病毒治疗。同时森林中产生的特殊物质能够减少空气中的病菌和病毒，负氧离子能够提高人的肺活量，增强免疫力，有利于人们康复治疗。因此我们可以在可持续发展的前提下对森林进行开发利用，提高森林的利用率，关注森林资源的可再生性，在森林效用开发过程中更重视科学性、合理性，从而使得在开发利用森林的同时能够实现保护森林的目标。我们可以创新和改进森林开发利用方式，制定科学的工作流程与详细的工作标准来进行森林效用开发，将高新技术应用于森林开发与管理中，从而做到更高效充分，同时也有助于更好地开发出相应的森林药材、森林食品、森林疗养服务等，来促进病毒防治。

不合理的森林效用开发，会导致环境破坏，影响整个生态系统，会带来病毒的传染、传播与扩散等一系列严重后果。因此我们要不断完善法律法规，用法律武器来规范森林效用开发，对森林效用开发进行有效监管，对违法进行森林效用开发的人员进行严厉惩罚，减少森林效用过度开发和不合理开发的情形，实现森林可持续经营。同时要加强林业管理人员对森林效用开发的监督与管理，提高管理的效率和力度，做到执法必严、违法必究，实现森林效用开发持续有序、可控可管和高效合理。

第七章
中国森林可持续经营实践、问题及建议

一、引　言

　　森林问题与水土流失、土地荒漠化、生物多样性丧失、农村贫困等生态环境与社会经济问题密切相关。20 世纪 80 年代，联合国成立了环境与发展委员会，于 1987 年发表了《我们共同的未来》报告，全面阐述了可持续发展的概念、标准和对策，引起了世界各国政府的广泛关注(白燕，2012)。1992 年联合国环境与发展大会《关于森林问题的原则声明》指出"森林资源和林地应以一种可持续的方式管理……以满足当代人和子孙后代在社会、经济、生态、文化和精神方面的需要，包括森林产品和服务功能"。国际社会一直致力于在一致的价值观念与有序的国际规则的框架之下构建促进森林可持续经营的全球政策。联合国 2015 年正式批准的《2030 年可持续发展议程》，涵盖了 17 项可持续发展目标，在目标 15.2 中特别提到森林可持续经营："到 2020 年，促进所有类型森林的可持续经营，停止滥伐森林，恢复退化森林，并大幅增加全球造林和再造林。"现在可持续概念已是我国森林经营的指导思想，我国采取了大量颇有成效的政策措施推动森林可持续经营(国家林业局，2006)。但是我国的森林资源既要基本满足 13 亿人口的木材需要，又要满足国土生态安全的需求，我国森林的可持续经营仍然面临着巨大压力(张松丹，2009)。因此本文梳理我国森林可持续经营的历史，阅读文献和相关文件，构建了我国森林可持续经营体系并提出相关建议，为进一步推动我国森林可持续经营提供有益的借鉴。

二、相关研究概况

　　可持续是指事或物能够长久存在、发展的状态，可以用来形容经济、社会、文化，也可以用来定义森林系统(侯景亮，2020)。侯元兆(2003)将可持续发展分为 2 类，分别是强可持续发展和弱可持续发展。森林的弱可持续性通常是指以下一些资源状态：①森林资源不足，需要充实国土森林生态大系统(纵观世界林业，森林覆盖率一般应达到 25% 以上)；②森林质量较差，需要培育森林生态系统和培养森林生物多样性；③因国家尚存在或多或少的贫困人口，直接用于物质生产的人工林及经济林的比重相对较大，天然林也处于较大经济压力之下；④国家的森林法律法规及其执行处于健全的过程之中。在诸如此类的条件下，森林生态系统只能获得弱可持续性。森林的强可持续性，需要具备以下一些基本条件：①国土上存在着足够规模的森林生态系统；②森林生物多样性处于稳定的状态且有着自我丰富的趋势；③国土上的森林大部分为永久性森林，经济社会发展不再主要依靠森林采伐积累财富，并有可能对森林和环境建设投入较多的资金；④国家的森林法律法规及其执行行之有效。在诸如此类的条件下，森林生态系统可以获得强可持续性。

1992年联合国环境与发展大会通过的《21世纪议程》规定森林可持续经营主要包含4个方案领域：①实现所有类型的森林、林地和树木的多种作用和功能的可持续性；②加强森林的防护、可持续经营和保护，以及通过森林恢复、造林、更新和其他恢复措施使退化的区域绿化；③促进高效利用与评价，以恢复森林、林地和树木提供的全部产品和服务价值；④建立和/或加强森林及其有关的方案、项目和活动，包括商贸往来的计划、评价和系统考查的能力（周国林和谭慧琴，1997）。1997年第十一届世界林业大会以"森林可持续发展迈向世纪"为主题，并指出实现可持续发展的关键是森林的可持续经营。森林可持续经营就是在持续不断地得到所需的林产品和服务的同时，不造成森林与生俱来的价值和未来生产力不合理的减少，也不给自然环境和社会造成不良影响（苏宗海，2010）。《中国森林可持续经营指南》（2006）把森林可持续经营定义为要求以一定的方式和强度管理、利用森林和林地，有效维持其生物多样性、生产力、更新能力和活力，确保在现在和将来都能在经营单位、区域、国家和全球水平上发挥森林的生态、经济和社会综合效益，同时对其他的生态系统不造成危害。Risto Seppala（2001）认为森林可持续经营过去被理解为可持续的木材资源的管理，现在该概念的内涵得到扩展，强调生态系统的可持续性，并且考虑人类的需求。侯景亮（2020）提出森林可持续经营概念时强调既要实现森林的可持续发展，又要保证资源的可获取性，认为森林可持续经营是人们在开发利用森林资源获取自身所需产品的同时能维持森林系统的生产能力。

关于森林可持续经营的内涵和标准，在蒙特利尔高级专家研讨会上加拿大代表团J. S. Maini提出了森林可持续经营的层序关系图（目标—原则—标准—方针—指标—监测）和7项标准，即：①森林生态系统生物多样性；②森林生态系统生产能力；③森林生态系统再生能力；④森林野生动物保护和水土保持；⑤减少导致森林衰退的污染物；⑥避免不可逆转的森林退化；⑦对全球生态循环和生物多样性的影响。前4项是与林业政策有关的标准，后3项是与工业、环境有关的标准。来自瑞士的森林经营专家R. Schlaepfer博士认为，选择森林可持续经营的标准和指标是一项复杂的工作，各国应根据本国的国情制定适合的标准，逐步达到最佳的标准。按照这项原则，他们提出了寒带和温带地区森林可持续经营的标准，其中主要有：①生物多样性；②森林生产量；③土壤营养状况；④土壤保持；⑤水保护；⑥森林生态系统的健康和活力；⑦对地球生物圈的贡献；⑧森林生态系统、经济功能的能力。日本林野厅和森林综合研究所专门成立了森林可持续经营标准和指标制定工作组，并就日本森林可持续经营提出了9项技术标准：①生物多样性；②生态系统生产力；③土壤保持；④水资源保护；⑤生态系统的健康和活力；⑥对全球生物圈的贡献；⑦长期提供其他社会经济效益；⑧对所有森林作用的促进；⑨森林可持续经营完善体系的建立(关百均和施昆山,1995)。

关于我国森林经营理念的发展和创新方面,国内学者也做了梳理。赵中华和惠刚盈(2019)认为在新中国林业建设过程中,我国在森林经营方法方面做了许多探索性工作。特别是在1992年联合国环境与发展大会以后,我国先后引进了欧洲的"近自然森林经营模式"和"目标树经营体系",在我国不同类型森林中开展了经营实践,并不断改良发展。进入21世纪以来,我国的森林经营方法在引进、消化与吸收世界先进经营理念的过程中,也结合我国的林情开展了理论与技术创新,先后提出了"森林生态采伐更新技术体系""天然林保育与生态恢复技术体系""结构化森林经营"等,并在我国不同类型森林中开展了经营实践。以结构化森林经营为例,陈明辉等(2019)通过研究发现,结构化森林经营能够精准提升东北阔叶红松林的森林质量,既能提高林分生产力又能优化林分空间结构。

可以看出,尽管不同国际组织不同学者对森林可持续经营的理解和认识存在不同,但是核心内容可以归纳为森林可持续经营主要指的是以合理的方式利用、管理森林的同时,能实现森林的可持续发展,确保在现在和将来发挥森林的生态、经济和社会综合效益,我们要追求的是森林的强可持续性。森林可持续经营已经有了丰富的内涵和标准,目前已经得到了国际社会的广泛认同,是未来森林经营发展的方向。

三、中国森林可持续经营的历史

自1992年环境与发展大会以来,我国开始转变森林经营的思路,进一步认识到将可持续概念运用到森林经营中的重要性,开始一步步制定强有力的法律法规,推动我国森林可持续经营的发展,我国森林可持续经营主要经历了起步、完善、深化3个阶段。

(一)探索起步阶段:1992—2000年

起步阶段主要是学习国际上先进的经营模式,开始制定森林可持续经营基础的标准、计划、指南、准则,为我国森林可持续经营打好坚实的基础。

自1992年环境与发展大会以来,我国开始在森林问题上坚持可持续发展的原则,积极开展国际间的交流与合作,成立了中国森林可持续发展研究中心,积极参加了国际上有关森林问题的讨论(周国林和谭慧琴,1997)。

1995年,我国相应制定了《中国21世纪议程—林业行动计划》,阐述了林业可持续发展的战略思想和战略目标。该计划对森林资源的培育、保护、管理与可持续发展做了具体规定,该计划提出要采取以下具体行动实现森林可持续发展:培育森林资源和制止森林破坏与退化、森林资源监测、资产化管理行动、大力培育和保护森林资源行动、维护森林的多种功能行动、科学研究与教育培训行动等。

我国于1995年开始研究制定国家水平的森林可持续经营标准与指标体系,并于2002年10月正式发布实施了《中国森林可持续经营标准与指标》。除此之外我国还启动了亚国家水平的森林可持续经营标准与指标体系研究制定工作。1997—2000年,我国在东北国有林区的黑龙江省伊春市、西北干旱少林区的甘肃省张掖市、南方集体林区的江西省分宜县进行了亚国家水平指标体系的研制工作。2000 年，我国作为亚太区域示范林项目的参与国，参与了示范林水平的森林可持续经营标准与指标的制定和验证工作。

在此期间，森林可持续经营理念开始在中国传播，森林可持续经营实践开始加速，在造林更新和抚育经营中，注重针阔混交、培育多树种、多层次、异龄化、合理密度的林分结构，促进了阔叶林和针阔混交林面积及其比例快速增加。例如，在中国东部经济相对发达地区、水蚀和林业有害生物等危害比较严重地区，通过实施"留阔补阔""留阔补针""补植补造""林冠下造林"等经营措施，增加针阔叶混交林面积比重，增强森林抗灾减灾能力，全面提高了上述地区森林生态系统的稳定性。

（二）规范实施阶段：2001—2007 年

进入 21 世纪，中国林业发展进入由木材生产为主向生态建设为主转变的阶段。中国政府进一步认识到林业在经济社会可持续发展中的重要地位和作用，制定了强有力的法律法规，坚持"严格保护、积极发展、科学经营、持续利用"的战略方针，严格执行森林限额采伐制度、建立各级政府保护森林资源任期目标责任制，大力发展森林资源。推进实施森林生态效益补偿制度，逐步实行林业分类经营，加大了森林资源培育和管护力度。

2002 年，国家林业局颁布了行业标准——《中国森林可持续经营标准与指标》，并通过试验示范探索实现森林可持续经营的目标、转变森林经营模式和调整森林经营政策，重点是探索不同地区森林可持续经营管理的体制和机制、模式和途径，推动中国森林可持续经营研究与发展。同时，中国完成了《中国可持续发展林业战略研究》，为中国林业可持续发展和森林可持续经营提供了理论和战略支撑。

2003 年，颁布《中共中央 国务院关于加快林业发展的决定》，提出了解决林业发展的体制、机制和政策等问题的对策，逐步理顺林业的生产关系；实施人才强林、科教兴林和依法治林的策略，对林业可持续发展提出了新的更高的要求。为贯彻落实《决定》精神，国家林业局确定全面实施以生态建设为主的林业发展战略，并从战略全局和管理职能出发，推动森林可持续经营实践。

2004 年，国家林业局印发了《全国森林资源经营管理分区施策导则》，启动了国家级森林可持续经营管理试验示范点工作，制定了《国家森林可持续经营试验示范点建设工作方案》，决定用 20~25 年甚至更长的时间（如一个轮伐期），在中国建立长期性的、具有全局意义的森林可持续经营试验示范区，以探索重点国有林区和南方集体林区森林可持续经营管理的技术、模式和指标评价体系。

2005 年，编制并发布了《中国森林可持续经营指南》，从宏观上明确中国森林可持续经营实践的基本要求和重点领域，确立中国森林可持续经营目标模式和途径，探索森林资源经营管理体制和经营机制，转变森林经营模式和调整森林经营政策，完善森林经营规程，为建立健全森林可持续经营保障体系、信息支撑体系等提供指导和行为规范。

2006 年，国家林业局先后下发了《森林经营方案编制与实施纲要》《县级森林可持续经营规划编制指南》《森林经营方案编制及实施规范》《全国森林可持续经营实施纲要》《简明森林经营方案编制技术规程》等一系列指导性文件，进一步推动森林资源可持续经营管理工作。

2007 年，我国森林认证最高议事机构中国森林认证委员会正式成立，标志着我国森林认证体系发展成熟；同年，我国发布了《中国森林认证森林经营》及《中国森林认证产销监管链》两部认证标准。通过提高森林可持续经营的理念、建立我国自己的森林认证体系、通过大型企业带动森林认证、加强森林认证能力建设等途径可促进我国森林可持续经营。

(三)完善发展阶段：2008—2012 年

这个阶段主要是结合过去 15 年我国森林可持续经营的实践，进一步完善我国森林可持续经营的政策体系，使其更能够和我国森林经营实践状况相适应，这一阶段的森林可持续经营更具有自主性和中国特色。

2009 年，中央林业工作会议明确了一系列重大政策措施，并要求建立森林抚育补贴制度、开展中央财政森林抚育补贴试点，以推动森林可持续经营。为此，国家林业局启动了中央财政森林抚育补贴试点，出台了《森林抚育补贴试点管理办法》《森林抚育作业设计规定》《森林抚育检查验收办法》《森林抚育补贴政策成效监测实施办法(试行)》等多个制度规范。

2010 年 10 月，国家林业局发布了《关于加快推进森林认证工作的指导意见》，进一步明确了中国森林认证工作的方向、工作原则和主要任务，同时开展了森林认证审核试点，为全面检验中国森林认证标准提供了实践平台。

2011 年，根据社会经济发展、生态环境建设和对保护中国森林的现实需求，结合森林资源分布、结构状况，以及中国森林可持续经营的现实基础，国家林业局选择 200 个森林经营单位作为森林经营方案编制实施示范点。同时，全面推进与泛欧森林认证体系(PEFC)的互认工作，这将有力推动中国森林可持续经营的制度建设。2012 年党的十八大报告指出，林业是生态文明建设的重要载体。实现林业可持续发展是建设生态文明和促进人与自然和谐的客观需要，这充分表明了中国推动森林可持续经营的重要认识和坚强决心。

2012 年，国家林业局在各类森林经营试点示范的基础上，选择确定了 15 个中国森林经营样板基地和 12 个履行《适用所有类型森林的不具法律约束力的文书》的示范基地等等，进一步促进了中国特色森林经营的政策、管理、技术体系的建设与发展。

(四)深化提升阶段：2013 至今

这个阶段的一个特色是森林经营加大了对森林质量的关注，森林经营坚持质量优先，并在这一阶段开展了森林质量精准提升工程。

2013 年《中国森林经营国家报告》出版，该报告系首次综合反映新时期中国森林可持续经营进展的国别报告。11 月国家林业局印发《林业专业合作社示范章程(示范文本)》，有效期至 2018 年 12 月 31 日。

2014 年 9 月国家林业局印发《森林抚育作业设计规定》和《森林抚育检查验收办法》(林造发〔2014〕140 号)。

2016 年习近平总书记主持召开中央财经领导小组第十二次会议，会上习近平总书记强调加强重点林业工程建设，实施新一轮退耕还林。要着力提高森林质量，坚持保护优先、自然修复为主，坚持数量和质量并重、质量优先，坚持封山育林、人工造林并举。要完善天然林保护制度，宜封则封、宜造则造、宜林则林、宜灌则灌、宜草则草，实施森林质量精准提升工程。

2019 年，中共中央办公厅、国务院办公厅印发了《天然林保护修复制度方案》。国家林业和草原局印发了《关于全面加强森林经营工作的意见》，指导各地科学开展森林经营工作。

经过这些年的发展我国森林可持续经营已经取得了很大的进展，制定了不同层次的政策方针，同时各地方单位结合实际，针对不同类型的森林、不同的管理体制以及不同的森林经营水平，探索、实践和建立了形式多样的经营管理模式，逐渐形成了中国特色的森林可持续经营框架模式。

四、当前中国可持续经营体系

根据阅读文献和相关文件，本文构建了如下森林可持续经营体系，如图 7-1 所示。从上到下分别是我国森林可持续经营战略目标，构建我国森林可持续经营的支柱，以及相关保障体系。我国森林可持续经营遵从 4 个基本原则，包括发展原则(持续收获所需木质林产品和非木质林产品)、协调原则(发挥森林生态系统的整体功能)、质量原则(无负面影响)、公平原则(有限度利用，即代际、代内的利益均衡)。森林可持续经营的核心是提高森林质量及其服务功能。同时在森林可持续经营的过程中坚持社会、经济、环境等多目标指导。森林可持续经营的社会目标，包括持续不断地提供多种林产品，满足人类生存发展过程中对森林生态系统中与衣食住行密切相关的多种产品的需求，同时，提供社会就业机会、增加收入、满足人的精神需求；经济目标包括使森林经营者和森林资源管理部门获得持续的经济收益；环境目标主要包括为满足人类生存和发展提供诸如保持水土、涵养水源、储碳释氧、改善气候、保护生物多样性等。同时，为满足人类的精神、文化、宗教、教育、娱乐等多方面需求，提供良好的生态景观及环境服务。在相关目标原则的指导下，我国主要通过政策法规保障、利用市场机制、经营组织参与、技术体系指导、推动工程实施 5 个方面来实现森林可持续经营。

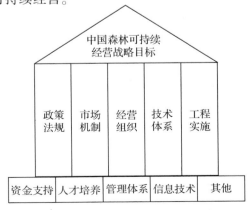

图 7-1 中国森林可持续经营体系

支持森林可持续经营的法律、法规主要有《中华人民共和国土地管理法》《中华人民共和国森林法》《中华人民共和国森林法实施条例》等。《中华人民共和国土地管理法》《中华人民共和国森林法》对林地保护、开发和合理利用做了相关规定；《中华人民共和国森林法》和《中华人民共和国森林法实施条例》对森林资源从保护、培育到合理利用等多个方面做了更为详细的规定；《中华人民共和国种子法》《中华人民共和国自然保护区条例》《中华人民共和国野生植物保护条例》《风景名胜区条例》《森林防火条例》等法律法规对森林资源从林木种苗管理、林地林木保护、森林采伐更新、生态公益林保护、野生动植物保护、植物检疫、森林病虫害防治到森林防火等多个方面做了更加具体的规定。除此之外，政府还从营造林、森林资源管理、公共财政与金融扶持、林权改革等方面制定了一系列重大方针政策，有力地推动了中国森林可持续经营。

市场机制是不同于传统政府治理的以市场为导向的森林治理方式，现今利用市场机制推动森林可持续经营的方法主要是森林认证。森林认证的目的是促使林场经营者规范木材生产，从木材来源和消费者两方面推动森林可持续经营。森林认证已成为保护与利用森林资源、协调森林生态效益与经济效益的一种调节手段（白若舒和李红勋，2019）。森林认证授权独立的第三方认证机构依据认证标准，向开展"森林可持续经营"并通过认证的森林经营者（林场）和森林企业提供认证证书和认证标签，从而影响林产品的市场准入和消费者的选择，通过市场这种"软办法"补充传统的政策、法律法规等"硬办法"来促进森林保护和森林可持续经营（胡延杰，2019）。目前 FSC 森林认证在我国的发展十分迅速，其作为一种市场手段已成为我国森林经营和管理工作与国际接轨的一项重要内容。尤其是对于欧美环境敏感市场，林产品经过 FSC 认证已成为通行证之一。中国已有 46 个森林经营单位共计 226.3 万 hm^2 的森林通过了 FSC 认证，还有 2098 个企业通过了 FSC 产销监管链认证。我国的 FSC 认证无论是在证书数量上还是认证面积上都居亚洲之首。由于中国的森林认证工作起步较晚，PEFC 体系在中国发展比较缓慢。PEFC 中国办公室于 2007 年 10 月在北京正式成立。中国国家森林认证体系在 2010 年底建成并开始实施，2011 年 8 月 31 日中国森林认证管理委员会（CFCC）正式加入 PEFC。2001 年，我国首个森林认证企业——浙江省临安市的昌化林场通过了 FSC 森林经营认证。之后不少大型国有林业局，例如白河林业局、友好林业局、敦化林业局、珲春林业局、柴河林业局等以及不少林业公司都开展了森林认证工作。在此良好发展势头带动之下，我国的森林认证工作进入了崭新的阶段（校建民等，2012）。森林认证使企业加强了对高保护价值森林的管理，同时促使在实践中对环境负责，减少人为干扰对环境的影响（校建民等，2012）。

森林可持续经营组织的建立是有效开展森林可持续经营的基本条件和要求。党的十八大报告提出："培育新型经营主体，发展多种形式规模经营，构建集约化、专业化、社会化相结合的新型农业经营体系。"党的十八届三中全会强调："加快构建新型农业经营体系，坚持家庭经营在农业中的基础性地位，推进家庭经营、集体经营、合作经营、企业经营等共同发展的农业经营方式创新。鼓励承包经营权在公开市场上向专业大户、家庭农场、农民合作社、农业企业流转、发展多种形式规模经营。"在新型农业经营主体快速发展的背景下，新型森林可持续经营组织逐渐成长起来。以合作经济组织、林业龙头企业和专业（行业)协会、家庭林场和林业专业大户为主体的经营组织，成为森林可持续经营的主要推动力量。这些经营组织已经成为引领我国森林可持续经营的领头羊，发挥着重要的辐射带动作用。

技术体系是在具体行为层面引导森林经营主体该怎么做，包括《森林可持续经营标准与指标》《造林技术规程》《森林抚育规程》和《低效林改造技术规程》等有关林木育种、造林、更新造林、采伐利用、规划设计、监测评价的一系列技术标准体系，其中最主要的还是森林经营方案编制、森林采伐管理。编制科学的森林经营方案是森林经营主体开展森林经营活动的前提。我国出台了《森林经营方案编制与实施纲要》《县级森林可持续经营规划编制指南》《森林经营方案编制及实施规范》《全国森林可持续经营实施纲要》《简明森林经营方案编制技术规程》等一系列指导性文件，森林经营主体应根据相关文件来确定森林经营方案的原则、目标、要求、步骤。政府应当在制定方案前督促森林经营主体科学地制定相关森林经营方案，并且检查森林经营主体的目标是否和政府总体目标相一致；在实施方案过程中政府要起到监督作用，并且要在方案中期进行复盘并对方案进行适当调整；在方案实施结束后政府要对方案的实施结果进行分析评价。森林采伐是森林科学经营关键措施和协调森林效益的重要手段，在促进森林可持续经营中发挥着重要作用。在森林采伐方面我国建立起了以采伐限额为核心，以凭证采伐、凭证运输和木材加工监管为重点的森林采伐管理体系。森林经营主体需要根据凭证在额度内进行采伐。

除此之外，我国还有一条实现森林可持续经营的重要路径即通过重大工程实施拉动，主要工程有：天然林保护工程、天然林停伐政策、森林质量精准提升工程等。天保工程有力地推动了我国森林可持续经营，主要政策有全面停止长江上游、黄河中上游地区天然林采伐；大幅度调减东北、内蒙古等重点国有林区的木材产量；加快长江中上游、黄河中上游工程区宜林荒山荒地的造林绿化；进行生态公益林、商品林建设；建立有效的森林管护网络体系。

天保工程的实施，有效地缓解了林区森林资源危机、企业经济危困，显著改善了生态环境，为森林可持续经营奠定了基础。东北、内蒙古等重点国有林区大幅度调减木材产量，工程区 9500 多万 hm^2 森林得到了有效管护。从 1998 年启动试点至 2018 年年底，20 年来，国家累计投入 4000 多亿元，建立了比较完备的森林管护体系。通过 20 多年的保育结合，我国天然林资源恢复性增长持续加快，实现森林面积和蓄积双增长。全国天然林面积净增 4.28 亿亩，天然林蓄积净增 37.75 亿 m^3，工程区累计完成公益林建设任务 2.95 亿亩。2011—2018 年，工程区开展中幼林抚育 2.19 亿亩，后备资源培育 1220 万亩。天保工程有效地保护了森林资源，促进了森林资源的持续增长。

天然林停伐政策是在天保工程的基础上进一步加强对天然林的保护。2014 年，国家林业局、国家发改委、财政部果断采取"停伐、扩面、提标"等政策措施，分步骤率先在黑龙江省大兴安岭林业集团和龙江森工集团实施停伐试点；2015 年停伐范围扩大到黑龙江、吉林、内蒙古、河北等 4 省份；2016 年全面取消"十三五"期间天然林商业性采伐指标，天然商品林采伐全面停止，把所有天然林都保护起来的目标基本实现，同时在云南、湖南等 8 省份开展集体和个人所有天然商品林停伐奖励补助试点；2017 年又将辽宁、黑龙江等 8

个省份纳入补助试点，补助范围扩大到 16 个省份。

森林质量精准提升工程，可在较短时间内恢复和提升森林质量，推动森林可持续经营。当前我国森林质量不高、人工林质量差、天然林低质化等突出问题普遍存在，森林质量效益问题已成为森林可持续经营的重大阻碍。2016 年 1 月 26 日，习近平总书记在中央财经领导小组第 12 次会议上指出，森林关系国家生态安全，要着力提高森林质量，坚持保护优先、自然修复为主，坚持数量和质量并重、质量优先。要实施森林质量精准提升工程。2017 年政府工作报告中要求启动森林质量提升试点。国家林业局把森林提质增效摆在突出位置，将全面加强森林经营、提升森林质量作为林业建设的核心任务和主攻方向。森林质量精准提升工程的主要措施有：一是推进优先区域森林质量提升。"一带一路"、京津冀协同发展区、长江经济带以及"两屏三带"国家重点生态功能区，大力培育混交林和复层异龄林，集中连片建成高质量生态防护林（带、网）。南方丘陵山地，重点增强森林保持水土、保护生物多样性和堤岸防护等生态功能。东北森林带，重点增强森林涵养水源、调节气候等生态功能。北方防沙带，重点增强森林防风固沙、绿洲防护等生态功能。黄土高原、川滇生态屏障区，重点增强森林防风固沙、保持水土等生态功能。青藏高原生态屏障区，重点增强保护生物多样性、调节气候等生态功能。大江大河干流和源头，重点增强涵养水源、保持水土、减少面源污染等生态功能。着力扩大环京津冀森林生态容量，修复北方森林御沙阻沙功能，健全大江大河绿色廊道，筑牢"一带一路"、京津冀协同发展、长江经济带等国家战略实施的生态屏障。二是分类实施森林质量提升。重点国有林区严格保护天然林，重点培育长周期、多目标的复层异龄混交兼用林。国有林场以提供森林生态服务为主线，重点培育珍贵树种、大径级优质良材，打造优美森林景观。集体林以提高林农收益为重心，将抚育经营措施落实到山头地块，推进适度规模化、专业化经营。大力推行针叶与阔叶树种混交、先锋树种与演替后期树种混交、乔木与灌木树种混交，发展以乡土树种、珍贵树种、深根系树种、演替后期树种为建群种的混交林，形成层次多、冠层厚、生态位错落有致的森林结构，保持森林持续覆盖，充分发挥林地生产潜力，不断提高林地产出，不断增强森林综合效能。三是建立健全森林质量提升制度。按照全面深化林业改革和严格管护森林资源的要求，完善林业法律法规体系，建立森林经营规划制度，深化森林经营管理改革，用最严格的制度、最严密的法治为推进森林质量提升提供可靠保障。四是创新示范森林质量提升技术。坚持产学研协同创新驱动，积极推进国际合作和交流，组织实施重大林业工程科技支撑项目，加强森林质量精准提升的科技支撑。按照多功能全周期经营理念，建立森林质量精准提升技术支撑体系，完善技术标准体系，建立森林质量提升管理平台。从而通过森林质量精准提升工程来实现森林抚育和退化林修复。

保障体系包括资金支持、人才培养、管理体系、信息技术等各个方面，目的是为了推动森林可持续经营与特定区域社会经济发展水平相符合、与特定自然生态环境条件相适应。各保障手段存在相互补充的关系，不同手段各有侧重，应综合利用，加强协调，发挥整体功能。资金支持方面，经济保障是森林可持续经营的物质基础，是实现森林可持续经营必不可少的条件。我国通过健全林业投入机制、加强对林业发展的金融支持、积极吸引社会力量投资林业、建立金融部门和吸引外资投入机制等建立和完善多渠道的林业资金投入机制，并开展森林生态效益有偿服务，实行林业轻税赋政策。人才培养方面，确保有源源不断的优秀人才投身于森林可持续经营的事业中，是森林可持续经营目标实现的必备条件。针对我国森林经营人才队伍匮乏、后备力量断档、人才队伍老化、培训基础薄弱等突出问题，为加快培养造就一支数量充足、结构合理、素质优良，掌握先进理论技术、相关政策和规程规范的森林经营专业技术队伍、管理人员队伍、技能人才队伍，国家林业局制定印发了《全国森林经营人才培训计划（2015—2020年）》，推动建立国家、省、县3级森林经营人才培训制度，进一步加强人才培训。针对区域特点和森林类型的不同，分南北片区举办了一系列森林经营管理技术研修班以及国家级抽查、省级核查人员技术培训班，培训了一大批森林经营管理技术人员和质量检查人员。各地也加大了森林经营专业人才特别是实际操作人员培训力度，着力转变思想观念，树立正确理念，掌握先进理论，促进提高了业务水平和操作技能，夯实了森林经营人才基础。在管理体系方面，国家林业局成立了森林抚育经营工作领导小组，设立了森林经营管理处，制定了工作制度，明确了职责分工，形成了分工负责、合力推进的工作机制。信息技术有利于推动我国森林可持续经营监测评估报告。利用各种信息采集、处理和分析技术，能够对森林生态系统及其经营活动进行生态、经济和社会影响等方面的观察、测定、分析和评价，监控森林及其生态状况变化。我国森林资源监测从1951年带岭森林经理试点开始，1953年在东北国有林区开展森林经理调查。随后，根据国家林业建设和管理的需要，针对不同森林生态系统，逐步开展森林资源一类清查、二类调查、作业设计调查、森林火灾监测、林业有害生物调查和森林资源管理专项调查。针对荒漠生态系统开展荒漠化、沙化、石漠化监测，针对湿地生态系统开展了湿地资源监测，针对生物多样性开展野生动植物资源调查等监测工作，利用信息技术逐渐建立起相对完善、连续、动态的林业监测体系。

五、中国森林可持续经营中存在的问题

虽然我国森林可持续经营的体系发展的比较完善，但是随着森林可持续经营的进一步发展，我国森林可持续经营体系在政策法规、经营组织、森林认证、保障体系等方面仍存在不足。

（一）政策法规不够完善，存在一定制约性

虽然国家、地方都制定了一系列的森林经营政策法规，但是这些政策仍然不够完善，甚至存在一定制约性。主要表现一是政策的出发点是管理不是经营，行政审批过多，环节复杂，公开透明度很低，限制性措施阻碍着森林经营目的的实现；二是政策的主观意识强，科学性差，政策制定和调研过程中，反映不出与森林经营有利害关系人们的思想，森林经营者被动接受，导致森林经营的政策内容与森林经营的实际情况错位；三是政策前瞻性不足，头痛医头，脚痛医脚。在森林经营方面，政府部门长期扮演点火和救火队员角色，特别是粗暴行政和懒政交织，一管就死、一放就乱的情况长期得不到根本性的改变。

（二）经营组织积极性不高，森林经营工作开展存在阻碍

从经营主体来看，国有林场和有实力的林业龙头企业经营管理较规范，造林、抚育、管护等森林经营活动能正常实施；而林业合作经济组织和林业专业大户经营的森林则比较粗放，很少开展正常的抚育、管护活动；同时受经营周期、经营效益和基础设施条件等制约，中小林农经营森林积极性不高，工作未能正常开展；行业协会力量薄弱，没有起到很好的支持监督作用。总体上，我国森林经营组织存在先天性缺陷，主要表现在负担过重、实力弱小、林业职工素质参差不齐、经营管理水平低下、自觉经营与自主经营的意愿不强、积极性不高等。再加上集体林权制度改革人为地把山林条条块块割裂开来，均分到千家万户，造成森林、林地破碎化、分散化，更加制约了森林经营的开展。加之中小经营主体经济条件差，对森林有较强的经济依赖性。现今经营主体特别是中小林农依靠国家补贴造林，收获依靠"望天长"，有一株采一株，伐大留小、伐强留弱，森林质量越采越差，森林经营无从谈起。

（三）森林认证应用程度不够，需求不足会导致市场机制失灵

森林认证的许多影响和效果（包括社会、经济和生态方面）在短期内不明显，还需要时间和空间上的充分验证，再加上森林认证的成本相对较高，对于很多经营规模较小经济实力较薄弱的经营主体来说，缺乏动力去实施森林认证，限制了它作为一种政策手段在森林经营上的广泛应用。尽管森林认证可以推动森林可持续经营，但需要得到政府的认可和提供制度政策支持，同时森林认证是依靠市场运作的，没有强制性，在缺乏认证产品市场和需求动力的地方，这种机制就会失灵（徐斌，2016）。不同认证体系的审核、同一认证体系的不同审核员之间的审核质量也不尽相同，有些认证标准的要求被忽视或者干脆被判定为不适用。这就导致同样的认证证书其实掩盖了在实际中森林经营水平的巨大差异（胡延杰，2019）。

（四）森林经营保障体系不完善，缺乏必要的资金和人才支持

一直以来我国的森林经营工作都缺乏必要的资金和人才支持。我国每年对森林经营的投入都比较大，但是真正用于森林经营的比较少。我国的中、幼林面积持续扩大，这些林木需要大量的经营资金。虽然我国对中、幼林抚育提供了补助资金，但是这些资金经常被投入到其他领域。政府对森林可持续经营没有形成持续稳定的财政投入，没有形成完善的生态补贴制度，随着森林经营成本进一步扩大，致使经营主体逐渐减少。同时目前我国森林经营人才数量和水平不能很好地满足森林可持续经营的要求。既缺乏森林经营领军专家团队，又缺乏能将理论与实践紧密结合的森林经营管理技术人才，更缺乏掌握技术要领、操作技能娴熟的施工作业队伍。再好的森林经营技术，没有高素质的人才队伍去落实，也只能是纸上谈兵。

六、政策建议

为了进一步完善中国森林可持续经营体系，推动森林可持续经营与时俱进，促进森林可持续经营工作的持续、健康、有序开展，本文针对上述问题提出以下政策建议。

（一）完善法律法规，助推森林可持续经营

通过具体的法律法规对林业经营者及相关利益者进行约束，保障政策的落实是实施森林可持续经营的必要条件。随着集体林权改革的深入进行，传统的以政府主导的森林经营政策已经无法满足可持续发展的需要，因此建议引入市场规则，创新森林经营政策，增强政策的适应性，政府应积极参与制定公正公平的市场交易准则，为森林经营创造良好的市场环境。在制定修改政策法规时需对森林资源经营利用的各方利益群体给予关注，与不同利益群体进行协商，鼓励其参加森林可持续经营的行为，特别是要保护林区居民、中小林农的利益。同时有必要修正相关政策框架，调整可操作性不强的部分政策法规，以适应不断变化的形势，不断促进长期的森林可持续经营。随着森林经营主体由国家向多元化方面发展，应该要放宽相关政策法规，减少相关审批限制，政府的角色应从直接参与逐渐转变成规范监督。

（二）完善森林可持续经营保障机制，保障森林资源安全

林业既属于生态公益事业范畴，又属于经济基础产业范畴，作为一门弱势产业，国家必须提起对森林经营的高度重视，加大投入力度，并完善相应的森林经营保障机制，以提高森林经营水平。一是要强化组织领导，积极争取把森林可持续经营工作作为约束性指标纳入政府目标考核体系，科学制定评价标准和考核办法，推动目标责任落实。二是要加大资金投入，探索多元化投资机制。逐步实行森林经营补贴普惠政策，国家扩大森林抚育补贴规模和建立森林经营补贴专项资金，破解森林经营周期长、聚集社会资金难、收支入不敷出的难题。将森林经营作为一项重点林业工程来抓。同时要强化政策扶持，发挥公共财政引导作用，推进落实政府与社会资本合作机制，鼓励和引导各类经营主体自觉投资开展森林可持续经营，探索形成中央、地方财政与经营主体共同筹资的多元投入机制。三是要重视森林经营人才培养。继续贯彻落实《全国森林经营人才培训计划》，通过多种途径和方法，提高从业人员业务技能和服务水平。建立培训基地，分级开展森林抚育、造林更新等技术培训，着力培育森林经营管理、规划、设计、施工、监理队伍。同时要健全森林经营人才保障机制，建设合理有效的扶持机制、激励机制、培训机制和经费投入机制，建立健全体现人才价值、有利于激发人才活力和维护人才合法权益的激励保障机制。

（三）探索森林认证新模式，进一步发挥市场机制的作用

为了降低不同体系认证的成本和满足不同市场需求，有必要尽快加强与不同体系的合作和互认，特别是加强标准的协调。目前，中国国家森林认证体系已被世界认可的森林认

证计划 PEFC 认可，2018 年 10 月 1 日，FSC 中国办公室依据 FSC 国际标准和程序制定的《FSC 中国国家森林管理标准》正式发布实施，这使得中国森林认证越来越走向国际市场。在这种情况下，合作和双赢模式的渠道应正式引入中国森林认证体系，鼓励认证森林企业通过双重认证机构申请国家和国际体系的双重认证，虽然这可能会导致认证成本略有增加，但是这不仅能满足国家体系的要求，同时还能帮助企业进入国际市场。同时需要加强森林认证的人才标准，进一步规范森林认证机构行为，为未来森林认证市场的进一步扩大提供保障。

除此之外，在森林认证实践方面，针对集体林区林农林地规模小、经营能力低等特点，我们可以将林农、协会、营林公司和加工企业整合起来，通过联合认证模式推动集体林区森林认证发展；针对天然林禁伐政策，可以建立以政府行政管理和第三方森林认证相结合的管理模式来促进国有林场的森林可持续经营水平。应该重点关注社会影响评估、环境影响评估、高保护价值森林判定与经营、产销监管链追溯体系建立等关键技术，将这些认证标准要求与现行的森林经营体系或企业管理体系有机结合。总而言之应积极探索森林认证发展的新模式为促进我国森林可持续经营提供有针对性的解决方案(胡延杰，2019)。

(四)激活各种经营组织，发展林业规模经营

坚持以市场需求为导向，以合作互助为纽带，在农民自愿和产权明晰的基础上，引导和支持村组、林农在不改变林地所有权和林地用途的前提下流转林地，建立家庭林场、股份合作林场、职业林农、合作经济组织等新型林业经营主体，开展联合合作经营，提升森林经营者的话语权，维护自身利益，推动林业生产要素向新型林业经营主体聚集。政府可以安排一定的专项资金，鼓励新型林业经营主体到工商部门登记注册，便于日后的管理。并简化经营主体登记注册的流程、手续和适当降低登记注册的标准。鼓励企业与林农、家庭林场、合作经济组织等经营主体开展合作，推广"公司+农户""龙头企业+专业合作组织基地+农户"合作经营模式，将林业产业化经营主体联结起来，共同发展，促进林业适度规模经营，提高林业集约化经营水平。建立林业行业协会，做好联系政府和经营主体的桥梁纽带，在行业内发挥服务、自律、协调、监督的作用，提供信息、业内交流、咨询服务、调查研究、业务培训、相互沟通等。同时通过多种形式的林业技术培训，培养现代职业林农和林业经营带头人才，逐步发展一批有能力、愿奉献的林业致富"能人""大户"。政府社区应不断规范完善经营组织运行管理机制，按照管理规范化、生产标准化、产品品牌化建设的要求，使林业经营组织建立规范的章程、财务管理和民主管理制度，充分保障参与林农的合法权益和经济利益。政府还可以选择运营规范、有特色、有发展潜力的经营组织作为典型示范，在政策上给予扶持。

第八章
国有林区天然林可持续经营分析

一、中国的天然林状况

天然林是指天然起源，未经干扰、干扰程度较轻，仍然保持有较好自然性或者干扰后自然恢复的森林，包括原天然林区的残留原始林或过伐林、天然次生林及不同程度的退化森林、疏林地。与人工林相比，天然林具有较高的生物多样性、较复杂的群落结构、较丰富的生境特征和较高的生态系统稳定性（刘世荣等，2015）。

第九次全国森林资源清查显示，中国的天然林面积 1.39 亿 hm²，占全国森林面积的 63.55%，天然林蓄积 136.71 亿 m³，占全国森林蓄积的 80.14%。因此，天然林资源是中国森林资源的根本，也是林业发展的命脉。与 20 世纪 70 年代初第一次全国森林资源清查报告的森林面积相比，第九次全国森林资源清查显示，中国有林地面积从 1.22 亿 hm² 扩大到 2.18 亿 hm²，森林覆盖率从 12% 上升到近 23%；全国天然林蓄积从 86.56 亿 m³ 增长至 136.71 亿 m³，每公顷蓄积从 79m³ 提升至 111.36m³。

具体来看，我国的天然林资源超过 88% 为乔木林，面积为 1.23 亿 hm²；天然林中，特灌林占不到 10%，竹林面积接近 3%（见图 8-1）。从省份上看，内蒙古、黑龙江、云南、西藏、四川天然林面积较大，5 省（自治区）面积合计 8181.22 万 hm²，占全国天然林面积的 58.99%。

按林木所有权划分，在全国天然林面积中超过 50% 为国有，接近 30% 为个人所有，约 18% 为集体所有。在全国天然林蓄积中，国有部分接近 70%，个人所有约占 18%，集体所有接近 14%。全国森林按起源与林木所有权划分的面积、蓄积情况详见表 8-1。

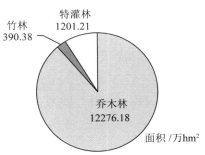

图 8-1　天然林资源分类面积分布

数据来源：第九次森林资源清查

从林种来看，在全国天然林面积中，以公益为主导功能的防护林占比最大为 55.06%，其次接近 30% 的天然林为用材林，特种用途林约占 15%，薪炭林和经济林占比较小，分别为 0.76% 和 0.52%。全国天然林中，公益林与商品林的面积之比为 7：3。而在全国天然乔

表 8-1 全国森林按林木所有权划分面积、蓄积

	合　计		天然林		人工林	
	面积(万 hm²)	蓄积(万 m³)	面积(万 hm²)	蓄积(万 m³)	面积(万 hm²)	蓄积(万 m³)
合　计	21822.05	1705819.59	13867.77	1367059.63	7954.28	338759.96
国有林	8274.01	1007072.05	7305.03	931732.60	968.98	75339.45
集体林	3874.24	254703.34	2557.91	190484.91	1316.33	64218.43
个人所有林	9673.80	444044.20	4004.83	244842.12	5668.97	199202.08

数据来源：第九次森林资源清查

木林中，防护林比重也最大，面积和蓄积分别占总体的 56.36% 和 5.99%。全国天然乔木林各林种面积蓄积见图 8-2。

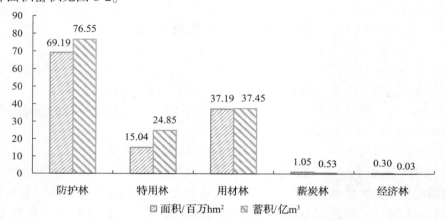

图 8-2 全国天然乔木林各林种面积、蓄积

数据来源：第九次森林资源清查

从龄组来看，在全国天然乔木林中，中幼林面积为 7480.75 万 hm²，占 60% 以上，主要分布在黑龙江、云南、内蒙古、江西、湖北、广西、湖南。以上 7 省(自治区)的中幼龄天然乔木林面积合计为 4355.20 万 hm²，约占全国中幼龄天然乔木林面积的 60%。近成过熟林面积 4795.43 万 hm²，约占天然乔木林的 40%，主要分布在西藏、内蒙古、黑龙江、四川、云南、吉林、陕西。以上 7 省(自治区)的近成过熟天然乔木林面积合计 3801.99 万 hm²，约占全国近成过熟天然乔木林面积的 80%。全国天然乔木林各龄组面积蓄积见图 8-3。

按优势树种划分，全国天然乔木林中，阔叶林面积 7686.33 万 hm²，占比超过 60%，针叶林 3556.62 万 hm²，约占 30%，而针阔混交林为 13.23 万 hm²，占比不到 10%。在全国天然乔木林蓄积中，阔叶林占比一半以上，蓄积为 73.17 亿 m³，其次是针叶林约占 40%，蓄积为 53.58 亿 m³，而针阔混交林仅占约 8%，蓄积为 9.96 亿 m³。全国分优势树种(组)的天然乔木林面积，排名居前 10 位的为栎树林、桦木林、落叶松林，马尾松林、云杉林、云南松林、冷杉林、柏木林、高山松林、杉木林，面积合计 5430.12 万 hm²，占全国天然乔木林面积的 44.23%，蓄积合计 69.04 亿 m³，占全国天然乔木林蓄积的 50.50%。

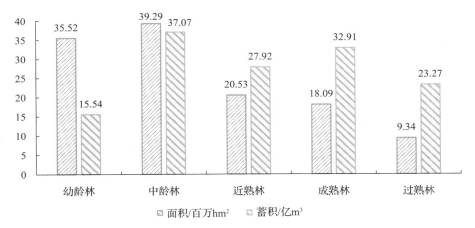

图 8-3　全国天然乔木林各龄组面积蓄积

数据来源：第九次森林资源清查

二、国有林区的天然林保护与经营利用模式

　　森林资源经营管理是实现林业可持续发展的关键（郑小贤，1999）。国内外关于森林经营理论包括森林永续利用理论、森林多效益理论、森林生态系统经营理论、近自然经营理论和森林可持续经营理论等。新中国成立以来，曾提出过森林永续经营、分类经营、森林资源资产化经营、森林生态系统经营和森林可持续经营等森林经营模式。郑小贤早在1999就探讨了多种森林经营模式间的关系，认为分类经营是手段，资源资产化经营是条件，生态系统经营是途径，可持续经营是目标。根据1998年天然林保护工程实施方案关于天然林分布的阐述，我国集中连片、分布于大江大河源头、大型水利工程周围和重要山脉核心地带的天然林主要属于东北、内蒙古、西南和西北林区的135个森工企业局经营（林业部，1998）。第八次森林清查的数据显示，我国天然林中超过52%的面积为国有（蓄积超过70%），因而探究国有林区森林经营实践模式对完善天然林可持续经营理论具有重要的参考价值。

　　世界环境与发展委员会（1987）对可持续发展的定义为：既满足当代人的需求而又不对后代人满足其需要的能力构成威胁的发展模式。《赫尔辛基进程》（1993）中对森林可持续经营的定义：森林和林地以这样一种方式和速率进行经营和利用，即保护森林和林地的生物多样性、生产力、更新能力、活力以及现在和将来它们在地方、国家和全球水平上相应的生态、经济和社会功能潜力的发挥，而且不产生对其他生态系统的损害。世界粮农组织（2000）对森林可持续经营的定义：森林和林地以这样一种方式和速率进行经营和利用，即保护森林和林地的生物多样性、生产力、更新能力、活力以及现在和将来它们在地方、国家和全球水平上相应的生态、经济和社会功能潜力的发挥，而且不产生对其他生态系统的损害。纵观上述可持续的几种定义，森林可持续经营主要包含了以下三方面含义：首先，森林资源要通过妥善的经营过程达到连续提供有形产品和无形服务的目标，同时不损害森林的生物多样性、林地生产力、自我更新能力以及森林生态系统的稳定性（刘龙耀，

2014)。第二，森林的可持续经营需要协调好生态和社会经济效益之间的关系，森林经营具有阶段性，需根据发展阶段适时调整经营目标以达到多系统的可持续发展。第三，森林经营不仅涉及管理层面上的资源配置，也需要技术层面的科技推广。国有林区的森林经营模式主要包含理论层面的经营管理体制以及技术层面的森林培育方法2个层面，本节将重点关注经营方式，对国有林区天然林保护及经营利用现状进行总结。

总体而言，目前国有林区天然林的经营模式主要为多层级的分类经营（梁星权，2001）。森林分类经营的实质是要以我国的客观自然条件、国民经济与社会发展对森林资源的要求为准绳，以林业区划为基础，以森林生态体系、林业产业体系和森林文化体系发展为载体，以市场需求为导向，促进森林的可持续经营和林业的可持续发展（蔡体久等，2003）。实施森林生态系统可持续经营可分4个层次，即从区域的可持续发展，到实施区域水平森林可持续经营，再到景观水平森林可持续经营，最后达到森林生物群落可持续经营（张瑛山，1995）。我国从1995年开始试点实施森林分类经营模式，最早源于广东省，后在14个省份的15个区域进行了分类经营的区划试点。我国森林分类经营的整体思路是先按区域自然条件、社会经济情况整体上分大区，大区按公益林和商品林2种林种类型再分小区域，采用相应技术模式进行森林经营（周生贤，2004）。按具体层级划分，首先是按区域特点的分类经营，其次是区域内按天然林类型分类经营，第三是在各天然林类型内按主导功能分类经营，第四是在主导功能目标林内按经营技术类型分类经营（李国猷，2000）。不同地区的水热条件、天然林资源状况以及社会经济发展水平迥异，因此应针对不同地区的实际状况设定经营目标，进而实行分类经营，表8-2、表8-3分别展示了我国森林按区域经营目标。由表8-3，我国按"东扩、西治、南用、北休"划分4大功能区（周生贤，2004）制定区域发展战略，而其中国有林区主要经营目标为天然林修复。

表8-2 早期天然林分区域经营目标

天然林区域	经营目标
东北用材、防护林区	以用材林为主兼防护的多目标、多效益的分类经营林，总体上以天然林为主，局部上以人工林为主
蒙新防护林区	以扩大恢复森林植被、改善生态环境和以防护林为主的多目标、多效益的分类经营林
黄土高原防护林区	以恢复森林植被、改善生态环境和以水土保持为主兼用材林的多目标、多效益的分类经营林
华北防护、用材林区	尽快营造各种目标林，提高森林覆盖率，经营成以防护林为主兼用材林的多目标、多效益的分类经营林
西南高山峡谷防护、用材林区	禁止皆伐，维护好原始林的生态系统，经营成以原始性天然防护为主的兼用材林的多目标、多效益分类经营林
南方用材、经济林区	充分发挥自然水热条件的优势，营造速生丰产林和经济价值高的经济林，维护好亚热带森林生态系统和珍贵树种，经营成以用材林为主兼经济林的多目标、多效益分类经营林
华南热带林区	禁止皆伐，维护好天然林的生态系统，经营成以热带雨林、季雨林为主的多目标、多效益的分类经营林

资料来源：林业部，1987；李国猷，2000

表8-3　4大功能区经营目标

格局	范　围	内　涵
东扩	津、沪、辽、冀、豫、鲁、苏等8省(市)	在东南沿海和经济发达地区,大力扩展林业发展的空间和内涵,进一步适应该地区对良好生态系统服务功能的需求
西治	晋、蒙、渝、川、黔、云、藏、陕、甘、青、宁、新等12省(自治区)	我国西部生态脆弱、治理难度大、任务艰巨的地区,加快治理步伐,为西部大开发战略的顺利实施提供生态基础支撑
南用	鄂、湘、皖、赣、浙、闽、粤、桂、琼等9省(自治区)	在南方光热、降水条件较好的地区,全面提高林业的质量和效益
北休	黑、吉2省和东北内蒙古4大森工国有林区	让东北、内蒙古等重点国有林区天然林休养生息

资料来源:周生贤,2004

(一)国有林区的天然林保护模式

1. 工程保护模式

在管理模式上,我国的天然林保护呈现出工程式、项目制的特点,主要依靠政府的集中投资来实现多目标经营。1998年8月长江流域和松花江、嫩江流域发生特大洪涝灾害,长期以来注重经济发展而忽视的环境问题直接导致了严重的经济损失以及社会问题。在这种背景下,党中央、国务院做出了实施天然林保护工程的重大决策,旨在通过天然林禁伐和大幅减少商品木材产量等措施,主要解决中国天然林的休养生息和恢复发展问题。天然林保护工程从1998年试点,2000年正式启动,一期工程建设期为2000年至2010年,二期工程建设期为2011年至2020年,截至目前,天然林保护工程实施范围包括陕西、甘肃、青海等27个省(自治区、直辖市),涵盖长江上游、黄河中上游地区和东北、内蒙古等重点国有林区。

长达20年投资超过3000亿人民币的天然林保护工程,利用政府转移支付"集中力量办大事",在短时间内改善了森林资源的数量、质量及结构等生态状况,同时兼顾了保障民生等社会经济目标。天然林保护工程主要涉及了森林资源、林业人口以及林业企业3个主体,分别对应了天保工程的生态目标、社会目标和经济目标。在资源环境层面,通过划分生态公益林与商品林实现保护天然林资源的同时,提高木材的供给能力。在社会民生层面,一方面对富余职工进行妥善安置,引导其进行就业分流,并将林区职工纳入社会保障体系;另一方面,天保工程的实施影响了林区周边社区居民的生计,他们的很多生产活动(例如收集薪柴等)都受到了限制,应对他们进行民生补偿,与此同时改善居住环境,提高基础设施建设。在产业体系层面,引导依靠木材资源的传统加工运输企业进行转型,大力发展非木质林产品等替代产业,形成可持续的林业产业体系。

通过20年的保护,我国的天然林面积达到29.66亿亩,比工程实施前增加了1.5亿亩左右,天然林蓄积量增加12亿 m³。天然林保护工程一期累计少砍木材2.2亿 m³,森林面积净增1.5亿亩,森林蓄积净增7.25亿 m³,天然林保护工程二期分步骤停止了天然林商业性采伐,每年减少木材生产约3400万 m³。根据《天然林资源保护工程东北、内蒙古重点国有林区效益监测国家报告》显示,天保工程实施期间,评估区域(包括龙江森工集团、大兴安岭林业集团公司、吉林省森工集团、长白山森工集团、吉林省保护经营局、内蒙古森工集团、内蒙古岭南八局)所获得的生态系统服务总价值量达 6366.45 亿元/年，相当于天保工程总投资的 3.53 倍。而第八次全国森林资源清查结果统计显示，我国森林植被总碳储量已达 84.27 亿吨，其中 80% 以上的贡献来自天然林。工程期间的造林、森林抚育及管护情况详见图 8-4、图 8-5 和图 8-6。

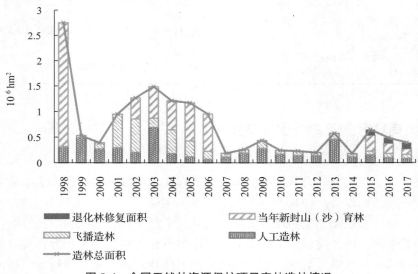

图 8-4　全国天然林资源保护项目森林造林情况

数据来源：中国林业统计年鉴(1998—2017)

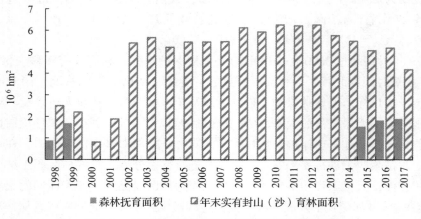

图 8-5　全国天然林资源保护项目森林抚育情况

数据来源：中国林业统计年鉴(1998—2017)

　　中国的天然林保护模式是通过协同生态系统、生产系统和生活系统，基于广义综合保护理念的保护，依托于这些生态资源生产和生活的职工及周边居民，形成天保共同体进而实现天然林资源的有效保护。总体来看，中国的天然林保护模式呈现出以下三方面特点：

　　首先是政府长期大规模的财政支持。从 1998 年的第一期天然林保护工程开始，中国政府持续性地为天然林资源的可持续性投入资金支持(图 8-7)。政策保障下大规模长时间

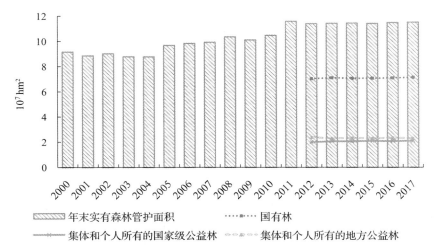

图 8-6　全国天然林资源保护项目森林管护情况

数据来源：中国林业统计年鉴（2000—2017）

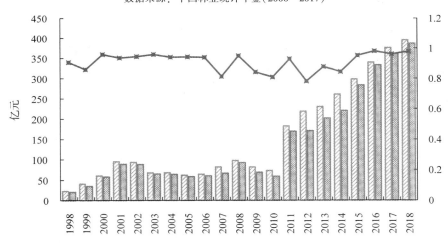

图 8-7　全国天然林资源保护项目投资完成情况

数据来源：中国林业统计年鉴（2000—2017）

的金融支持，为地方政府、国有森工企业等明确方向。对于林业系统的来说，由于森林本身长生长周期的特性，长期的支持显得尤为重要。林业作为风险性和政策依赖性都较高的行业，需要政府进行长期规划，而政府的持续投资行为使得地方林区有足够信心和动力进行管理机制以及劳动力的相关改革。国有林区天然林资源的项目式保护将天然林保护的资金作为一项长期的公共服务支出。关于生态的投入，作为 GDP 的固定比例，与教育、卫生等其他公共服务支出相一致。政府的持续投资，减轻了国有林区经济转型工程中的压力，为林区职工以及周边林业人口的基本生计提供保障，在一定程度上避免了社会改革中对相对弱势群体的福利挤压。

第二是天然林保护政策的适应性和阶段性。目前天然林保护工程已经进行了两期，期间保护政策不断调适，以适应新的社会经济形式。因而，制定天然林资源的保护政策，要因地制宜、因势利导。中国的天然林资源的保护通过选择典型区域的试点研究，在实施的过程中逐步与地方实际情况磨合调整，因地制宜地实施保护措施。同时，通过对保护项目的系统评估，对相关政策进行优化，坚持不断地完善政策，不断地总结、发现问题，逐渐完善修正，使天保工程更接近客观实际。逐步提高天然林保护模式包括方式方法等的环境敏感性，实现对不同地理区位、不同生态条件、不同社会经济背景下保护模式的适配性。同时，天然林保护政策并不是一蹴而就的。天然林资源的保护必须考虑当前的经济社会条件，顺应居民对于生态环境的需求或追求。脱离发展阶段探讨保护政策是不切实际的，即使在密切推动下短期表现出了成效，也会在长期发生毁灭性的颠覆。因此，需充分考虑当前的发展阶段，制定合理的阶段性发展目标，逐步实现对天然林资源的保护。

第三，兼顾生态环境和民生问题，多措施融合并举。天然林保护工程通过一系列不同的政策工具处理了资源保护与利用之间的矛盾关系。保护天然林资源，与相关林业企业职工以及林区周边社区居民的职业发展与日常生活密切相关。在天然林保护的过程中，"人林矛盾"是显而易见的，如果不采取相应的措施进行干预，则会随着保护政策的严格推进而日益加深。如果不能保障并逐渐改善林业人口的民生状况，那天然林保护的成效必定是不长久的。在森林资源的可持续发展中兼顾了解决人口贫困和环境问题，通过多种政策工具(包括激励、监管和教育等)将国有林区的国家目标(即生态保护)、职工的生存发展目标与林区的社会发展目标有机地结合起来。在积极进行森林资源保护与生态修复的同时，努力解决林区职工转岗就业、林业人口收入增长、社会保障等民生问题(图8-8)。通过对相关人口在生态、生产以及生活需求上的问题的妥善解决，不仅激发了林区职工在天然林保护中的创造性和主观能动性，也使得广大的林区群众享受到更便利的居住、生活条件(薪材替代、生态移民等项目)等改革红利(图8-8和图8-9)。多方利益主体在福利水平上的提高，为更好地贯彻落实相关政策奠定基础，也有利于政策的长期稳定。

2. 公益林管护模式

我国森林分类经营的整体思路是先按区域自然条件、社会经济情况整体上分大区，大区按公益林和商品林两种林种类型再分小区域，采用相应技术模式进行森林经营(周生贤，2004)，而生态公益林是在森林资源分类经营改革的背景条件下产生的。1985年《中华人民共和国森林法》将我国森林划分为五大林种，分别是用材林、防护林、经济林、薪炭林和特种用途林。1995年，我国在广东省率先试点实施森林分类经营。1998年，天保工程实施后，将五大林种综合为生态公益林和商品林两大类。生态公益林是以发挥森林的生态效益为主导功能，服务于社会、受益于全民的主要提供公益性、社会性产品或服务的森林，依据其发挥的主体功能及其所产生的主要生态效益，将其划分为防护林和特种用途林两大类，细分为13个亚类(李卫忠等，2001)，其中，防护林是以发挥森林防护功能与效益为主要经营目的的森林，根据其产生的主要防护功能及防护对象的不同，可进一步分为水土保持林、水源涵养林、防风固沙林、农田牧场防护林、护路护岸林以及其他防护林6个亚类；特种用途林包括国防林、实验林、种子林、环境保护林、风景林、文化纪念林、自然保存林7个亚类。此外，也有学者(钟全林，1999)将自然保护区森林划为生态公益林

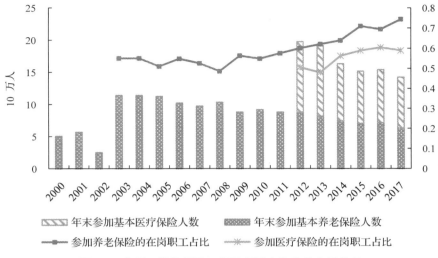

图 8-8　全国天然林保护工程区项目实施单位人员情况

数据来源：中国林业统计年鉴（2000—2017）

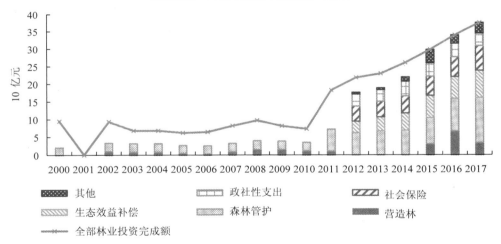

图 8-9　全国天然林资源保护项目投资分配情况

数据来源：中国林业统计年鉴（2000—2017）

的第 3 种模式。

根据国家林业局造林司（2001）在《全国生态公益林建设标准》中的表述，生态公益林就是以维护和改善生态环境，保持生态平衡，保护生物多样性等满足人类社会的生态、社会需求和可持续发展为主体功能，主要提供公益性、社会性产品或服务的森林、林木、林地。在生产经营中以最大限度发挥生态效益为目的，不允许盈利性的商业经营，生态公益林不能通过自身体现出直接的经济效益（孙学斌，2007），因而需通过生态补偿等方式将外部的、非市场化的环境价值转化为现实的财政激励措施（盛文萍等，2019），通过经济补偿实现生态效益的市场交换手段，解决保护者与受益者之间的利益关系（黄富祥等，2002）。然而，目前我国生态公益林权属分散，包括国家所属林场、省属林场、市属林场、县属林场、联办林场、股份林场、合作林场和责任山、自留山等（严会超，2005）。因而，关于天然林保护的公益林管护模式主要分为国有公益林管护模式以及国有和集体联保的混合公益林管护模式两大类。

一方面，对于森林权属全部属于国家的公益林，即国有公益林管护模式为专业管护。根据辽宁省林业厅《关于推进生态公益林管护机制改革的意见》规定：对国有林场、苗圃、自然保护区等国有单位和集体所有未承包到户的公益林安排专职护林员，继续采取专业管护形式。关于补植、抚育等森林经营补助，国有单位要直补到单位，集体要补到村，村级组织可均分到户。另一方面，对于管理主体类型复杂的公益林则采取混合管护模式，根据其权利主体的特征可细分为委托管护、联户管护、自主管护、代理委托4种模式。第一，委托管护主要适用于林农对山林没有依赖性的少林地区，或林改到户的生态公益林面积较小、零散、难于独立管护的，由村民代表大会论决定，征得林权所有者同意后，推荐专职护林员进行委托管护，签订委托协议书后，再与林业主管部门签订管护合同，纳入乡镇林业站统一管理。第二，联户管护适用于林农对山林依赖性强的地区，要将公益林的管护权落实到户，建议先从已开展林地经济活动具备独立管护经营能力的种养户开始，采取联户管护的方式，推荐联户代表负责联户范围内的公益林管护，联户代表与林业主管部门签订管护合同，纳入乡镇林业站统一管理。联户形式可以以自然村、村民小组或地块作为责任区进行组合。对于自然村或村民小组面积过大、人数过多的，也可以进一步化小组织。第三，自主管护，对面积较大具备自主管护经营能力的有林大户可自主管护，本人同意也可以委托管护，由管护责任人与林业主管部门签订管护合同，纳入乡镇林业站统一管理。对自留山、生态公益林区划界定前已承包经营的山林，由自留山户主、承包经营者自主管护，经权利人同意，也可以委托管护或联户管护。第四，代理委托，对已实行自主管护但没有按照合同规定完成管护责任的个人，可取消其管护权利，由乡镇林业站代理进行委托管护（董文宇和刘贞，2011；刘馨蔚，2012）。

以北京市为例，根据第七次森林资源清查，生态公益林约占全市林地面积的80%。2004年8月北京市人民政府发布《关于建立山区生态林补偿机制的通知》，正式启动山区生态公益林管护和补偿工作（肖尧等，2008）。同年12月，北京市山区生态公益林补偿机制在怀柔、密云、延庆、昌平等10个区县的103个乡镇、1577个山区村实施，划定山区生态林总面积共67.4万hm^2，护林员达4.6万名（杨莉菲等，2013）。而实际上，北京山区国有林只占林业用地面积的34%，绝大部分的山林以责任山、自留山等形式进行经营管理（胡长清，2012），单一的专业管护并不适用于权利主体众多的公益林。在这种情况下，2010年北京市人民政府发布《山区生态公益林生态效益促进发展机制》，鼓励山区农民参与生态公益林保护、建设和经营管理，以促进山区生态公益林健康发展。而采用混合管护模式，不仅有效保障了生态资源，还通过"以工代补、建管结合"的方式解决了生态林周边闲置农村劳动力的就业问题（何桂梅等，2011）。

（二）国有林区的天然林经营利用模式

新中国成立以来，国有林区天然林经营利用经历了不同的发展阶段，逐渐由木材生产转向多目标、多功能的利用模式。建国初期，天然林经营秉持着以木材生产为中心的指导思想。1949年政府设立林垦部，1956年单独成立了森工部，专职森林采伐和木材生产等管理职能，并先后成立了东北森工总局、大兴安岭特区、伊春特区以及云南、四川等地的重点国有林区（何微，2002）。1958年中共中央、国务院发布了《关于在全国大规模造林的指示》，国有林区大力开发荒山荒地，为国民经济的恢复和发展提供木材。改革开放以后，客观层面上的长期过量开采造成森林资源锐减，制约了林业的快速发展，恢复和保护森林资源问题开始引起国家的高度重视，1978年"三北"防护林工程的实施标志着生态建设成为林业的重要发展目标之一。1981年国务院作出《关于保护森林发展林业若干问题的决定》，对林业发展战略作出调整。国有林区形成了省、地、县三级管理的格局，逐步调减木材产量，实施治危兴林工程。在建设比较完备的生态体系和比较发达的产业体系的总体思路下，顺应世界森林可持续发展的潮流制定《中国21世纪议程林业行动计划》，林业在向兼顾生态效益、经济效益和社会效益的方向发展。这个时期，天然林担负着林产品生产和生态建设的双重任务，组织了较大规模的生态建设，但木材生产仍然是很多地方经济发展的重要内容和财政收入的重要来源，过度消耗甚至破坏天然林资源的现象仍然普遍存在（庄作峰，2008）。

　　从1998年开始，随着天保工程的实施，国家要求林区最大限度地发挥林业在改善生态环境中的作用，并且将林业发展的地位上升到改善国民经济和促进社会发展的新高度。天然林资源明确了以生态效益为主，兼顾社会、经济效益的经营目标。2014年，根据国家林业局下发的《关于切实做好全面停止商业性采伐试点工作的通知》，黑龙江省从2014年4月1日起全面停止重点国有林区大兴安岭林业集团公司、龙江森工集团的天然林商业采伐活动；2015年2月，国家林业局要求全面停止东北和内蒙古重点国有林区的商业性采伐（图8-10和图8-11）。在全面停伐后，国有林区积极探索林下经济、森林旅游等多种非木质产业，盘活林业资产。在确保生态保护的前提下，坚持生态优先、合理经营的原则，充分发挥天然林资源的地力生产、生态调节、景观文化等多方面价值。相关数据显示，天保工程实施后，各地加快产业结构转型优化，特色经济发展势头强劲，实现了从依靠木材生

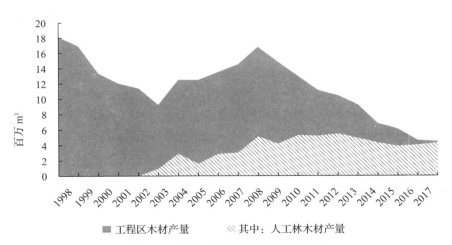

图8-10　全国天然林保护区木材产量

数据来源：中国林业统计年鉴（2000—2017）

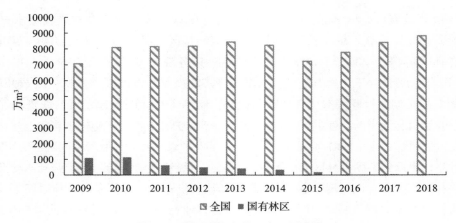

图 8-11 全国及国有林区商品材产量

数据来源：中国林业统计年鉴(2009—2018)

产为主向生态建设和依托林区资源综合发展的转变，一二三产业比例由 2003 年的 86 : 3 : 11 调整为 2017 年的 37 : 28 : 35，林区自主发展的能力明显增强。以陕西省为例，实施天然林保护工程 10 年来，在发挥生态效益的同时取得了巨大的经济效益。全省森林蓄积量增加 2721 万 m³，按采伐商品材市场价计算，森林资源的储备价值以每立方米 330 元计算，折合经济价值 89.8 亿元。2008 年全省林业产业总产值达到 169.46 亿元。同时积极发展干杂果经济林，全省干杂果年产值 60 多亿元，全省 73 处森林公园直接经济收入 2.97 亿元，实现旅游综合收入 70 多亿元。

随着经济社会的发展以及个体认知水平的提高，人们开始重视天然林多种效益的开发，但对于天然林能提供原材料，尤其对提供工业原材料的绝对重要性的认识是一致的(陈柳钦，2007)。在全面停止天然林商业性采伐之后，国有林区逐渐减少了对木材产品的生产(图 8-11 和图 8-12)，通过对南方人工林的培育弥补木材缺口，减轻对于国际市场的

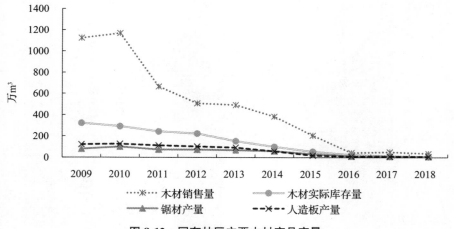

图 8-12 国有林区主要木材产品产量

数据来源：中国林业统计年鉴(2009—2018)

依赖。为更好地发挥天然林的三大效益，国有林区积极发展非木质林产品产业，根据地域特点，因地制宜地开展如林下采集、林下种植养殖、森林景观利用、森林游憩休闲康养、生物多样性价值开发利用等。图 8-13 和表 8-4 分别展示了 2009—2018 年国有林区主要非木质产业的产值变化情况以及五大森工集团的接续产业发展情况，森林食品业各主要非木质林产品均呈现上升趋势，特色北药等产业产值总体均有所发展，特别是北药产业发展突出。

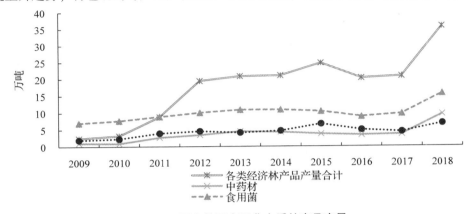

图 8-13 国有林区主要非木质林产品产量

数据来源：中国林业统计年鉴（2009—2018）

表 8-4 5 大森工集团主要接续产业产值情况

接续产业 森工集团		龙 江	吉 林	内蒙古	大兴安岭	长白山	总 计
2015	林下经济	161.89	10.50	11.82	23.07	12.97	161.89
	生态旅游	48.09	2.49	7.98	13.77	1.69	48.09
	北药产业	11.49	6.18	0.13	0.99	0.31	11.49
2019	林下经济	144.48	5.56	3.19	21.53	11.31	186.07
	生态旅游	34.09	1.88	0.70	21.95	2.48	61.10
	北药产业	43.62	3.86	0.09	6.77	5.29	59.62

资料来源：中国林业统计年鉴，2015；第九次森林资源清查

三、国有林区天然林经营中存在的主要问题

国有林区天然林的可持续经营要兼顾森林特性与社会经济等外部环境，充分考虑长期发展目标，进行科学的森林经营规划。目前，国有林区的天然林保护、经营和利用起到了良好的效果，在天然林资源数量变多、质量变好的基础上，积极协调生态和社会经济效益的关系，根据发展阶段适时调整经营目标以达到多系统的可持续发展。但与此同时，国有林区天然林资源的经营仍面临一些问题，包括在森林经营理念上的缺失、制度法规不完善、经营资金缺乏以及经营主体不明确等。

（一）经营理念过于保守

经营理念上的重造轻管使得目前国有林区天然林的抚育更新等经营不到位，而目前经营理念过于保守不仅对森林质量及结构改善造成负面影响，也会对未来资金投入的连续性构成潜在威胁。一方面，在经营理念上，尽管近年来逐渐加强了对森林质量、结构的重视，但整体上仍存在"重造轻管"的现象。各地林业部门主要工作集中在扩大造林面积或者木材产量上，对森林抚育和森林资源的经营工作重视不够，基本上靠天生长，人为去经营管理的思想和实践较少（黄龙生等，2014）。另一方面，目前天保工程过于严格的政策限制对于林区内森林的进一步更新营造、抚育管理有制约作用。尤其是针对一些成过熟林，如果不加以营林利用，最终会从良木变为朽木，不仅经济效益降低，生态功能发挥也受到影响。林地的更新再生对土壤固碳有重要作用（Lal，2004），国有林区内天然林下尚未更新，存在风倒木无人清理的现象，长期来看对于生态恢复和植被生长有潜在的消极作用。目前，国有林区缺乏通过森林培育提高森林质量和森林生产率，由于害怕伐木失控而严格限制抚育采伐、林分改造及卫生伐的科学施行，使抚育伐失去应有效能（沈国舫，2020）。

与此同时，现阶段过于严苛的管理不仅对森林质量及结构改善造成负面影响，也会对未来资金投入的连续性构成潜在威胁。受天保工程的影响，国有林区的天然林经营利用仍有很大发展空间。森林经营理念中本就包含采伐利用，针对一些已有的成过熟林如若不采伐加以利用，不仅会对原有产业造成原料供应问题，对后续产业发展也会有重大威胁，尤其是以木材加工业为主的产业，其设备更新和进口原木的成本加大均会使企业利益受损。同时，科学地经营利用可以为巩固东北、内蒙古木材生产基地建设提供有力保障，确保了国家木材战略储备。而目前，不仅木材资源受到约束，林区林下经济等农林复合经营模式的开展也因可能会破坏林下土壤而受到严格的限制，不利于国有林区天然林的多目标经营。

（二）制度法律不完善

目前，国家的林业法律、法规虽然在林业工作的主要方面都有所体现，但由于林业工作的复杂性和南北自然条件的差异，使法律、法规用于指导分类经营管理仍过于原则，无法对各地的分类经营管理进行有效的指导（苏月秀，2012）。而天然林资源的保护制度不尽完善，政策对于林地的划分存在重叠，导致地方在执行过程中出现混乱。例如天然林保护工程在 2014 年推广全国后，天保工程区与生态公益林区存在部分重合，尤其是在我国大力推进自然保护地体系后，拥有不同经营目标的天然林区划难以统一，由此造成了对天然林资源保护的潜在威胁，也损害了地方相关产业发展的权益。其次，目前天然林经营大多依靠政策文件，缺乏法律上的定型与保障。林业作为风险性和政策依赖性都较高的行业，需要有相对完善的法律制度予以保障。天然林经营中法律法规的缺失不仅直接影响了生态保护的效力，依靠稳定性相对较弱的政策也影响了经营者的长期规划，进而影响了天然林多功能目标的实现。

(三)经营资金来源单一

长期以来天然林经营一直主要依靠政策拉动，依赖于国家财政投入和支持，忽视了市场机制的融入和社会资本的介入。而对天然林资源一刀切式的保护，使得国有林区的天然林资源利用不仅手续繁复，且风险巨大，缺乏稳定政策环境使得社会资本难以进入，国有林区的天然林经营只能依靠政策投入，对未来资金的可持续投入造成不利影响。前文提到，即使是国有林区的天然林也涉及复杂的经营主体以及伤害到了周边群体的发展机会，森林，尤其是天然林经营具有明显的正外部性，如果不能建立合适的补偿体系，明确的权责利相统一的制度设计，将直接影响社会经营主体的介入。

(四)经营主体缺位

国有林区目前仍处于高度集中的决策，如果说天然林的保护高度依赖政策，那天然林的经营利用就十分需要国有林区领导层对自身特征和市场环境的判断。一方面，国有林区缺乏高层次的专业人才，在面临需自身决策时不能充分评估地方情况，而出现盲从于其他地区的情况。例如在林下经济的品种选择与森林旅游项目的开发过程中，不能很好地定位目标群体以及参与人员的技术水平，而导致项目损失。另一方面，林区现有的人力资本存量小且受教育程度偏低，而现有的人才培养与引进体系存在管理不规范，激励机制不健全等问题，导致技术人员流失严重，不利于天然林资源的长期、科学、有效地经营。在天然林经营中普遍存在着人员缺位、错位等不可持续问题。而专业人员的缺位可能导致森林经营方案的编写缺乏科学性，进而影响到天然林经营的可持续性。

四、国有林区天然林可持续经营的几点建议

想要达到国有林区天然林资源的可持续性发展，必须树立科学的经营理念并妥善解决谁来保护、谁来投入以及如何合理利用3个重要问题，要明确管护经营主体，投资主体以及合理利用的途径和补偿方式。而目前国有林区笼统的经营模式和工程式的天然林保护使得天然林经营仍面临着可持续性上的风险。天然林经营的目标是资源的可持续性，要达到资源的可持续性就需要可持续的制度设计，以及在保护资金及管护人员上的可持续。

(一)创新天然林经营理念

目前，严格限制不利于森林质量的提升。天然林的可持续经营，离不开"近自然经营"的理念要求。近自然经营是要顺应森林自然更新到稳定的生物群落的演替过程，在尊重森林发育演替过程的基础上设计经营活动，对森林的结构、质量进行优化，并不能简单地理解为人为介入越少越好。目前对天然林资源的严格限制影响了正常的抚育管护，进而对未来森林质量的提升产生不利影响。沈国舫院士表示在国有林区应该正确解放林地利用条件，不能因为担心"一放就乱"而"一管就死"。由于担心如果限制得到放松，林区以及天然林资源将会出现混乱，政府仍然在严格保持伐木禁令（Yin and Yin，2010）。但对天然林

资源的管护，不应该简单地等同于不采伐，而随着森林面积的不断增长，森林质量的提升问题也逐渐出现在公众视野。通过对天然林经营理念的创新发展，通过抚育等管护手段，对天然林资源进行质量优化。

（二）完善天然林经营的制度设计

所谓可持续的制度设计大概包含两个方面：一方面，只要在制度框架内获得利益的群体是多数，那么这个制度就是稳固的；另一方面，如果这个制度还能够协调和平衡不同利益群体之间的关系，那么这个制度就是长期的、有效的（温铁军，2004）。国有林区的天然林经营涉及林区政府、林业企业以及林区职工、林业人口等多方利益主体，为保证林区森林保护与生态修复，必须妥善解决林业企业转型发展、林区职工转岗就业、林业人口收入增长、社会保障等民生问题。目前，国有林区的天然林经营仍然面临着经济和社会发展对统筹供给木质产品和生态服务矛盾的挑战，在制度设计上存在着天然林资源保护制度尚不完善、天然林经营模式较为粗犷以及天然林利用过于受限等问题。保护与经营政策的不明确虽然在一定程度上避免了"一刀切"的问题，但也带来了执行过程中的落实困难，例如在停伐时集体和个人所有天然林停伐落实困难，而森林经营方案难以真正执行等问题。

由于森林资源的特性，更加依赖于预见性的规划设计以及准确的目标定位，而这有利于提高政策的持续性。合理的政策设计可以寻求经济、社会与生态的价值平衡，达到最优的结果（Bryan et al.，2015）。同时，政策需要考虑到社会、经济和环境系统的动态性，例如中国未来的经济发展本身对土地的需求增加都可能会影响天然林资源的保护（Guo and Gong，2016）。确定适当的生态系统，以适应未来的环境变化（Ghestem et al.，2014），例如"十三五"规划中提出的空间分区方法，即指定特定区域用于农业生产、森林保护和发展、城市发展和关键生态功能（Lu，2013），这有助于协调社会经济发展与森林保护之间的压力。此外，由政策上升到法律层面上的支持也可以提高保护的可持续性（Yi，2014）。中国应制定《天然林保护条例》对全国天然林进行统一保护，同时修订《森林法》为天然林保护提供原则性依据，逐步健全森林生态效益补偿机制以及监督与责任追究机制等。

（三）健全天然林经营的投资渠道

资金的可持续性是保障天然林资源有效经营的核心。显而易见，如果政府的财政支持进行削减，那么现有的保护与经营措施均会受到冲击，甚至可能导致原有的成果被破坏。目前，中国政府保护与经营森林的主要手段仍是在当地人口中推行强制性的措施，例如禁止砍柴或在林中放牧等。对那些依赖森林资源的农户来说，实施强制性措施会加剧他们未来的贫困，从而增加他们破坏森林的可能性（邰秀军，2011）。例如在薪材替代的项目中，替代能源依靠政府对电价的大力补贴，对于电价的微小上调都会导致林中捡拾柴火的行为增加，影响地方对天然林资源的保护效果。在退耕还林项目中，有研究表明在政策计划停止付款后，农户再将农田转换为林地的意愿显著降低（Yang，2014）。上述案例都说明，目前关于农户对于森林资源的保护与经营主要依靠政府的资金投入。但值得讨论的是，政府是否是未来合适的支付者，以及政府通过工程的投资行为是可持续的吗？长期的大规模的投资成为政府的财政负担，应积极探索社会资本的进入机制，尝试通过完善的市场机制进行调节。构建森林资源经营和产业发展的市场机制(沈月琴等，2006)，通过合理利用森林资源实现其经济价值，以有效的市场机制为纽带，建立有经济效率的森林资源经营管理体系(如森林认证)。构建森林生态服务市场机制，充分利用森林的正外部性，尝试通过生态服务市场交易行为(如浙江省东阳市与义乌市的水权交易等)，逐渐通过市场手段，促进森林生态服务的有效供给，保障天然林经营资金的可持续。

(四)完善天然林经营主体

天然林资源的发展与管护人员的管理水平直接相关，而人员安排又与制度设计以及资金支持密切相关。目前，在中国的天然林保护中比较突出的问题是天然林质量急需精准提升，而国有林区面临着专业人员明显不足的问题。在国有林区天然林资源的多目标经营中，林区管理者存在认知的局限，往往受限于固有的经营模式(例如农林复合经营的品种选择)，且可能存在盲从外地经验的问题，例如在森林旅游项目的开发过程中，没有充分评估当地的景观资源与发展前景。林区现有的人力资本存量小且受教育程度偏低，现有的人才培养与引进体系存在激励机制不健全等问题，导致技术人员流失严重，不利于天然林资源的长期、科学、有效地经营。目前，林区人员老化，青黄不接，但由于国有林区改革中职工身份的调整，林区编制"只出不进"，难以吸收新生力量。在天然林经营中普遍存在着人员缺位、错位等不可持续问题。应通过制度保障和资金支持，提升经营管理人员的人力资本水平，做到既对森林的经营水平有所监督，又对管护人员的福利水平有所保障。在管理层面，通过整合高层次专业人才，建立起决策支持体系，有效参与政策的制定与决策过程，对决策进行科学引导、调节与预警。

第九章
集体林区人工林可持续经营分析

一、中国的人工林状况

人工林是全球森林资源的重要组成部分，是国家重要的自然资源和战略资源。长期以来，我国持续开展植树造林，大力推进林业重点生态工程，人工林面积蓄积得到显著增长，人工林规模居世界首位(陈幸良等，2014)。当今，全球气候变化不断加剧，成为世界上最受关注的重大环境问题，我国绿水青山就是金山银山的生态文明理念深入人心，在此背景下，人工林建设也从以木材生产为主，逐渐转向木材生产和发挥生态功能并重。人工林能有效缓解天然林采伐和有效补充木材供给，在生态修复、景观重建和环境改善等生态文明建设方面也发挥着重要作用。

第九次全国森林资源清查成果显示，全国人工林面积 7954.28 万 hm^2，蓄积338759.96 万 m^3。对比分析多期全国森林资源清查结果，全国人工林保存面积和蓄积都实现了连续稳步快速增长，第九次清查结果较第二次清查结果来看，人工林面积增加 2.5 倍，人工林蓄积量增加 11.4 倍(图 9-1)。其中：乔木林面积5712.67 万 hm^2，占 71.82%；竹林面积 250.78 万 hm^2，占 3.15%；特殊灌木林面积1990.83 万 hm^2，占 25.03%(图 9-2)。

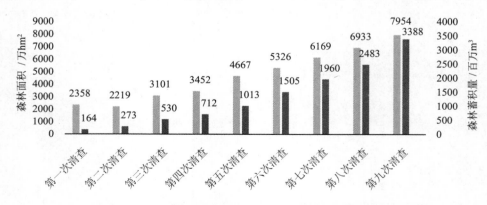

图 9-1 我国森林资源历次清查结果人工林面积和蓄积变化

资料来源：中国森林资源报告(2014—2018)

全国 31 个省(自治区、直辖市)中,广西人工林面积最大,为 733.53 万 hm²,占全国总面积 9.22%,西藏为 7.84 万 hm²,人工林面积最小。全国人工林面积占森林面积的 32.94%,约 1/3 的森林为人工林,占国土面积的 8.31%。人工林重点工程的生态效益显著,以三北防护林为例,自 1978 年启动以来已累计完成人工造林保存面积 0.292 亿 hm²,工程区森林覆盖率从 5.05%提高到 2016 年的 13.02%,工程区内各省份荒漠化土地面积均有所减少,为北方构筑起了坚实的绿色生态屏障(杜志等,2020)。

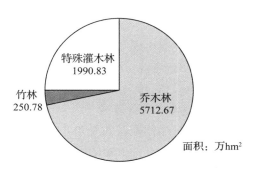

图 9-2　第九次森林清查人工林资源分类面积分布

从龄组来看(图 9-3),在全国人工林乔木林中,幼龄林面积为 2326 万 hm²,约占全国人工乔木林面积的 40.7%;蓄积量为 5.85 亿 m³,约占全国人工乔木林面积的 17.3%。中龄林面积为 1697 万 hm²,约占全国人工乔木林面积的 29.7%;蓄积量为 11.14 亿 m³,约占全国人工乔木林面积的 32.9%。近熟林面积为 809 万 hm²,约占全国人工乔木林面积的 14.16%;蓄积量为 7.22 亿 m³,约占全国人工乔木林面积的 21.32%。成熟林面积为 659 万 hm²,约占全国人工乔木林面积的 11.53%;蓄积量为 7.2 亿 m³,约占全国人工乔木林面积的 21.26%。过熟林面积为 223 万 hm²,约占全国人工乔木林面积的 3.9%;蓄积量为 2.45 亿 m³,约占全国人工乔木林面积的 7.23%。

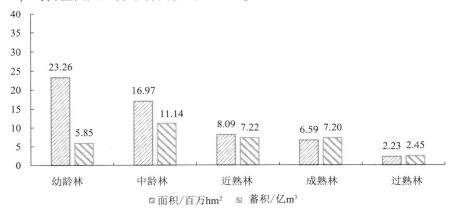

图 9-3　第九次森林清查全国人工乔木林各龄组面积和蓄积状况

二、集体林区人工林经营和利用状况

(一)我国集体林区人工林经营模式

随着集体林区林权制度改革的不断深入,我国速生丰产用材林的经营模式也相应地发生了较大变化,由过去的集体统一经营为主转变为多种经营模式共存的局面。林权制度改革中的"确权到户""分山到户"，促生了许多以家庭为单位的微观生产经营主体，速生丰产用材林发展中出现了林权结构分散化、经营主体多元化、经营模式多样化的特征。总体来说，我国集体林区速生丰产用材林经营模式主要有 3 种，即：家庭单户经营模式、集体统一经营模式和合作经营模式（胡锐和宋维明，2011）。

1. 家庭单户经营模式

家庭单户经营模式就是单个农户依靠自有的资金和劳力从事林业生产活动，自负盈亏。在林业经营有利可图的前提下，家庭单户经营模式能够充分地调动农户造林护林的积极性。但是，这种经营模式普遍存在经营规模较小的现象。广大农民已经成为我国林业发展和生态建设的骨干力量。家庭单户经营模式已经成为我国南方集体林区速生丰产用材林的主要经营模式。家庭单户经营模式由于产权清晰、利益直接，短期内会促进林业生产力的发展。但是随着家庭单户经营成为集体林区主要的经营模式，作为速生丰产用材林生产经营主体的林农数量剧增，林业单位的生产规模变小，林业生产要素呈分散态势，林业生产活动的组织管理成本明显增加，技术服务的获取成本也相应增加，对速生丰产用材林生产力的提高构成了一定的负面影响。福建是我国集体林权制度改革的发源地，从 2003 年 4 月开始在全省范围内推行集体林权制度改革，其核心内容是实行集体林木林地的家庭承包，以法律的形式颁发林权证书，将集体林变成真正意义上的民营林，其实质是明晰产权，变资源为资产。林权制度改革极大地调动了林农发展林业的积极性，取得了良好的效果。国外速生丰产用材林发展的经验告诉我们，速生丰产用材林发展的核心是效率，即在短期内生产出大量的满足林产工业发展的原料，速生丰产用材林的发展必须走规模化、专业化和集约化经营的道路。因此，我国这种家庭单户经营模式如果长期坚持下去，势必阻碍速生丰产用材林经营水平的提高和生产力的发展。

2. 集体统一经营模式

集体统一经营模式是以村集体组织或村小组集体组织作为经营者，从事山林的管护、造林和采伐等活动的一种经营模式。集体统一经营模式在林权制度改革之前是南方集体林区速生丰产用材林的一种主要经营模式，可以拥有和支配一定数量的林农、资金、技术、劳动工具等生产要素，形成了一定的规模效益，对我国速生丰产用材林的发展曾经起到了相当大的作用。但是，由于所经营的山林无法明确产权所有，往往形成集体林经营主体的真空现象，使得速生丰产用材林的造林投入、管护、培育措施等严重不到位，不能有效地提高林农经营集体林的积极性。因此，集体林权制度改革后，集体统一经营模式的比重大大地降低了。

3. 合作经营模式

合作经营模式是分散的个体林业生产者为了维护自身的经济利益和社会地位，通过互助合作而组织起来的一种社会化经营模式。合作经营模式可以有效地解决社会化的市场经济与小规模的个体经营之间的矛盾，实现造林、育林、管护、采伐、销售等经营环节的有机结合。合作经营模式分为松散型合作经营模式和紧密型合作经营模式。松散型合作经营模式就是进行合作经营的林农把林地实行简单的合并，各自管护自家的山林，合作组织仅仅充当中介进行生产资料的采购和统一进行防火等工作，不实行统一砍伐，各家的山林自家砍伐，收入也归各家所有。紧密型合作经营模式即股份制合作经营模式，就是把合作成员的资产如林地、劳动力、生产资料、资金等入股，进行共同合作经营，统一种植、统一管理、统一防护、统一砍伐，砍伐后按照原先确定的股份比例进行分红。随着集体林区林权制度改革的不断推进，以合作经营模式为核心的速生丰产用材林合作经营组织开始涌现，业务范围涉及速生丰产用材林生产的各个环节，包括森林管护、病虫害防治、林道建设、造林、营林、种苗生产、林产品加工、销售、物资采购、技术和信息服务等。

（二）我国集体林区人工林利用状况

中国人工林发展迅速，已成为世界上人工林保存面积最大的国家。人工林不仅在我国林业产业发展和木材供给上扮演着重要的角色，同时也在生态修复、景观重建和环境改善等生态文明建设方面也发挥着重要作用。主要体现在以下几个方面：

（1）保障木材供给，提升森林质量。据陈勇和支玲（2005）研究测算，中国人均 GDP 每增长 1% 木材需求量就会增长 0.61%，未来木材需求年均增长率将维持在 4.58% 的水平上。随着我国经济社会的发展，未来我国木材消费总量仍将不断上升，且对于优质木材的需求更甚，而中国木材供给总量不足、结构性短缺的矛盾都将长期存在。因此，在全面禁止天然林商业性采伐的背景下，我国人工林在未来将进一步成为商业木材采伐的主要供给者，并缓解目前我国木材供给长期依赖进口的危险局面。此外，人工林在树种选择和经营抚育等方面更具备灵活性，随着我国人工林经营水平的不断提高，人工林的发展也将提升我国的森林质量。

（2）推动产业发展，助力林农增收。以广西桉树为例，近些年广西桉树速生丰产林规模的迅速扩大，有力带动了相关产业的发展。桉树人工林涉及种苗、种植、采伐、加工等多个产业，已形成种苗、营林、肥料、采伐、制材、制浆造纸、人造板、生物质能源和林副产品等完整的桉树产业链，属于劳动密集型产业，提供了大量就业机会。此外，笔者2020 年曾在福建永安小陶镇调研当地柑橘产业。当地林农大都通过人工种植经营柑橘等经济林实现了脱贫致富。其中部分柑橘种植大户 2019 年仅柑橘纯收入就达百万元以上，这极大地促进了当地经济发展，并带动了大批就业。可见南方集体林区人工林经营极大地推动了林业产业的发展，并带动当地林农脱贫致富。

（3）人工林发挥了极大的生态效益。人工林重点工程的生态效益显著，以三北防护林为例，自 1978 年启动以来已累计完成人工造林保存面积 0.292 亿 hm^2，工程区森林覆盖率从 5.05% 提高到 2016 年的 13.02%，工程区内各省份荒漠化土地面积均有所减少，为北方构筑起了坚实的绿色生态屏障。

专栏 9-1 以广西桉树人工林发展为例，详细概述了广西桉树人工林的发展现状以及桉树人工林在木材供给、产业发展和生态环境保护等方面发挥的巨大作用。

专栏 9-1　广西桉树人工林的发展

桉树原产于澳大利亚与帝汶岛，是世界著名的 3 大速生树种之一，我国于 1980 年引进种植。随着科技进步，桉树新品种选育和栽培技术研究取得突破，其产量和效益大幅提高，群众和企业踊跃参与桉树造林，推动了桉树人工林大规模发展。目前，我国桉树种植面积已达 546.74 万 hm^2，年产木材超过 4000 万 m^3，是我国南方重要的战略树种之一，为碳汇储存做出了巨大贡献。

1. 广西桉树发展现状

广西是我国最早引种桉树的地区。1890 年，广西从法国引种细叶桉到龙州。之后我国先后引进桉树 300 多个种、亚种和变种。2000 年以前，广西桉树大面积造林仅限于北回归线以南的南宁、崇左、钦州、北海、防城港、玉林、贵港、梧州等 8 个市。近年来，随着种植效益的凸现、无性系选育水平的提升和抗寒品种的推广，广西桉树大面积造林已逐步向北扩展，如今全区 14 个市 102 个县（市、区）都有种植。近 10 年来，广西桉树人工林发展速度很快，年均新增 200 万亩左右。桉树面积、生长量、蓄积量均居全国第一位，有"世界桉树看巴西、中国桉树看广西"之称。得益于桉树的快速发展，广西提高了森林覆盖率，增加了木材产量，推动了林产发展，促进了农民增收，取得了显著的综合效益，实现了森林越采越多、越采越好的良性循环，为生态建设和经济社会发展作出了重要贡献。

2. 广西桉树人工林经济社会价值

保障木材供给、提升森林蓄积量。从 2000 年到 2016 年，广西桉木木材年产量由 $9×10^4m^3$ 增加到 $2.2×10^7m^3$。桉树速生丰产林的大面积种植，显著提高了木材产量。2017 年广西木材产量达到 $3.059×10^7m^3$，是 2000 年的 9.7 倍，约占当年全国商品材产量的 45%，桉树木材约占其中 3/4。"十三五"期间，广西森林采伐限额增加到每年 $4.88×10^7m^3$，在全国所占比例超过 4 成。其中，桉树采伐限额 $3.19975×10^7m^3$，约占广西的 2/3。广西桉树人工林贡献了全国 1/4 以上的木材产量。与此同时，桉树速生丰产林较高的木材生产效率和木材供给能力，使得其他树种的采伐压力得到缓解。如杉木、马尾松等南方主要人工林树种可以有充裕的时间转向单位面积蓄积量更高、经济效益更好、生态效益更优的大径材和复层经营模式，森林蓄积量得到显著提升。广西森林蓄积量由 2000 年的 $4.03×10^8m^3$ 提高到 2016 年的 $7.6×10^8m^3$，增加了 1.9 倍。

经济效益巨大、推动产业发展和林农增收。桉树速生丰产林规模的迅速扩大，有力带动了相关产业的发展。桉树人工林涉及种苗、种植、采伐、加工等多个产业，已形成种苗、营林、肥料、采伐、制材、制浆造纸、人造板、生物质能源和林副产品等完整的桉树产业链，属于劳动密集型产业，提供了大量就业机会。据不完全统计全国桉树全产业链可提供近 1000 万个就业岗位，按广西 $1.78×10^6 hm^2$ 桉树计算，可带动直接就业 178 万个岗位，为广西国有林场、造林业主和林农实现增收减负和发展产业经济提供了保障。桉树还为广西木材加工产业提供了可靠的原材料保障。2017 年，广西木材生产总量达 $3.059×10^7m^3$，占全国木材产量的 45%，人造板产量 $4.35×10^7m^3$，约占全国产量的 1/9。广西成为全国最大的木材生产基地，广西"造纸与木材加工"发展成为 2000 亿元产业，广西林业产业成为区域经济发展新的增长点。2017 年，广西林业总产值 5266 亿元，居全国第3。

　　具有良好的森林生态效益。桉树人工林在高效快速生产木材的同时，也是很好的生态和防护树种。首先，桉树具有强大的碳汇功能，吸收 CO_2 的能力显著高于其他树种。桉树每生长 $1m^3$ 可吸收 CO_2 1.88t，每公顷桉树每年可吸收 CO_2 24.3t，分别是杉木和马尾松的 2.2 倍和 3.0 倍，同时释放大量氧气，并能减少土壤侵蚀 4.48t，对于减缓气候变化、减轻温室效应具有重要意义。中澳合作项目"桉树与水"研究结果表明，雷州半岛桉树林有明显的水源涵养作用，对地下水有明显的补充。国家林草局湛江桉树人工林生态系统定位研究站观测研究的初步结果表明，桉树人工林与其他人工林一样，具有调节气候和形成小气候的作用，也同样具有防风、涵养水源、保持水土等功能。在桉树分布和人工种植较多的澳大利亚、印度、巴西、智利等国家，研究证明桉树具有改善当地气候的作用和较好的生态防护功能。此外，桉树林还具有调节温湿度、改善气候的作用，形成明显的层次结构和特殊的生态环境，能够促进和保持生物物种多样性、维护生态平衡。另外，桉树提供大量的木材，缓解广西木材供应矛盾，减少了对其他树种的采伐，有力保护了广西的森林生态系统。

　　资料来源：吴丰宇等，2017；杨章旗，2019

三、集体林区人工林经营中存在的主要问题

　　目前，我国人工林仍然保持着面积和蓄积双增的良好发展局面，我国也已经成为世界上人工林保存面积最大的国家（陈幸良等，2014）。但我国集体林区人工林仍然面临着林权制度改革不完善、集体林权所有者经营意识能力不足、人工林经营能力不足和风险防控机制不健全等问题。

（一）集体林权制度仍不完善

　　集体林权制度改革是集体林区林业产权制度的根本性变革，改变了长期以来林业产权主体虚化、利益主体不明的现象，促进资源配置及利益分配从行政主导向市场主导转变，调动各类社会主体投入林业生产的积极性，挖掘林业发展的内在潜力，形成了森林经营长期稳定发展的基础。但是，集体林权制度改革也带来了一些问题，如：林权界定不明晰、林权缺乏安全性、林权的市场化运行受阻等问题均阻碍着集体林区人工林的可持续经营，其阻碍作用主要表现在以下几个方面：

　　首先，林权界定不清晰、缺乏安全性，导致森林经营主体对未来缺乏稳定预期，助长了森林经营主体经营行为的短期化。森林经营者对经营的投入，取决于对未来的预期。集体林产权的不明晰，经营者所有林地使用权内涵的不明确，产权的不完整，使得经营者对林地的长期预期行为不足，使经营者经营森林资源的行为短期化，甚至出现掠夺性经营，导致森林可持续目标难以实现（徐秀英，2005）。

　　其次，林权的市场化运行受阻，不利于森林资源的优化配置。由于林业风险防范机制

不健全，森林资源的抵押贷款制度不完善和山区二、三产业落后、社会化服务体系的不完善。使林权交易市场需求和供给增长乏力，阻碍了森林资源通过市场交易实现优化配置。其次，由于交易制度、评估制度、交易信息和中介组织的缺乏，导致了流转行为不规范、随意性大，降低了森林资源流转的运行效果。

（二）林地破碎化严重，不利于林地的规模化经营

集体林权制度改革是集体林区林业产权制度的根本性变革，改变了长期以来林业产权主体虚化、利益主体不明的现象，促进资源配置及利益分配从行政主导向市场主导转变，调动各类社会主体投入林业生产的积极性，挖掘林业发展的内在潜力，形成了森林经营长期稳定发展的基础。但是，集体林权制度改革也带来了一些问题，如同一宗地可能不属于同一权利主体，一个经营小班可能分割成多宗地，很多集体林经营规模不大。由于林地规模小，经营粗放，导致集体林分散经营，给森林生态系统管理带来挑战，主要表现为森林经营破碎化、森林生态系统结构、功能和特征有发生改变的可能性，影响森林生态系统的生产力和功能。同时，小规模经营增加交易成本，加之林农缺少林业技能，经营水平不高，整体林业经济效益不高。因此，以家庭经营模式为主的经营模式不利于森林可持续经营。

（三）集体林权所有者存在森林经营意识落后、动力不足和经营能力欠缺等问题

目前集体林权所有者，尤其是农户在森林经营方面存在动力不足、经营意识落后，森林可持续经营能力欠缺等问题。首先，森林经营主体对森林经营的认识存在偏差。森林经营主体长期受森林传统粗放经营管理的影响，经营者产生了思维定式，对林业经济效益单位面积产出期望值不高，在粗放经营已能达到心理预期目标时不愿意参与集约经营。在营林管理方面，良种选育、育苗技术、水肥管理、造林、抚育和间伐改造等各环节不配套，经营粗放。其次，集体林权所有者经营动力普遍不足，这是由于森林培育的特点和经济规律所然。抚育森林特别是幼林是一桩亏本的买卖（王恩苓，2009）。森林抚育以清除杂灌草、病腐木、枯立木、被压木、霸王树等为对象，幼龄林特别是人工幼林透光抚育基本不出材，中龄林生长抚育仅能出点小材小料，材质差，售价低，能卖大价钱的规格材很少，抚育获得的木材收入难以抵消抚育成本，往往在短期内入不敷出，抚育面积越多、亏本越大。在一些劳动力成本较高或是小材小料没有销路的地方，森林抚育一般无人问津。经营主体大多数不愿意也无力承担眼前投入大、生长周期长、森林火灾、病虫害或偷砍盗伐等投资风险，森林经营未能成为经营主体的自觉行动。最后，集体林权所有者普遍经营能力落后。社会各界，特别是一些地方政府部门对林业建设的认识仍主要停留在量的认识阶段，注重活立木蓄积量和森林覆盖率，忽视森林质量建设，缺乏对先进经营理念的学习、引入和推广。这导致林农缺乏先进经营理念和经营能力的培训，无法面对新的信息经济和智能经济的时代。

（四）我国集体林区人工林整体经营水平不高

由于多方面的原因，我国林业工作存在着重造林轻经营的现象，因此森林经营欠缺，尤其是缺乏实质性的森林经营方案科学设计（见专栏 9-2）和行之有效的森林可持续经营技术，这是我国森林质量不高的主要因素之一。目前，虽然我国森林资源保持面积和蓄积双增长，但随着国民经济发展、人口增长以及人们对环境质量要求的提高，加强森林经营就成为提高林分质量和生产力最重要的途径之一。如何加强森林经营、提高森林质量和林地生产力是当前我国林业发展面临的重大问题（姚建勇和欧光龙，2019）。

（五）经营风险防控机制不健全

林业本身作为一个典型的风险行业，由于其自身的生产周期长期性、地域分布辽阔、生长动态性等特点，使经营面临如暴风雨、火灾、冰雹、干旱、病虫害等风险的影响，而以市场化为基础的森林资源资产化经营更使其增加来自于市场、社会、经济等方面的不确定性因素所形成的各种风险（郑德祥等，2009）。目前，我国森林风险防控机制仍不健全，这使得森林经营主体尤其是农户面临着来自环境、市场、技术、财务等多方面的风险，严重挫伤了森林经营主体的积极性。

专栏 9-2　我国森林经营方案编制的可操作性不强

森林经营方案是森林质量精准提升的基础，它是森林经营主体制定计划和开展森林经营活动的依据，也是林业主管部门管理、检查和监督森林经营活动的重要依据。目前集体林的经营方案一般以县为单位编制，属于指导性质的森林经营方案，不能满足指导林农实施具体经营措施的需要。常规的森林经营方案编制大多由专业技术人员按技术规程和围绕区域林业发展目标来进行，较少考虑社区之间、村民之间的差异与要求，不能及时收集、分析、处理不断变化的社区发展条件（魏淑芳等，2017）。森林经营方案是森林经营者和林业主管部门经营管理森林的重要依据。集体林区大部分县级森林经营方案以县（区、市）为经营单位编制，由于集体林权制度改革以家庭承包经营为主，经营规模小而分散，编案时要充分收集包括村集体、经营户、各类非公有制林场等利益主体的意见，在符合生态优先的前提下，尊重其自主经营的意愿，同时还要吸纳其他利益相关者的意见，保证公众有效参与，实现森林可持续经营目标。因此，以往参照国有林来编制的集体林森林经营方案，可操作性差（孟楚等，2016）。近年来，国内学者开始重视公众参与对森林经营方案编制过程中产生的积极影响，并将其作为编案必须遵循的原则之一，提出将林农在长期生产经营中积累的传统知识和乡规民约在森林经营方案中体现出来，增强森林经营方案的科学性和可操作性。

此外，集体林区传统森林经营方案的编制仍然以木材生产为主，内容主要包括研究区自然和经济条件评价、森林经营方针、森林经营目标、森林资源状况分析和评价、森林经营类型组织、森林采伐、抚育间伐、造化更新、林分改造、森林保护、多种经营、综合利用、投资概算、经济效益评估等。可操作性不强的问题，如何充分考虑集体林的特点，提出符合实际的集体林的参与式森林经营方案编制过程和方法，通过森林经营者共同参与编制的，易于理解和操作的村级森林经营方案，对集体林权制度改革后非国有森林经营主体，特别是林农科学管理森林、精准提升森林质量具有重要的指导意义。

资料来源：孟楚等，2016；魏淑芳等，2017

四、集体林区人工林可持续经营的几点建议

针对前文所述的一系列相关问题，提出如下相关建议：

（一）继续深化林权改革，提高林权安全性、稳定性，促进森林可持续经营

稳定、安全的林业产权制度是森林可持续经营的根本，应深入推进集体林权改革，进一步建立起"产权归属清晰、经营主体落实、责任权利划分明确、利益保障严格、流转顺畅规范、监管服务到位"的现代林业产权体系。实现生产要素合理流动、资源有效配置，提高林地生产力和资源利用率．在产权清晰的前提下鼓励各种社会主体依法以承包、租赁、转让、拍卖等形式实现森林、林木和林地使用权流转。加强流转管理，规范流转程序，简化流转手续，降低交易成本，保持政策和管理制度的稳定性，使森林经营者依法实现预期利益。

（二）以市场为导向的适度规模化经营

林业的问题究其根本是经营的问题，经营水平的提高不能靠老百姓自己来实现，而应该靠社会资本和商业资本的注入。社会资本和商业资本的注入是以一定的经营规模为基础的。在现有的产权制度安排下，吸引社会和商业资本的注入，进行适度规模经营，是实现林业生产经营经济利益的关键。在市场竞争的条件下，社会经济发展中会自发形成不同利益群体之间的合作和规模化经营。但这个市场化的合作过程需要一个长期的自发演进过程，而不是靠以前强制性的、政府引导的政策和制度。如果再靠政府强制推动，那就又会走回计划经济时期强制性的合作与规模经营，是一种低效的、目标性不强的合作与规模化经营。

（三）开展针对森林经营主体的教育和培训，提升森林经营主体森林可持续经营的意识和能力

加强针对省、地、县、乡、农户等不同层次开展的不同水平、不同内容的培训，尤其是针对可持续发展、林业可持续发展及森林生态系统经营管理措施、森林经营技术的培训，以及一些典型案例的介绍；开展不同层级的森林可持续经营试点工作，以及总结试点成果，开展成果推广示范对于提高集体林权所有者开展森林可持续经营的动力、森林可持续经营意识和能力具有重要意义。

(四)转变人工林经营理念和经营模式，提高森林经营水平

首先是将短周期经营模式逐渐改为短、中、长周期并存的经营模式。短周期经营模式，虽在短时间内带来巨大的经济效益，但也对地力、水环境和生物多样性造成了较大负面作用，无法实现人工林的可持续经营。第二，革新人工林生产方式，良种与良法并重建设高质量人工林。通过创新种质和革新栽培技术，提高人工林的单位面积生产力，从而改变一味地通过扩大人工林面积提高木材产量的"粗放型"增产模式。改变原有炼山、施用除草剂、过度施肥等生态负面作用极大的生产作业方式。依据经营目标和定向培育的最终产品采取不同的树种和家系/无性系造林、造林密度配置、抚育间伐措施、肥料配比、密度调控、病虫害防治等，建立集约化的人工林现代经营体系，在提高单产的同时，全面提升生态系统服务功能。第三，在人工林经营中，必须遵循森林生态系统经营理论，要充分考虑人工林主导功能与其他生态系统功能的权衡与协同，兼顾木材生产经济收益与生态效益，建立结构合理、可循环轮作的森林健康经营模式。

(五)建立健全森林可持续经营保障机制

完善的法规和政策体系是实现森林可持续经营的有力保障。建立健全有关林业可持续发展的法规和政策体系至少应包含以下内容：

一是要明确林业可持续发展的指导思想及应遵循的普遍原则，明确环境保护规定，如在森林经营方面应采取的环保措施（整地方式、营造混交林、农药使用、森林采伐等）；建立保护、补偿等方面要有明确的规定；制定的政策要有针对性，如对不同的林种、不同的林地，对营林、森林采运、加工等应有不同的配套政策。

二是建立林业资金投入保障机制，要逐步建立多元化的林业资金投入保障机制。以政府投资为主体：政府提供专项拨款、生态补偿金等用于林业建设，尤其是公益林建设；以全社会投入为基础：通过建立联合体、股份合作制经营组织形式及森林资源流转体制，吸收各社会团体、企业、个体的资金用于森林资源培育，并制定相应的优惠政策；以银行贷款为补充：国家制定用于林业建设的贴息、低息、减息等优惠贷款政策，鼓励经济效益好的项目获取银行贷款。

三是建立森林资源资产保险制度、灾害救济、建立统一的风险基金和林业最低价格保护制度、建立农业风险研究咨询机构，加强信息服务、补贴信贷，加强森林经营基础研究、深化林业经济体制改革、提倡股份合作经营模式等将有助于森林资源资产化经营过程中的风险防范，并减轻损失（郑德祥等，2009）。

此外，还要建立森林资源动态评价体系，在森林资源监测资产核算及效益计量和评价方面应制定相应的指标体系及技术方法，这也是森林可持续经营的重要基础工作。

第十章
新时代森林可持续经营构想

一、森林可持续经营面临的新挑战和新机遇

2017年10月18日，中国共产党第十九次全国代表大会在北京开幕。十九大报告提出了中国发展新的历史方位——中国特色社会主义进入了新时代。中国特色社会主义进入新时代，我国社会主要矛盾已经转化为人民日益增长的美好生活需要和不平衡不充分的发展之间的矛盾。而人民日益增长的生态需求就是人民对美好生活需要的基本构成。森林的可持续经营是保障生态供给、满足人们生态需求的重要基础。新时代下，森林的可持续经营更为必要和重要。新形势下，我国的森林可持续经营面临着一系列新的挑战和机遇。

(一)新挑战——"四缺"

1. 全球气候环境恶化，森林资源稀缺

气候变化具有流通性及无国界性，全球气候变化给地球和人类生活带来巨大的影响，已成为世界各国及相关组织关注的焦点。森林资源与气候变化紧密联系，已有大量研究表明，减少森林砍伐能显著减少温室气体排放。森林因具有"碳汇功能"，对全球气候变化会造成直接影响，数据显示森林砍伐所致排放增加量约占全球温室气体排放量的20%。据《2020年全球森林资源评估》报告数据显示：全球森林面积共计40.6亿 hm²，约为陆地总面积的31%，但全球森林面积持续减少，1990年以来，由于毁林、造田等森林土地用途改变，全球损失了4.2亿 hm² 森林(FAO，2020)。全球有数百万人的粮食安全和生计依赖森林，森林养育了地球大多数陆地生物多样性，并有助于减缓气候变化影响，因此保护森林是保护自然资源的关键。森林有着支持可持续发展的巨大潜力，全球气候恶化和森林资源稀缺互为因果关系，全球正面临着气候环境恶化和森林资源稀缺的双重挑战，为森林可持续经营造成了困境，需要世界各国及各组织勠力同心，从行动、政策规划、思维观念等各方面着手，改变资源稀缺现状，开展森林可持续经营。

在全球森林面积持续减少的背景下，我国采取积极的植树造林政策，使得我国森林面积和蓄积量不断增长，人工林面积在全世界居首位，但由于长久以来重总量轻质量，不注意对森林的经营与管理，我国总体上仍然是一个林业发展缓慢、生态比较脆弱的国家，我

国的森林资源面临的挑战主要有三方面：森林生产力不高、森林质量综合评价指数不高、森林结构单一（历胤男等，2020）。2019 年公布的第九次全国森林资源清查结果表明，我国乔木林平均每公顷蓄积只有 94.83m³，约是世界平均水平的 86%，不到德国等林业发达国家的 1/3。每公顷森林年均生长量为 4.73m²，只有德国、芬兰等林业发达国家的 1/2 左右。按植被覆盖、森林结构、森林生产力、森林健康、森林干扰度等指标构建的森林质量综合评价指标体系划分，我国乔木林中森林质量"好"的占 20.68%，森林质量"中"的占 68.04%，森林质量"差"的占 11.28%，混交林占有林地面积的 41.92%（国家林业和草原局，2020），因而森林生态系统稳定性仍有待提高。总的来看，当前森林资源结构仍然存在着：纯林多，混交林少；单层林多，复层林少；中幼林多，成过熟林少；小径材多，大径材少；一般用材林多，珍贵树种少等"五多五少"现象（刘于鹤和林进，2013）。这样的资源状况，影响了森林多种效益发挥，难以实现森林可持续经营，既不能满足社会对林产品不断增长的需求，也不能满足不断增加的社会对林业的生态、物质、文化等多样化的需求。故就国内森林资源现状而言，我国森林面积逐年增加，但森林质量的提高仍任重而道远，高质量森林资源仍极度稀缺，新时代背景下，森林资源的稀缺性的挑战已从森林数量的挑战逐渐转为森林质量的挑战，森林经营理念需要按照可持续原则，而不应该只拘泥于经济效益原则，应重视森林经营，增强森林可持续经营，科学实施森林经营方案，全面实施森林质量精准提升工程。

2. 国际合作平台、法律不完善，协商机制空缺

目前，全球森林可持续经营在国际层面缺乏统一的林业合作平台，涉林国际公约问题缺乏有效的协调，缺乏专门的资金机制支持森林可持续经营，许多国家的边界线被森林覆盖，国家存在边界线，但森林具有连续性，缺乏统一的科学的边界森林管理办法，为森林的可持续经营造成了障碍，如位于吉林延边的中朝边界，两国仅隔着一条狭窄的鸭绿江，但相对于面积巨大的中朝边界的森林而言，国界阻隔不了森林的边界，于是给森林的跨国管理造成困难，如发生火灾时，由于两国的管理模式及防火设施的差异，火灾会迅速蔓延且缺乏有效的救援。国家的边界在一定程度上阻碍了成片森林的可持续经营，需要森林合作组织进行跨国界合作管理，搭建森林可持续经营平台，共同管理经营好属于世界的森林资源。

与此同时，国际法在全球森林治理中，起着至关重要的作用，但当前国际法对全球森林资源的规制仍显不足，国际社会还未制定出一部统一的《国际森林法》（那力和荆珍，2015），2007 年，联合国森林论坛发布了较为权威的全面的涉林国际公约：《适用于所有类型森林不具法律约束力的文书》（以下简称《国际森林文书》），但其涉及内容比较分散，且多为宣示性的倡议，缺乏有效协调及强制法律政策支持，同时还缺乏专门的资金机制来支持森林可持续经营。总之，目前森林资源的国际法规制仍呈现出一种无序状态，但是由于各国相互冲突的森林资源利益和立场的差异，森林资源纠纷仍层出不穷，森林治理机制实施方面仍面临重重困境，国际林业合作仍任重而道远（荆珍，2017）。随着国际社会对森林功能与作用认识的不断增强，世界各国间的双边林业合作日益拓展和深化，类似于联合国森林秘书处等国际森林合作治理平台话语权将日益增加，国际森林法也将提逐步上日程，以共同协调促进全球森林可持续经营。

3. 国内森林可持续经营技术及理念科学性欠缺

1）森林可持续经营理念科学性欠缺

森林可利用资源严重不足影响了林业健康可持续发展，但现阶段对于森林经营的认识及理念的科学性不足，对森林经营的正常开展造成了更大的阻碍作用，如：片面强调森林的生态功能，而忽视森林产业的发展；将木材采伐与森林培育对立起来；以消极的森林管护代替积极的森林培育；重视森林自然修复忽视人为促进；发展林业产业注重林下经济与森林旅游而忽视木材及其加工业等等（刘于鹤，2016；刘学军，2020）。造成这一现状的历史原因主要是，自从我国实行改革开放政策之后，天然林过度砍伐的问题日趋严重且受到了社会各界的广泛关注，在很长一段时间内森林采伐速度远远超过了时代发展步伐，除了带来严重的经济危机外，还造成了严重的资源危机。于是国家林业主管部门相继提出了"绿起来、活起来、富起来""建立生态和产业两大体系""实行森林分类经营改革""林业向以生态建设为主转移"等林业建设指导思想和工作方针（李诗明，2020）。但长期以来仍存在忽视经营管理问题，森林质量仍待提高。

在这一背景下，我国森林经营理念也从重视利用开始转向重视保护，但是从实际效果来看仍不容乐观。一个稳定健康高效可持续发展的森林生态系统应当有一个合理的林龄结构、树种结构、林分密度、下木和草本结构、土层结构等（Patarkalashvili T，2016）。由当地的地带性植被构成的顶级群落，就是一个好的生态系统样板。通过森林的天然更新，很难达到这样的结构，需要辅助一些人为措施，如通过抚育采伐，调整林分树种结构、林龄结构和林分密度，促进森林尽快达到理想状态。简言之，森林的可持续经营不应该将保护与人工抚育对立起来，森林经营理念应更加科学，应该建立起利用以及保护天然林的适当尺度，在充分保障生态效益的前提下对森林资源的全部功能进行合理利用，从而有效实现森林的可持续经营。

2）森林可持续经营技术科学性欠缺

森林可持续经营技术缺乏科学化标准。我国疆域广阔，各个地区的气候、地形等自然条件以及适合栽植的树种等因素差异显著，因此对于不同地区的天然林，应根据当地的实际情况选择不同的保护和利用方法，并建立起与利用和培育天然林有关的森林可持续经营技术标准。与此同时，由于森林经营周期长，不同林种、不同树种、不同经营目标的森林经营方法、措施、效益都不同，而且天然林与人工林相比在很多方面存在一定的独特性，不同类型森林可持续经营的技术标准应"对症下药"，森林的可持续经营不能完全照搬培育人工林的技术标准。虽然我国现行的一些法律法规明确规定了利用和培育天然林的标准，但是大多只是一些普遍性要求，缺乏更深层次的内涵。故森林可持续经营的技术标准需要因地制宜，因林制宜，以实现森林的可持续经营。

森林可持续经营的管理水平较低。目前，随着林业的纵深发展和经济建设的持续增长，森林经验的管理层面出现了诸多新问题，包括超计划超规格采伐、木材运输管理制度不完善、林木经营加工管理粗放、违法使用林地屡禁不止等（丁洲，2018；杨江静，2020）。在森林管理上，虽然各级林业主管部门均加大了投入，并取得了一定成绩，但是由于各地经济发展不平衡，部分地区很难将更多的资金投入到森林管理水平提升上来。此外，各地管理人员知识水平和科学文化知识参差不齐，很多县级林业部门管理人员以中老年人居多，学历较低，知识更新和使用新科技的能力较低，导致森林管理水平整体偏低，故需建立和完善一系列制度，保障林业建设水平的提升。

森林可持续经营认证机制失灵。由于国内市场对森林认证需求依旧较为疲软，虽有政府采购和补贴政策的支持，但是，由于许多森林经营单位的森林经营水平低下，间接成本仍然很高，要花费大量的金钱来弥合认证标准与其当前经营效果之间的差距（张瑞娜等，2020）。而且从消费者的角度来讲，有学者的调查研究结果显示，受访者普遍对森林认证缺乏认知和了解，环境意识较低，支付溢价意愿和能力也相对较弱（王兰会等，2019）。因此，认证前后期成本较高和国内市场对森林认证需求较少，成为目前推广国内森林认证的主要挑战。

4. 制约型政策过多，可持续经营激励短缺

森林可持续经营受到国家政策制约过多，经营机制不活，经营动力短缺。从两方面来看，限制性政策太多，扶持激励政策又不足，使得森林可持续经营难以从规划落到实际。现今对森林资源的利用，遵循保护优先的原则，如天保工程等在很大程度上缓解了森林资源危机，但是与此同时，对于森林资源的利用方面，出现了不合理不科学的部分，如分类区划和禁伐区全面禁伐政策等阻碍了正常抚育活动，耽误了部分森林的最佳经营期。对于森林资源利用的政策，多为限制性政策，在很大程度上限制了森林可持续经营，过度保护并非可持续发展的最优途径。首先，天保工程等由于区划分布区位不尽合理，如公路沿线易于开展森林经营活动的森林，很多被划成了禁伐林；山脊岩石裸露区域不少森林被划为了商品林；禁伐区、限伐区、商品林区的比例过于绝对化，商品林比例偏低，形成用 1/3 的商品林地承担 1/2 的木材生产任务，大大加重了这部分森林的负担，造成这部分森林质量急剧下降。禁伐区经过近 10 年封育，林分密度自然增大，林木自然枯死率增高，森林火灾、病虫害隐患增高，林冠下树种更新环境日趋恶劣（白卫国和王祝雄，2008）。科学开展森林抚育，才能促进森林增长，避免森林生态系统退化，而现行政策对禁伐区等进行"一刀切"，要进行合理的人工抚育，又不满足现行资源利用标准，会造成违规采伐。其次，森林资源的使用权受到政策约束，林业经营者权属难以落到实处，虽然最新版本《中华人民共和国森林法》规定按照全民所有自然资源资产有偿使用的改革精神，除了无偿划拨，还可以允许采取有偿出让、授权经营、出租等方式使用国有森林资源，使用权主体也不应局限于国有林场、国有林管理局，但个体或其他林业经营者仍由于森林资源使用权限制等政策，难以开展对森林的经营活动。同时，由于森林经营工作各阶段经济收益不均衡，使得对森林抚育缺乏积极性，与森林主伐利用阶段相比较，森林抚育阶段表现为投入多、产出少，同时受林龄、林相、交通、抚育方式、劳动力价格、木材市场波动等因素影响，森林抚育环节多表现为亏损，抚育越多，亏损越大（白卫国和王祝雄，2008；黄艳华等，2002），加之森林经营收益周期长，森林火灾、病虫害或偷砍盗伐等风险随时存在，国家在森林资源保险和收益保障等方面的机制和政策还很不完善，森林抚育从长远看虽然是一本万利，但投资者望而却步，多追求短期收益，降低投资风险，不愿进行森林抚育投入。最后，森林抚育工作缺乏必要的法律保障和技术支撑，森林具有多样性、复杂性和多效益性，森林抚育要求根据森林生长规律，对不同森林采取不同的抚育技术，国家实行森林采伐限额管理、森林分类经营等，这些都决定了森林经营工作具有很强的政策性和技术性，而现行政策对森林可持续经营引导政策较为缺乏，领域专家虽不缺乏，但研究缺乏系统性，国家对森林经营的技术指导和资金补偿还不到位，难以激励营林者的生产积极性。

对生态环境造成破坏的原因，大都来自对资源的过度开发、粗放使用。对于森林资源的可持续利用，需要正确处理保护与发展关系，正确处理人与自然关系，全面提高资源利用效率。为避免森林资源的过度使用，或过度保护，就必须要为森林资源开发利用划定边界和底线，这就要求政策精细化，科学地对森林进行可持续经营，通过法律规定可利用范围、程度，同时精准放开部分经营使用权，对可持续的森林经营活动进行资金、技术扶持，保障森林生态生产功能合理分区开展，如此才能控制人类向自然无度索取的不合理欲望，同时又能保障人民对森林资源的合理使用权利。

（二）新机遇

1. 新发展理念驱动森林可持续经营发展

停止天然林商业性采伐以来，如何保护森林、利用森林、发展森林成为人们思考的重点问题。不少人认为最好的做法就是禁止一切人为干预，以一种被动的姿态小心翼翼地对待它。所谓玉不琢，不成器，同样地，森林不通过经营，一定不是最健康最优质的森林；森林没有产业的支撑，也一定不是最可持续经营的森林。科学的森林经营才是一种积极的、更高层次的保护和发展。新时代以来，我国改变了长期以来向森林过度索取资源利用模式，改变了把国有林场和国有林区作为木材生产主体的传统认识和做法，进而将森林和林场、林区摆在了建设生态文明、维护生态安全的突出位置，国家对于林业的重视程度到达了一个新的高度（杜书翰，2019）。近几年，各地立足自然资源优势和当地经济条件，积极推进特色林业产业发展，形成了若干具有区域特色的林业产业集群和产业带。如东北地区发展成为森林食品和森林药材的主产区，西北地区是经济林产品的生产基地，中东部地区是人造板生产中心，西南地区发展成为森林旅游的胜地（赵海兰，2020）。林业产业的快速发展，也是一种科学的森林经营，为经济社会提供大量林产品的同时，也带动了林农就业增收，促进了区域经济的发展，实现了生态保护和经济发展的共同繁荣。在新时代背景下，森林可持续经营融入了新发展理念，具有新时代特征，将建设生态文明，实现人与自然和谐共生、尊重自然、顺应自然、绿水青山就是金山银山、坚持可持续发展原则等融入森林可持续经营发展中，体现了以人为本，创新、协调、绿色、开放、共享的新发展理念。

2. 系统性生态治理行动保障森林可持续经营

2015 年 9 月，193 个国家的领导人在联合国峰会上共同通过一整套旨在消除贫困、保护地球、确保所有人共享繁荣的 2030 年全球可持续发展议程。它涵盖 17 个可持续发展目标（SDGs）以及 169 个具体目标，提出了包括贫困、不平等、气候、环境退化、经济繁荣以及和平与正义有关的全球挑战，涉及经济发展、社会进步和环境保护 3 个核心方面。我国高度重视落实 2030 年可持续发展议程，率先发布落实 2030 年议程的国别方案及进展报告，2020 年，生态环境部发布政策报告《从复苏走向绿色繁荣："十四五"期间加速推进中国绿色高质量发展》，期望通过系统性生态行动实现绿色发展。林业部门是和可持续发展联系最为紧密的部门之一，根据联合国可持续发展议程的 17 个目标，国家林草局形成了《中国落实 2030 年可持续发展议程国别方案——林业行动计划》，系统性地制定、实施可持续发展林业行动。系统性林业可持续目标详细包括：抓好林业精准扶贫；确保集体林承包等过程的性别平等；推进与发展中国家的林业合作；加强建设种质资源、野生动植物基因研究体系；加强林业技术人员培训；确保林区饮水安全；坚持天然林停伐政策并加强湿地保护修复制度；加强木质清洁能源研究探索；加强林业科技创新；开展林业多边合作；推进林业棚户区改造；严防森林火灾；继续推进植树造林；推动绿色教育、生态文化传播等，从生产生活到生态治理，从国家再到个人层面，系统性地制定并实施可持续发展计划（国家林业局，2017）。通过详细的相关规划、纲要、方案及法律的不断落实和完善，用实际行动促进上述可持续目标的达成，对应的方案、规划包括：全面落实《主要林木育种科技创新规划（2016—2025 年）》，全面停止天然林商业性采伐，实施退耕还林还草、山水林田湖生态工程，建立湿地保护修复制度，实施《耕地草原河湖休养生息规划（2016—2030 年）》，划定森林、湿地生态红线，坚持建立以国家公园为主体的自然保护地体系，快速、稳步展开国家公园试点工作建设；研究制定《在林业部门管理的自然保护区开展生态旅游监督管理办法》，规范林业部门管理的自然保护区开展生态旅游活动，科学、合理利用自然保护区试验区内的旅游资源；认真贯彻执行《森林防火条例》，落实《全国造林绿化规划纲要（2016—2020 年）》，汇总编制《全国新一轮退耕还林实施方案》，同时协调有关部门出台《加快推进实施退耕还林还草工作的协调机制》，研究制定《退耕还林地类界定技术规程》，加快新一轮退耕还林地块落实和任务实施进度；实施《全国森林经营规划（2016—2050 年）》，贯彻执行国家标准《森林抚育规程》，全面实施森林质量精准提升工程，着力提高森林质量与效益，充分发挥森林多种功能，构建健康稳定优质高效的森林生态系统；根据《国务院关于进一步加强防沙治沙工作的决定》确定的长远目标，全面落实《全国防沙治沙规划（2011 年—2020 年）》确定的近期目标，巩固治理成果；完善《中华人民共和国野生动物保护法》；积极修改《中华人民共和国种子法》，出台《生物遗传资源获取与惠益分享管理条例》；认真履行《濒危野生动植物种国际贸易公约》《湿地公约》《生物多样性公约》《荒漠化公约》等国际公约义务。我国坚持走生态优先、绿色发展之路，以实际行动，努力完成可持续发展议程的详细目标，从生态保护到资源利用等各方面，推行详细科学的规划及行动，在极大程度上为森林可持续经营提供了系统性的政策及行动支持，促进森林可持续经营。

3. 跨学科融合助力森林可持续经营发展

随着生产力的提高，科学技术不断发展，多领域跨学科的技术融入森林可持续经营，推动了森林经营的发展，为其带来新机遇。森林可持续经营以森林健康为目标，强调森林是一个生态系统，重视森林与气候、土壤、野生动植物、土壤及土壤微生物、水等的相互作用，故遗传学、生物化学等传统学科领域不断融入森林经营（王评等，2019）。与此同时新兴的人工智能、大数据等学科领域也不断应用于森林经营，如：基因技术、遥感技术、纳米技术等多学科技术手段，从多个角度、多个领域进行跨学科研究，将电子技术、信息技术、生物工程技术等广泛应用于林业，如应用 GIS 和 GPS 卫星定位技术，提高规划精度；将卫星遥感技术和数字地图用于森林资源普查中，详细了解大范围森林内树种的结构、规模和密度，准确地掌握全国林业资源的存量；通过红外航拍技术，及时发现受病害侵蚀树木的种类和区域；通过基因转变破坏害虫的繁殖能力，减轻其危害程度；通过基因嫁接改变树木的生长速度，促进树木及早成材等；世界各国及各组织不断改进技术，对森林资源的监测逐渐实现一体化、精准化、动态化，为新时代森林可持续经营注入科技生产力（黄晓全和欧阳勋志，2004；吴楠等，2017；董雅婷等，2019）。

4. 专业人才培育推动森林可持续经营发展

人才是加快生态文明建设和林业现代化的重要推动力量，更是全面开展森林可持续经营、精准提升森林质量的重要支撑。森林可持续经营工作必须由具备一定的林学知识和专业技能的人来组织管理、规划设计、现场实施，以实现经营理论技术到生产的转化（林辉和林敏，2001）。自 2013 年 10 月以来，国家林业局人才中心根据国家林业局造林绿化管理司的总体安排，在江西、福建、四川、云南、广东等省举办了 14 期森林抚育经营类培训班，累计培训 1700 多人次。同时，为推动森林经营培训工作常态化、制度化，国家林业局印发了《全国森林经营人才培训计划（2015—2020 年）》。为落实中央关于林业工作的目标要求，贯彻习近平总书记关于精准提升森林质量的重要指示精神，国家林业局 2016 年制定了《全国森林经营规划（2016—2050 年）》，提出了 2050 年森林经营工作目标，对森林经营人才队伍建设提出了更高的要求（吴学瑞，2017）。国家的大力推动及林业影响力的不断扩大，我国森林经营专业人才不断增加、培训制度逐渐健全、培训基础逐渐强化，为森林可持续经营注入专业人才动力。

二、森林可持续经营需要处理好几大关系

（一）保护与利用关系

木材等森林资源是可再生、最为环保的原材料，随着社会发展，人们对森林资源和木材资源的需求越来越高，木材的使用量也越来越大，进而导致森林资源的作用和重要性日渐突出。经过国家和人民的努力，乱砍滥伐等现象已得到有效控制，取而代之的是森林资源保护思想，但消费者及市场对于森林资源的需求与现阶段森林资源的供应，呈现出不匹配现状，大量木材依赖外国市场，对我国的木材安全造成了挑战（常玉庆等，2020）。因此，不应将森林资源的保护和利用对立起来，应通过森林可持续经营，利用人工抚育等，对森林资源进行保护及利用。

合理的森林采伐是森林培育的重要手段，是实现森林资源保护与利用协调发展的最主要途径，人工的干涉是为了更好地实现对森林资源的保护和利用，更不能将森林合理采伐视为破坏森林的犯罪行为（张英明，2020）。长期以来，在造林、抚育管理、采伐利用的林业生产全过程中，林业工作者重点抓森林培育的首与尾，即植树造林与森林采伐，中间时

间最长的抚育管理过程（即狭义的森林经营）被忽视。这种粗放经营管理，使大量的中、幼龄林得不到及时抚育，绝大多数的天然次生林也得不到科学的抚育改造，形成了树种单一、结构简单、疏密度极不合理的低质量林分（付玉竹和张少鹏，2020）。由于长期忽视森林经营致使我国森林质量低下，既不能保障我国生态安全，应对气候变化，也不能保障木材安全，满足社会对林产品的需求。

要协调好森林资源保护与利用的关系，就要求我们把森林培育成一个稳定健康高效可持续发展的森林生态系统，这样一个生态系统是森林生态、经济和社会效益最大化的基础。一个稳定健康高效可持续发展的森林生态系统应当有一个合理的林龄结构、树种结构、林分密度、下木和草本结构、土层结构等，由当地的地带性植被构成的顶级群落，就是一个好的生态系统样板。通过人为的干预措施，能更快地实现这类森林生态结构，如通过抚育采伐，调整林分树种结构、林龄结构和林分密度，促进森林尽快达到理想状态，这些综合措施之总和就是森林经营，森林的可持续经营有助于协调森林资源保护与利用的关系，促进森林可持续发展。

（二）当代人与后代人利益关系

可持续发展理论的核心是公平，包括代内公平和代际公平，其中代际公平狭义上是指协调好当代人与后代人的利益关系。而自然资源的合理利用是实现代际公平的基础，森林资源是人类得以延续的重要资源，森林可以提供给人类生产资料和生活资料，维系人类的生存和发展。森林资源只有处于正常良好的发展状态，才会持续不断地给人类提供所需的服务，能够给当代人和后代人的发展提供更多的基础和机会，既保证当代人可以获得充足的发展基础和条件，又满足后代人也能够公平地获得发展机遇（邹佰峰和刘经纬，2016）。森林资源在代际间供给的改变不是自然界造成的，而是受人类影响的结果。人类在某一历史发展时期，大肆破坏森林资源，导致森林资源供给的减少甚至是恶化，给后代人的发展带来巨大损害。要协调好当代人与后代人的利益关系，首先需要顺应自然规律，令森林免于人类破坏，但同时仅仅依靠自然的力量，不足以满足人类需求，故应该进行森林经营，培育森林资源以满足当代人与后代人的需求。

在处理当代人与后代人利益关系时，有理论更加注重后代人的权益，即后代人优先原则，但同时也有人对这一原则进行批判，认为没有当代人的存活，就没有后代的繁衍（方行明等，2017）。总而言之在资源分配问题上存在一个比例问题，对于稀缺资源而言，资源的分配显得格外重要。但实际而言，森林资源大多为可再生资源，将森林资源进行合理经营，使其处于一种非稀缺状态，对资源的利用可以达到"各取所需"的程度，那么当代人与后代人利益关系争夺便会逐渐退出历史舞台。如北欧国家芬兰，通过对森林的合理经营，实现了"越伐越多"的可持续森林经营状况，如此一来当代人与后代人利益冲突因森林的可持续发展而得到解决。

（三）国家、集体和个人利益关系

国家、集体、个人三者之间的利益关系是长远利益和眼前利益，整体利益和局部利益，共同利益和特殊利益的关系。个人发展离不开集体的平台，更离不开国家的保障，它们之间相互依赖。坚持正确处理国家利益、集体利益、个人利益的关系，调动三者的积极性，是我国社会经济获得迅速发展的一个重要原因和动力。国家利益、集体利益是劳动者共同利益的体现，也是劳动者个人利益的源泉和保证，应该说个人利益是国家利益、集体利益的一个组成部分，个人利益应该服从国家利益和集体利益（霍海燕，1999）。在森林资源利用层面，个人应服从国家法律及集体管理规范，不应违背国家与集体对森林资源利用的原则，如对森林资源及林地的利用，应遵循法律法规要求，持证上岗，在保证森林的可持续发展前提下，开展个人森林经营活动。与此同时任何形式的社会共同利益的产生和增长都离不开作为"私人"的个人利益的存在，这是因为一切社会共同利益的形成，都是一定的个体积极努力工作的结果，离开个体的工作和创造，任何社会公共利益都不可能产生。国家和集体利益的产生和增长，离不开一定的个体利益的实现，应充分满足人的合理需求（耿林，2012）。如我国实行全面停止天然林商业采伐后，个人、集体利益相关者服从国家政策安排，进行转岗转产，国家也通过天然林保护工程对其进行补贴及产业扶持，个人、集体及国家关系在森林可持续发展这一目标下得到协调运作。

从根本上说，国家利益、集体利益和个人利益是统一的，是相辅相成和辩证发展的。正确处理国家、集体、个人三者之间的关系，重要的是要坚持统筹兼顾的原则，即国家在制定计划、出台政策时要兼顾各方的利益，不能顾此失彼或损此益彼。一方面，要兼顾国家、集体、个人的利益，使国家、集体、个人在利益的获得上各得其所，有效地将个人利益与集体利益，个人利益与国家利益结合起来。同时将各集体之间，各集体与社会、国家之间的利益结合起来，使国家占主导地位的利益得以实现，集体利益得以照顾，个人利益得到合理补偿，在这一协调过程中，三者关系可以达到平衡，促进资源可持续发展。

（四）生态需求、经济需求与社会需求关系

生态、经济、社会需求三者交互相融，要同时满足三者需求困难程度较大，是可持续性社会孜孜不倦追求的目标。现有研究利用量化工具分析不同地区在发展过程中生态、社会和经济三大子系统之间的协调程度，从而在整体上评估该地区发展的可持续性（王静和杨建州，2017；马慧敏等，2019）。已有结果显示，我国不同地区发展的协调性存在差异，我国各省发展的协调性总体趋向稳定或上升。但是，从各个地区发展协调性的水平和结构看，存在着明显的地区差异。特别是林业资源丰富的东北、西南区域，协调性发展尚处于较低水平，三者协调发展与经济水平存在较大关联，但正所谓"绿水青山就是金山银山"，我国注重生态的保护性政策，长久来看，有助于区域性生态、社会、经济可持续发展。

在森林资源丰富的地区，开展森林可持续经营是实现生态、经济、社会的可持续发展的最有效途径，开展可持续经营的核心是生态的可持续性，维持森林健康、林地的长期生产力及森林动植物群落的多样性。这需要协调好森林可持续经营领域的生态需求、经济需求与社会需求的关系，要强调"可持续"3个字，以生态学原理为指导，重视生态等级结构，确保生物群落的多样性，确定生态边界及合适的规模水平。林业的健康持续发展必须两手抓：一手抓森林培育和经营，一手抓木材科学利用，在满足生态需求的前提下，进一

步满足经济、社会需求，林区开发建设、山区农民脱贫致富和都必须遵循这一原则。培育健康稳定高效持续发展的森林生态系统是基础，科学利用是森林可持续经营的必然，没有收获的林业是不能持续发展的林业，如同农业种粮，播种后进行积极的田间管理，以便取得好收成，成熟后就收割。林业上也是如此，植树造林后，要加强经营管理，调整林分结构和密度，使之生长得更快更好，达到成熟后进行采伐利用，这样才能形成健康可持续发展的林业。故我国在制定国有林经营计划时，必须确定森林经营的可持续经营目标以及生态系统的边界、结构、功能和演替等，还需考虑社会科学，把各层次和水平的参与和交流作为促进森林可持续经营的有效手段。

三、森林可持续经营的新构想

（一）基于自然的解决方案的森林可持续经营

我们的世界充满奥秘，各种自然要素相互依存、相互作用、有机循环形成自然这一共同体。生物多样性危机已经清楚地表明，人类发展的未来取决于我们如何与自然相处，气候危机进一步加剧了这种紧迫性。大量物种灭绝、冰川不断融化、全球珊瑚白化、土地荒漠化、海平面上升、极端天气频发，大自然已然发起警告。在这样的危机之际，基于自然的解决方案（Nature-based Solutions，NBS）正是解决这些危机的良方。NBS 是涵盖一系列基于生态系统方法的伞形概念。如基于生态系统的适应、基于生态系统的灾害风险减缓、绿色基础设施、基于自然的气候解决方案等，都属于这一范畴。通过对湿地、淡水、森林、草原、农田、城市等自然或人工的生态系统实施有效的保护、修复和可持续管理，NBS 可以帮助应对多种社会挑战，如应对气候变化、抵御自然灾害、保护生物多样性、保障粮食安全、提供安全饮水、提升人类健康、促进经济发展（王旭豪等，2020；田惠玲等，2021）。

NBS 设计和实施中，充分考虑生物多样性保护和生境营造，如使用本地物种进行生态修复、近自然森林经营、可持续土地管理、营造混交林以及农田管理中免耕、轮作、间混套作等。NBS 提供给我们创新的思路和方法，来应对生物多样性丧失和环境破坏等生态危机及其带来的社会挑战。为在 21 世纪末将升温控制在 2℃ 以内，NBS 可以帮助我们完成2030 年所需减排量的 1/3，同时，还可带来如创造就业机会、改善食品安全、提高水和空气质量等协同效益。森林、湿地和洪泛平原等自然基础设施，可大大缓解自然灾害和气候风险。相对于传统的单一的水利工程、海堤等灰色基础设施，NBS 可以作为工程措施的补充，或在一定条件下成为替代方案，提升防灾减灾效果和可持续性。此外，采用轮作、免耕、覆盖作物种植等措施，可在有效改善土壤健康、节约用水的同时，保障粮食安全（罗明等，2021）。

近自然森林经营是 NBS 的重要实践方式。近自然林业起源于德国，1898 年，盖耶尔（Gayer）的近自然林业理论指出"生产的奥秘在于在森林中一切起作用的力量的和谐"，他认为森林生物多样性是"一个在永恒的组合中互栖共生的诸生命因子的必然的结果"。他第一个提出了"接近自然林业"的理论，要求按照森林自然规律来经营森林。"近自然林业"并不是回归到天然的森林类型，而是尽可能使林分的建立、抚育以及采伐的方式同潜在的天然森林植被的自然关系相接近（周飞梅和马旺彦，2020）。要使林分能进行接近自然生态的自发生产，以达到森林生物群落的动态平衡，并在人工辅助下使天然物种得到复苏，最大限度地维护地球上最大的生物基因库——森林生物物种的多样性。近自然林业理论基于利用森林的自然动力，也就是生态机制，其操作原则是尽量不违背自然的发展。近自然林业理论阐述了这样两个道理：林分越是接近自然，各树种间的关系就越和谐，与立地也就越适应，产量也就越大。当森林达到一定的发展阶段，即使在纯林中或在少林阶段时，许多立地也会呈现出自然现象。林分的最佳状态是混交林—异龄林—复层林，手段是应用接近自然的森林经营法，在经营目的类型计划中使当地群落主要的乡土树种得到明显体现。尽量利用和促进森林的天然更新，从幼林开始就选择目的树，整个经营过程只对选定的目的树进行单株抚育，内容包括目的树种周围的除草、割灌、疏伐和对目的树的修、整枝（王天一，2020）。近自然森林经营，主要表现在以下几个方面：一是以乡土树种为主要经营对象，以保持林地生产力，保证不出现早期生长衰退和爆发性病虫害等不可挽回的灾难；二是在较小面积上，实现林分的天然更新；三是以森林完整的生命周期为计划时间单元，明确不同群落的经营周期；四是根据立地环境、森林演替阶段和潜在原生植被来确定经营的不同阶段的目标森林，并按目标设计调整林分结构的经营措施；五是标记目标树并对其进行单株木抚育管理；六是采用单株木择伐作业，基于对林分结构和竞争关系分析确定抚育择伐的具体目标，通过采伐实现林分质量的不断改进；七是尽可能分析各种经营措施的生态和经济后果，并保证设计体系是全局最优的体系（董艳鑫，2020）。

近自然林业思想从1989年引入我国，由中国林业科学研究院对中欧各国尤其是德国"接近自然的林业"的技术政策、技术路线和恢复天然林的态势进行的介绍和论述开始。之后，不少学者对近自然林业进行了探讨和实践，形成了一套相对完整的近自然林业经营理论。伴随着理论研究的深入，近自然林业经营技术的实践也开始展开，特别是1999年，国家林业局批准立项将欧洲近自然的森林经营技术引入我国后，关于近自然林业的研究和实践不断深入。由于我国近自然林业的研究时间较短，近自然林业的思想还没有真正地推广开来，因此，各地的应用情况也是各不相同，有的还处于论证阶段，有的则已经完成了试点工作。整体来说，我国近自然林业经营技术还处在一个探索阶段，但已有典型案例，为我国林业近自然经营提供参考方向。

专栏10-1 基于自然的解决方案——深圳湾湿地修复

广东省深圳湾湿地拥有特大城市腹地的红树林湿地系统，深圳市政府在深圳湾滨海区启动了系列滨海红树林湿地修复行动，运用基于自然的解决方案，通过红树林湿地保护、可持续管理、重新种植红树林等方法，保证了红树林总面积不再减少并逐步扩大，扭转了红树林湿地系统生态功能退化趋势。

深圳湾湿地毗邻深圳和香港两个国际大都市，是全球9条候鸟迁飞路线之一——东亚—澳大利西亚迁飞区候鸟越冬地和"中转站"，每年有约 10 万只迁徙候鸟在此越冬或经停。

但由于近年来城市建设用地急剧扩张，红树林面积大量减少；大量工业废水和居民城市污水直排，造成湿地有害污染物增加及自然净化功能退化；滨海河口河道硬质化，隔绝了陆地生态与水体生态的物质能量交换；基围鱼塘功能退化，候鸟栖息觅食的生态功能降低；薇甘菊、银合欢等外来入侵植物分布面积大和虫害爆发频繁，占据了本地生物物种的生态位并使湿地生物群落结构单一，脆弱性增大。

按照既服务于鸟类等生物需求，又同时满足城市发展和市民的需求的原则，深圳市启动滨海红树林湿地修复行动，采用基于自然的解决方案，恢复深圳湾滨海红树林湿地生态系统的结构与功能。深圳市政府坚持陆海统筹，强化海洋生态环境保护，新建了污水处理厂，完善雨污分流管网系统，严控陆源污染，实施了系列污染治理"先导工程"，使海洋水体综合污染指数下降 32.5%。在污染治理的基础上，启动河道治理工程、修复鱼塘生境、病虫害和外来物种入侵防治、红树林种植及滩涂营造、开展自然教育等。实现生态系统与社会和谐发展。通过修复红树林生态系统，保持了红树林修复区与周边环境的协调性和连续性，构建连接海与城市、鸟类与人类的自然纽带，提升海岸交错带湿地生态系统的综合功能。强化深圳湾海滨湿地和红树林特色，有效改善区域环境和人居环境，也对周边地区的发展起到正面推动作用，有力地提升了片区的各项价值。深圳湾滨海红树林湿地已成为城市生态文明建设的示范基地，是市民和国内外游客休闲、旅游的胜地，每年为超过 1000 万人次提供浏览、休闲和科普教育服务。

资料来源：罗明等，2021

（二）基于社会—生态系统的森林可持续经营

社会生态系统(Social Ecological System，简称 SES)是由生物、地理等自然元素以及相关社会行为者和社会体制共同形成的、具有适应性和一定空间或功能界限的复杂系统。在社会生态系统中，自然、经济与文化是关键资源，人类所面临的环境问题必然伴随着对人与自然关系的重新理解和定位。因此，强调人类社会与生态系统所形成的一个整体的复杂系统的思想，正成为国际学界在研究环境治理及可持续发展问题中一种重要的理论视野和新的研究进路。目前，社会生态系统研究的一个重要趋势是力图运用系统生态学和复杂性科学的相关概念和方法，揭示社会生态系统动态稳定和有序演化的复杂性突现机制，使社会生态系统朝着可持续性方向发展(范冬萍和何德贵，2018)。

森林可持续经营主体符合社会生态经济人假设，这一假设是将生态经济学与可持续发展经济学引入经营管理理论中，拓展和修正了经济人假定与新经济人假定。所谓社会生态经济人，是指"经济行为主体追求更多的经济利益的偏好，仍然是现代经济生活的一个基本事实；但这必须在促进个人与社会、微观与宏观的经济利益、社会利益和生态利益相统一与最优化的过程中，必须保证当代人的福利增加并不使后代人福利减少的代际公平中获得实现。"林业作为第一产业的子部分，天然带有经济功能属性，但是林业作为依赖森林生态系统而存在的产业，背负着生态社会功能，并且其生存与发展必须与生态环境相适应、相协调，森林的经济功能和社会功能，体现着林业的社会属性和经济本质。新中国成立之初，百废待兴，国家的政治经济体制刚刚建立，森林的开发利用在建立、稳固政权，恢复经济、保障生活的过程中发挥了巨大作用。林区的开发建设形成了以木材生产为核心的森林工业体系，保障了国家工矿交通等部门恢复与建设所需的木材供给，恢复与发展了林业生产运输与加工等设备，这些都为在中国建立起较完整的工业体系，奠定了基础（李明娟等，2010；田昕加，2014）。在这一时代背景下，林业的生存与发展的内在动力与最终目的都是经济利益的最大化，只顾追求局部的、眼前的、自身的经济发展，用牺牲生态环境去谋求经济发展，没有考虑到整个社会的长远发展，更没有考虑到子孙后代的利益。伴随着森林资源的过量砍伐和生态环境的急剧破坏，以及人们对可持续发展经济认识的提高，森林在生态环境建设中的主导地位越来越受到关注，保护和发展森林资源，改善生态环境已成为国家对林业的主导需求，森林经营的主导思想相应地由以木材生产为中心转向生态、经济、社会三大效益相统一，生态效益优先。

基于社会生态系统的森林可持续经营能够缓解林区的可采森林资源危机与经济危困，保障林区生态安全、增强林业生态功能、提升林业系统生活质量、优化林区产业结构，林业资源型地区以循环式、立体化、多维度区域经济结构替代传统的单程式林业产业格局，积极发展木材精深加工、林下种养殖、生态旅游、休闲服务、生物质能源开发、绿色林产品采集加工与森林药业，推动了林业资源合理利用与持续修复。现有文献通过林区经济社会和生态耦合程度来测算森林经营的可持续程度，为基于社会生态系统的森林可持续发展水平提供衡量标准。如现有研究分析了林业资源型城市社会生态系统耦合发展程度，得出结论：林业资源型城市发展运行呈现整体上升态势，生态环境与林业资源显著改善、区域经济结构与社会水平显著提升，生态与经济社会系统协调度显著增强；林业资源型城市接续替代产业发展潜力有待继续挖掘，区域经济社会系统略滞后于自然生态系统发展水平（张朝辉和耿玉德，2016；王光菊等，2020）。森林可持续经营依托于生态环境的有效改善、产业格局的不断调整、替代产业的合理培育、社会发展的有序优化；依托于资源环境、经济发展与社会民生的耦合共融；依托于自然生态系统与经济社会系统的协调发展，基于社会生态系统的森林经营，融合了经济社会需求及生态需求，增强了林业的可持续性。

专栏 10-2　德国的林业社会化服务

德国位于欧洲的中部，国土面积 35.7 万平方公里，人口 8200 多万，是欧洲森林面积最大的国家，森林面积 1140 万 hm^2，约占其国土面积的 32%。德国森林单位蓄积高，乔木林每公顷达到 $336m^3$。德国在森林的权属和管理上有以下一些特点：一是权属多元。德国森林 33% 为公有林（联邦和州属）、20% 左右为社团林（基金会、教会等），剩下的为私有林，全国私有林主 130 多万人，人均经营林地近 $4hm^2$。德国林业社会化服务发达，其各级林业管理机构工作重点是制定规划、政策和法规，监督法律与政策的实施等。更多的森林经营职责交由国有林企、团体和私有林主执行。如黑森州《森林法》规定，在州和森林管理站建立起森林理事会，该会有权对所有的林业问题提出建议，并鼓励公民参与社区森林规划和自然保护等。再如德国森林里的鹿和野猪很多，多到需要制定人工射杀计划来控制，这些计划的完成往往落在社区有执照的猎手肩上。德国林业教育和培训非常发达，为林业社会化提供人才支撑，大学培养林业经营管理人才，职业技术学校负责定向培训学员，学员要接受严格的理论学习和操作训练，考核合格才能毕业，学员的学费和生活费由委托单位承担，学习时间计入社保工龄。德国有众多的国有林企业和私人林主协会，协会成立了专业的技术推广服务机构，并得到了会员的信任，为会员的森林经营和生产活动提供专业的指导和协助。此外，大学、研究机构和自然保护组织也在广泛地参与林业的经营管理服务。与此同时，德国的公共财政对林业社会化服务提供了有力保障。森林无处不在，公共财政对森林社会化服务的保障也无处不在。只要按照欧盟、联邦和州政府的要求去经营管理森林，就可以申请相应的资助或补贴。德国有1/3的森林面积被划为保护林，专门用于保护特殊树种、植物和野生动物等。对于保护林，不论是哪种权属性质，政府都会对权属人实际的损失给予补偿或补贴。此外，退耕退牧还林、混交林改造、补种指定树种、林道建设、购买先进设备、中幼林抚育、林地土壤改良、制定森林经营方案、成立林业专业合作组织、林业防灾减灾、开展生态保护宣传教育活动等等，都可以申请得到政府的资助或补贴，而且补贴的额度还不少。如在肯普滕州，政府对林道建设的补助标准，山区为林道建设成本的80%，平原为60%；对于退耕退牧发展混交林的，欧盟和州政府给予连续20年的补助，平均合5000欧元/hm^2，约占成本的70%左右。德国对森林的经营可谓是"面面俱到"，无论是财政支持、人才支撑，抑或是森林文化培育都将可持续的概念融入森林经营，通过社会化将社会生态系统融合一致，使森林更好地发展，更好地与人类和谐共生。

资料来源：易宏，2018

（三）基于结构化的森林可持续经营

结构化森林经营由中国林业科学研究院惠刚盈研究员于2007年正式提出，是在总结国际上现有森林经营理论与方法的基础上，汲取了德国近自然森林经营的原则，以培育健康稳定森林为目标，根据结构决定功能的原理，采取优化空间结构的手段，按照林分自然度和经营迫切性确定经营方向，对建群种竞争、林木格局、树种混交等进行有的放矢的调整。"森林经营"前面冠以"结构化"的用意在于强调"结构优化"，以此来区别于传统的森林经营。主要技术特征是：用林分自然度进行森林经营类型划分；依靠林分经营迫切性指数确定林分需要经营的紧急程度和森林经营的方向；用空间结构参数指导林分结构调整；用林分状态分析来进行经营效果评价（张会儒等，2020）。结构化森林经营技术模式实践应用的主要区域有：吉林省蛟河实验局、甘肃小陇山林业实验局、贵州黎平林场以及中国林科院华北林业实验中心等。结构化森林经营技术及其数据调查2个行业标准已于2017年颁布实施。在甘肃小陇山林区松栎混交林试验示范区的监测发现，采取结构化经营后森林目的树种的优势度明显提高，森林树种组成和空间结构更加合理，生长率明显提高，生物多样性也得到了保持。华北林业实验中心示范区的监测表明：开展结构化经营 3 年后，森林的结构得到了调整，健康状况得到了明显改善，质量和生产力也得到了提高。

结构化经营理论来源于欧洲恒续林的思想，核心思想是通过采取空间结构单元优化技术培育健康稳定的森林。这种模式技术完整，指标量化，从林分数据调查到确定林分状态特征及经营方向，再到经营设计和经营效果评价都有完整的体系和指标，可以在森林经营中做到有的放矢。结构化经营提出的量化空间结构的参数计算相对简便，但技术要点及参数比较多，对于林业生产第一线的工作人员来说难以完全掌握，且这些指标都是从不同的角度来进行空间结构分析，得出的结果也不尽相同。如何在林业生产一线普及这些指标及技术，真正让其为生产服务，以及怎样确定这些指标的权重来实现它们之间的联立，从而真正为森林经营决策提供依据，还需要进一步研究。

（四）基于系统健康的森林可持续经营

基于系统健康的森林可持续经营要求，在森林经营管理的过程中将森林看成是一个整体性的结构，在建立经营目标和经营策略的同时要从整体出发，确保整个森林生态系统的健康和可持续发展。在整个系统结构的内部，森林景观和森林经营活动有着密切联系，为能够使森林生态系统实现可持续发展，实际发展规划中需要将森林系统当作整体结构看待，以系统整体健康为出发点，促使生态系统整体能够实现健康可持续发展。在森林生态系统中，经营活动与系统稳定性之间存在密切关系，相关管理人员应当保持与林区生产需求相符合，保证系统生态稳定性，合理实施相关经营策略，实现森林生态系统的持续良好发展。总体而言，基于系统健康的森林可持续经营，主要以森林健康发展为目标，可从生物多样性人工维护、森林病虫害防治及森林防火等多个层面来保障森林健康发展。

自然环境中因为优胜劣汰的原则使得存活下来的森林植被种类是最符合当地自然环境的结果，地带性植被指的就是经过自然演变形成的地区性植被种类分布带。基于系统健康的森林经营注重增加地带性植被的建设，有助于提高森林的自然恢复能力，间接性地提升了森林的健康水平，有助于提升森林的外环境防护能力。如果因为人类环境等变化因素使得当地的地带性森林植被不容易存活的时候，应当首先分析森林的土壤环境，然后选择适合土壤环境的植被种类种植，合理的规划森林的植被种类。增加森林中植被的多样性能够有效地提升森林的抗击打能力，对于提升森林的生态恢复力也具有重要的意义。多种植被的分布还有利于增加森林中的物种多样性，比如可以选择灌木和草本植物结合的种植方法等，对于农区的森林植被可以根据经济环境因素选择杨树、果树等具有更高经济价值的树木种植。对于沙地等区域的环境可以选择种植灌木等适合沙地环境的植被（杨春新和林岭，2020）。森林健康危害中，病虫害是非常重要的健康危害之一，为此管理森林系统健康问题应当特别注重防止病虫害的出现，制定完善的防御方案，降低森林中出现病虫害的风险。比如通过提高检疫技术能够有效地提升森林防止病虫害的能力；增加检疫设备的建设程度也能够提升森林防御病虫害的能力。森林管理中应当严格遵从防范外来物种的管理规定，封锁林区中危害较大的害虫传播途径，比如松突圆蚧等害虫，提高森林应对病虫害的能力。为了更好地应对森林中的病虫害问题，可以通过虫类激素的方式驱赶害虫，使用昆虫性信息素等方式引进昆虫的天敌，增加森林中病虫害的天敌数量，依据自然生物链的调节作用维护森林的健康。与此同时，由于森林是树木较多的区域，森林火灾屡见不鲜，因此森林防火也是保障森林系统健康发展的重要一环。要想提高森林的防火能力首先应当划分出不同的防火等级，精细化地管理森林防火问题能够有效地提高防火资源的利用率，同时以有限的资源提高森林的防火能力。进入林区之后应当注重加强火源的管理，增加森林火源的检测频次，确保森林中发生火灾之后能够及时启动防火预案，提高森林火灾防护能力。同时在建设森林的过程中还可以通过设置生态林防护隔离带等方式降低火灾发生后造成的损失，提高森林对火灾的防护能力（刘玉善和张亚楠，2021）。

（五）基于新森林法林种分类的森林可持续经营

森林分类经营是在社会主义市场经济条件下，根据社会对生态和经济的需求，按照对森林多种功能主导利用的方向的不同，将森林5大林种相应地划分为生态公益林和商品林2大类，分别按各自的特点和规律运营的一种新型的森林经营管理体制和发展模式。我国的森林分类经营从1995年开始进行试点。基本做法是，将森林法中规定的防护林和特种用途林划分为生态公益林，将用材林、经济林、薪炭林划分为商品林，2大类林种采取不同的经营手段、资金投入和采伐管理措施，把商品林的经营推向市场化，而生态公益林的建设则作为社会公益事业，采取政府为主、社会参与和受益者补偿的投入机制，由各级政府负责组织建设和管理（胡雪凡等，2019）。森林分类经营可以在5大林种划分的基础上协调好不同林种的功能，从森林经营管理体制、运行机制、经济政策、管理手段、经营措施和组织结构形式等方面来促进森林可持续经营。

经过几年的试点，森林分类经营在一些地区已经取得了一定经验和成绩。2020年最新颁布的《中华人民共和国森林法》共9章84条，首次以法律的形式明确了森林经营的几类基本模式，突出主导功能，发挥多种功能，通过法律确定森林分类经营，划定公益林和商品林的范围，细化了森林分类经营管理制度，突出强调分类经营在森林可持续经营中的重要地位。按照充分发挥森林多种功能，实现资源永续利用的立法思路，修订后的森林法将"国家以培育稳定、健康、优质、高效的森林生态系统为目标，对公益林和商品林实行分类经营管理"首次作为基本法律制度写入"总则"一章。同时，还在"森林保护""经营管理"等章节，对公益林划定的标准、范围、程序等进行了细化，对公益林、商品林具体经营制度做了规定，体现了公益林严格保护和商品林依法自主经营的立法原则，为森林分类经营提供了更加严谨科学的法律保障，基于分类的森林可持续经营模式将在我国森林经营中继续占据重要地位。

新《中华人民共和国森林法》强调要加大对公益林的支持力度，完善生态补偿制度。基于2017年的《国家级公益林区划界定办法》和《国家级公益林管理办法》等，将公益林和商品林的划定，以法律的形式传承并固定下来。公益林原则上只能进行抚育、更新和低质低效林改造性质的采伐；商品林可以根据实际情况，进行疏伐和间伐，严格控制皆伐，要求伐育同步，采伐后及时更新。对于公益林，核心就是严格保护，本次修订首先明确了公益林划定的基本原则和范围。其次，建立了公益林的经营和管理制度，强调科学保护、严格采伐管理、规范合理利用。再次，加强对非国有公益林经营者权利的保护。对于商品林，核心是依法自主经营，本次修订明确，未划定为公益林的林地和林地上的森林属于商品林。国家鼓励发展商品林，经营者在不破坏生态的前提下，依法享有自主经营的权利，可以采取集约化的经营措施，提高经济效益。商品林也要兼顾生态效益，商品林可以采取包括皆伐在内的采伐方式，但应严格控制皆伐方式，按照规定完成更新造林。同时，针对实践中一些不科学造林影响生态环境的情况，对发展速生丰产用材林等提出了"在保障生态安全的前提下"的要求（国家林业和草原局，2020）。

(六)基于林长制的森林可持续经营

2021 年，中共中央办公厅、国务院办公厅印发了《关于全面推行林长制的意见》，并发出通知，要求各地区各部门结合实际认真贯彻落实。意见指出，林长制的指导思想为，以习近平新时代中国特色社会主义思想为指导，全面贯彻党的十九大和十九届二中、三中、四中、五中全会精神，认真践行习近平生态文明思想，坚定贯彻新发展理念，根据党中央、国务院决策部署，按照山水林田湖草系统治理要求，在全国全面推行林长制，明确地方党政领导干部保护发展森林草原资源目标责任，构建党政同责、属地负责、部门协同、源头治理、全域覆盖的长效机制，加快推进生态文明和美丽中国建设。林长制 4 项工作原则分别是：①坚持生态优先、保护为主；②坚持绿色发展、生态惠民；③坚持问题导向、因地制宜；④坚持党委领导、部门联动。

专栏 10-3　安徽省林长制改革——五级林长制、"五绿"任务

安徽省建立五级林长体系，自上而下组建省—市—县—乡—村五级林长体系，其中，总林长和副总林长设在省、市、县三级，由党政主要领导和分管领导分别担任；市、县设立林长并由同级领导担任；乡设立林长和副林长并由党政主要领导和分管领导分别担任；村设立林长和副林长并由党支部书记和村委会主任分别担任。目前全省共有林长 52122 名，其中总林长和副总林长 542 名、市级林长 202 名、县级林长 1380 名、乡镇级林长 13383 名、村级林长 36615 名。

安徽省明确了其"五绿"任务。一是明确"护绿"任务。提高林地保有量和森林覆盖率，提高湿地保有量和保护率，加强自然保护地建设管理以及野生动植物保护管理，实施古树名木挂牌保护。二是明确"增绿"任务。提高封山育林、退化林修复、人工造林、森林抚育任务完成率及合格率。三是明确"管绿"任务。强化林业执法监管，预防治理森林灾害、构筑林业防灾和资源监测体系，强化涉林执法监督管理等方面。四是明确"用绿"任务。加强林区基础设施建设，推进科技创新和林业资源高效利用，培育新型林业经营主体，组织企业参加国家级、省级林产品展会，开展林业生态扶贫。五是明确"活绿"任务。加快林地"三权分置"和发放经营权流转证，推进林地股份制经营试点，落实林权抵押贷款风险补偿金，提高公益林和商品林政策性保险投保比例，规范化建设林权管理服务中心（林权收储中心）。"五绿"之间的逻辑关系如下图所示。

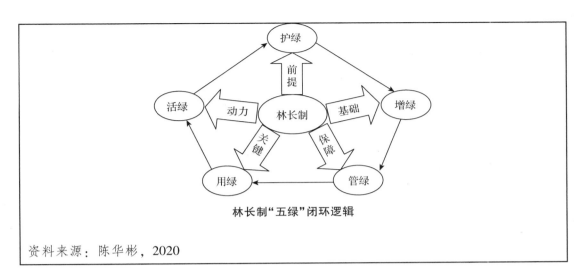

林长制"五绿"闭环逻辑

资料来源：陈华彬，2020

林长制的组织体系为各省（自治区、直辖市）设立总林长，由省级党委或政府主要负责同志担任；设立副总林长，由省级负责同志担任，实行分区（片）负责。各省（自治区、直辖市）根据实际情况，可设立市、县、乡等各级林长。地方各级林业和草原主管部门承担林长制组织实施的具体工作。林长制的工作职责主要是，各级林长组织领导责任区域森林草原资源保护发展工作，落实保护发展森林草原资源目标责任制，将森林覆盖率、森林蓄积量、草原综合植被盖度、沙化土地治理面积等作为重要指标，因地制宜确定目标任务；组织制定森林草原资源保护发展规划计划，强化统筹治理，推动制度建设，完善责任机制；组织协调解决责任区域的重点难点问题，依法全面保护森林草原资源，推动生态保护修复，组织落实森林草原防灭火、重大有害生物防治责任和措施，强化森林草原行业行政执法。

林长制 6 项主要任务分别是：①加强森林草原资源生态保护；②加强森林草原资源生态修复；③加强森林草原资源灾害防控；④深化森林草原领域改革；⑤是加强森林草原资源监测监管；⑥加强基层基础建设。林长制的 4 项保障措施分别是：①加强组织领导；②健全工作机制；③接受社会监督；④强化督导考核（国家林业和草原局，2021）。

林长制本质是责任制，指以区域党政主要领导负责、相关部门联动的组织管理制度。各级党政主要负责人担任"林长"，以保护生态、促进经济、改善民生为目标，围绕林业改革发展，协调政府、社会、市场等多方力量，高位推动生态保护与修复，绿化美化国土空间，强化资源管护和监督管理，科学经营林业产业，改革完善林业体制机制，构建责任明确、协调有序、监管科学的林业发展新机制。林长制改革的核心，就是落实党政领导负责制，通过建立纵向到底的责任体系，压实工作责任，协调各方力量，确保一山一坡、一园一林都有专人专管。通俗地说，就是山有头、林有主，有问题、找干部。林长制改革启动以来，逐渐解决理念淡化问题，生态意识切实增强，生态文明建设的主动性显著增强，权能碎化问题得到初步解决，部门联动形成合力，同时解决了森林功能弱化问题，综合效益显著提升，对森林可持续经营提供制度支撑，管理支持，将经营责任落实到有实际行动权利的党政机关领导手中，缩短可持续经营管理层级管理路线，使各项森林可持续经营政策的实施权责更清晰，执行效率更高。

各省、市、县的林长制发展规划中，均将与森林可持续经营相关的各项目标措施纳入其中。利用林长制发展森林可持续经营主要有以下三大目标：一是开展林业增绿增效行动。各级林长要带头参与，以上率下推进造林绿化工作。通过招商引资、培育龙头企业、鼓励全民参与、完善激励机制等方法，扎实推进植树造林；积极开展森林村庄、森林长廊建设，开展全民义务植树活动，开展森林抚育提质行动。二是发展特色高效林业产业。创新林业发展模式，因地制宜发展高效林业，大力发展林下种养殖、特色经果林采摘、杨树速生商品林基地和苗木花卉、森林旅游康养等林业特色产业。加快新型林业经营主体培育，创建林产品特色品牌，推动规模化、专业化生产经营。引导"互联网+"经营模式，推进林业一二三产业融合发展，拓宽依林农民增收渠道，实现森林保险全覆盖，全力维护林农权益。三是保护利用森林(湿地)资源。严格落实森林防火"林长"负责制，完善森林防火综合治理体系，确保不发生森林火灾，全面加强林业有害生物防控，进一步强化湿地及野生动植物资源管理，保护林地林木资源，全面推进依法治林，稳步推进集体林权制度配套改革和林业综合行政执法改革(民进黑龙江省委会，2019)。

林长制通过护绿、增绿、管绿、用绿、活绿来激发发展动力，以"五绿"助力森林可持续经营，有助于保护修复森林生态、促进森林培育、提升森林效益、预防治理森林灾害(陈雅如，2019)。林长制以"山水林田湖草沙是一个生命共同体"为基本理念，因地制宜做好林与山、林与水、林与田、林与湖、林与草、林与沙等统筹文章，从管理体系、权责监督、目标规划、技术指导等各方面统筹规划，构建出清晰的林业管理经营体系，推进新时代森林可持续经营目标的开展，助力森林可持续发展。

参考文献

白长志，2015. 森林资源的可持续经营模式——以内蒙古大兴安岭林区为例[J]. 现代园艺，(8)：178.

白若舒，李红勋，2019. 中国森林认证对林场可持续经营影响评价研究[J]. 生态经济，35(10)：160-165.

白万全，2009. 中德合作林业项目考察报告[J]. 宁夏林业通讯，(01)：33-35.

白万全，2016. 中德财政合作北方荒漠化综合治理宁夏项目背景介绍[J]. 宁夏林业，(04)：34-35.

白万全，李志刚，2015. 中德合作林业项目考察报告——学习借鉴四川、安徽省实施中德合作项目经验[J]. 宁夏林业通讯，(04)：4-7.

白卫国，2012. 日本森林管理对我国的启示[J]. 林业资源管理，(04)：123-126.

白卫国，王祝雄，2008. 论我国东北林区森林可持续经营[J]. 林业资源管理，(06)：1-7.

白燕，2012. 浅谈森林可持续经营[J]. 四川林业科技，33(06)：116-118.

蔡体久，孔繁斌，姜东涛，2003. 中国森林分类经营现状、问题及对策[J]. 东北林业大学学报，(04)：42-44.

常玉庆，张成善，李联祖，2020. 新时期森林保护和森林资源开发利用的研究[J]. 种子科技，38(24)：105-106.

陈郭石，周丁琳，李爱军，2019. 我国经济增长、能源消费和 CO_2 排放的投入产出多目标优化[J]. 煤炭研究经济，39(10)：4-14.

陈华彬，2020. 安徽省林长制改革的实施探索及路径选择[J]. 中南林业科技大学学报(社会科学版)，14(03)：8-13.

陈柳钦，2007. 林业经营理论的历史演变[J]. 中国地质大学学报(社会科学版)，(02)：50-56.

陈明辉，惠刚盈，胡艳波，等，2019. 结构化森林经营对东北阔叶红松林森林质量的影响[J]. 北京林业大学学报，41(05)：19-30.

陈幸良，巨茜，林昆仑，2014. 中国人工林发展现状、问题与对策[J]. 世界林业研究，27(06)：54-59.

陈雅如，2019. 林长制改革存在的问题与建议[J]. 林业经济，41(02)：26-30.

陈永生，王珏. 近自然经营：外来经验的本土化创新[N]. 中国绿色时报，2017-11-01.

陈勇，支玲，2005. 森林环境服务市场研究现状与展望[J]. 世界林业研究，18(4)：11-17.

程鹏，2008. 森林可持续经营在安徽的实践与研究[J]. 中国林业，(24)：8-9.

崔胜辉，黄云风，2003. 人类健康和生物多样性[J]. 生物学通报，(07)：14-15.

戴广翠，Bernhard von der Heyde，包源，等，2012. 中德技术合作"中国森林可持续经营政策与模式"项目成果之五—项目专家研究报告[R].

丁立平，尧国良，2014. 种苗与林木病害发生和流行的关系探析[J]. 绿色植保，(10)：66-67.

丁洲，2018. 可持续森林资源管理研究[J]. 乡村科技，(33)：56-57.

董文宇，刘贞，2011. 集体林权制度改革后创新生态公益林管护机制[J]. 辽宁林业科技，(04)：42-43.

董艳鑫，2020. 近自然林业理念在森林培育中的应用分析[J]. 现代园艺，(08)：148-149.

杜书翰，2019. 新时代国有林场现代化发展研究[J]. 国家林业和草原局管理干部学院学报，18(04)：10-14.

杜志，胡觉，肖前辉，等，2020. 中国人工林特点及发展对策探析[J]. 中南林业调查规划，39（01）：5-10.

范冬萍，何德贵，2018. 基于 CAS 理论的社会生态系统适应性治理进路分析[J]. 学术研究，（12）：6-11.

范增伟，闫东锋，陈晓蔚，2013. 中德合作河南林业项目中期社会经济影响评价分析[J]. 林业经济，（02）：91-96.

方行明，魏静，郭丽丽，2017. 可持续发展理论的反思与重构[J]. 经济学家，（03）：24-31.

付玉竹，张少鹏，2020. 国外森林经营管理经验启示及我国森林经营 PPP 项目模式研究[J]. 林业科技，45（05）：62-66.

耿林，2012. 如何正确处理国家集体和个人三者的利益关系[J]. 党史博采（理论），（03）：40-41

谷瑶，朱永杰，姜微，2016. 美国林业发展历程及其管理思想综述[J]. 西部林业科学，45（03）：137-141.

顾巍巍，王瑞霞，2008. 德国森林发展的经验教训及启示[J]. 河北林业科技，（05）：82-83.

关百钧，施昆山，1995. 森林可持续发展研究综述[J]. 世界林业研究，（04）：1-6.

关宏图，刘文燕，2010. 国有森林资源产权制度改革的经济学分析[J]. 中国林业经济，1（1）：19-21.

郭跃，2000. 德国林业发展和生态环境保护的特点及启迪[J]. 重庆师范学院学报（自然科学版），（03）：17-23.

国家林业和草原局，2019. 中国森林资源报告（2014-2018）[M]. 北京：中国林业出版社.

国家林业和草原局，中共中央办公厅国务院办公厅印发《关于全面推行林长制的意见》[EB/OL]. （2021-01-12）[2021-03-21]. http：//www. forestry. gov. cn/main/6044/20210116/161953866194833. html.

国家林业和草原局. 国家林业局办公室关于印发《中国落实 2030 年可持续发展议程国别方案——林业行动计划》的通知[EB/OL]. （2017-01-06）[2021-03-29]. http：//www. forestry. gov. cn/main/58/20170106/937020. html.

国家林业和草原局办公室，2020. 实行分类经营管理实现森林资源永续利用——新森林法解读（三）[J]. 浙江林业，（08）：22.

国家林业和草原局办公室，2020. 完善林木采伐制度深入推进"放管服"改革——新森林法解读（六）[J]. 浙江林业，（09）：13.

国家林业局，1976. 中国森林资源报告（第一次森林资源清查）[M]. 北京：中国林业出版社.

国家林业局，2013. 中国森林可持续经营国家报告[M]. 北京：中国林业出版社.

国家林业局，2014. 中国森林资源报告（2009—2013）[M]. 北京：中国林业出版社.

国家林业局. 生态公益林建设导则[S/OL]（2001-01-01）[2021-02-25]. http：//www. gb688. cn/bzgk/gb/newGbInfo？hcno=CB70ACEB577CE82E92CE35B6D4A147E7.

国家林业局. 中国森林可持续经营指南[EB/OL]. （2006-11-01）[2020-06-15]. http：//www. doc88. com/p-689606210248. html.

韩艳华，任丽兵，2002. 林区改革与发展要把握好的几个关系[J]. 中国林业企业，（02）：19-21.

何德文，罗媛媛，2017. 高速公路项目社会效益监测评估指标体系研究——基于项目绩效管理体系（PPMS）理论[J]. 四川建材，43（04）：107-110.

何桂梅，周彩贤，王小平，2011. 北京森林生态效益补偿机制探索与实践[J]. 林业经济，（03）：68-70.

何微，2002. 我国林业建设理念的变迁[J]. 林业资源管理，（01）：19-21.

和爱军，2000. 日本的可持续森林经营[J]. 林业资源管理，（03）：62-64.

贺治坤，1986. 印度砍伐森林招致了病害[J]. 新疆林业，（02）：55.

侯景亮，2020. 森林可持续经营与林业可持续发展研究[J]. 黑龙江科学，11(02)：128-129.

侯元兆，2003. 林业可持续发展和森林可持续经营的框架理论(下)[J]. 世界林业研究，(02)：1-6.

侯元兆，曾祥谓，2010. 论多功能森林[J]. 世界林业研究，23(03)：7-12.

胡长清，2012. 湖南省生态公益林服务功能及其补偿机制研究[D]. 湖南农业大学.

胡锐，宋维明，2011. 我国集体林区速生丰产用材林经营模式分析[J]. 世界林业研究，24(01)：56-59.

胡雪凡，张会儒，张晓红，2019. 中国代表性森林经营技术模式对比研究[J]. 森林工程，35(04)：32-38.

胡延杰，2019. 森林认证与森林可持续经营辨析[J]. 林业经济，41(05)：45-48.

黄东，谢晨，赵金成，等，2010. 澳大利亚多功能林业经营及其对我国的启示[J]. 林业经济，(02)：117-121.

黄富祥，康慕谊，张新时，2002. 退耕还林还草过程中的经济补偿问题探讨[J]. 生态学报，(04)：471-478.

黄龙生，张育松，高琛，等，2014. 我国森林资源经营问题及对策分析[J]. 河北林业科技，(02)：54-55.

黄清麟，2005. 浅谈德国的"近自然森林经营"[J]. 世界林业研究，(03)：73-77.

黄晓全，欧阳勋志，2004. 地理信息系统在森林资源管理与监测中的应用[J]. 森林工程，(06)：9-11.

黄雪菊，白彦锋，姜春前，2015. 森林可持续经营标准和指标体系研究[J]. 林业经济，37(06)：108-111.

黄元，于波涛，唐梓又，2015. 基于循环经济理论的森林资源可持续发展研究[J]. 安徽农业科学，43(14)：186-188.

霍海燕，1999. 试析国家、集体、个人三者之间的利益关系[J]. 黄河科技大学学报，(02)：18-21.

贾洪亮，金大刚，邱长玉，2006. 芬兰森林的可持续经营[J]. 江西林业科技，(04)：62-64.

贾治邦，2019. 森林康养产业为人类生存发展提供宝贵的生态产品——在第十五届海峡两岸(三明)林博会森林康养论坛上讲话[J]. 中国林业产业，(12)：8-9.

姜春前，徐庆，朱永军，等，2004. 世界森林可持续经营标准与指标发展的现状与趋势[J]. 世界林业研究，(03)：1-5.

蒋丽香，邢超，罗静，等，2015. 野生动物在埃博拉病毒维持和传播中的作用[J]. 科学通报，60(20)：1889-1895.

蒋有绪，2000. 国际森林可持续经营问题的进展[J]. 资源科学，(06)：77-82.

荆珍，2017. 全球森林治理：理念、现状、问题与挑战[J]. 国土资源情报，(5)：3-9.

亢新刚，2011. 森林经济学(第四版)[M]. 北京：中国林业出版社.

雷静品，常二梅，江泽平，等，2011. 中德森林可持续经营合作回顾与展望[J]. 林业经济，(10)：92-96.

雷静品，肖文发，2013. 森林可持续经营国际进程回顾与展望——里约会议20周年[J]. 林业经济，(02)：121-128.

李国猷，2000. 天然林保护工程多目标分类经营研究[J]. 世界林业研究，(06)：69-73.

李坚强. 在14亿人安全利益面前，野生动物养殖业利益轻于鸿毛[EB/OL]. (2020-02-22)[2020-03-24]. https：//www.yicai.com/news/100517475.html.

李良厚，陈宝林，汪衡，等，2012. 森林对环境的服务功能及其作用机制[J]. 中国科技信息，(10)：41-42.

李明娟，曲丽丽，田国双，2010. 国有森工企业持续经营能力影响因素分析——从社会生态经济人视角切入[J]. 苏州大学学报(哲学社会科学版)，31(04)：55-57.

李茗，陈绍志，叶兵，2013. 德国林业管理体制和成效借鉴[J]. 世界林业研究，26(03)：83-86.

李诗明，2020. 天然林保护工程与森林可持续经营存在的问题及对策[J]. 乡村科技，11(30)：69-70

李卫忠，郑小贤，张秋良，2001. 生态公益林建设效益评价指标体系初探[J]. 内蒙古农业大学学报(自然科学版)，(02)：12-15.

李学军，2020. 森林可持续经营与林业可持续发展存在的问题及对策[J]. 乡村科技，11(30)：71-72.

李裕，陈萍，李贤伟，等，2007. 森林可持续经营的研究现状[J]. 四川林业科技，(04)：84-87.

历胤男，李哲，郑立军，等，2020. 新时代背景下森林可持续经营的探讨[J]. 林业勘查设计，49(04)：130-132.

联合国粮食及农业组织(FAO). 2020 年全球森林资源评估报告[EB/OL]. (2020-11-12)[2021-02-06]. http：//www. fao. org/forest-resources-assessment/zh

梁星权，2001. 森林分类经营[M]. 北京：中国林业出版社.

廖显春，2000. 林业经济学术研究综述[J]. 湖北林业科技，(04)：36-38.

林海燕，2008. 芬兰林业对我国的启示[J]. 林业经济，(02)：76-80.

林辉，林敏，2001. 加拿大的林业教育和科研工作[J]. 世界林业研究，(04)：65-73.

林业部，1998. 第十一届世界林业大会文献选编[C]. 北京：中国林业出版社.

刘金龙，赵佳程，时卫平，2020. 论生态文明建设的中国特色[J]. 开放时代，(03)：13-24.

刘静，2020. 新型森林经营方案编制与实施[J]. 林业资源管理，(03)：6-10.

刘龙耀，2014. 国有林场森林可持续经营指标体系构建及评价研究[D]. 福建农林大学.

刘珉，2017. 德国林业的经营思想与发展战略[J]. 林业与生态，(10)：23-25.

刘世荣，马姜明，缪宁，2015. 中国天然林保护，生态恢复与可持续经营的理论与技术[J]. 生态学报，35(1)：212-218.

刘宪明，王志君，2003. 森林对大气污染的净化功能介绍[J]. 林业勘查设计，(02)：32.

刘馨蔚，2012. 北京市公益林管护绩效及农户参与意愿研究[D]. 北京林业大学.

刘耀，黄新建，张滨松，等，2008. 创新型企业创新能力评价指标体系研究[J]. 南昌大学学报(人文社会科学版)，(01)：79-86.

刘于鹤，2016. 关于我国东北内蒙古重点国有林区改革与发展若干问题的思考[J]. 林业资源管理，(02)：1-7.

刘于鹤，林进，2013. 新形势下森林经营工作的思考[J]. 林业经济，36(11)：3-9.

刘玉善，张亚楠，2021. 加强森林培育以及森林资源保护的策略探析[J]. 经济师，(02)：294-29.

刘忠军，2019. 新疆外来林业有害生物入侵现状及趋势分析[J]. 新疆林业，(2)：37-41.

陆元昌，甘敬，2002. 21 世纪的森林经理发展动态[J]. 世界林业究，(01)：1-11.

陆元昌，栾慎强，张守攻，等，2010. 从法正林转向近自然林：德国多功能森林经营在国家、区域和经营单位层面的实践[J]. 世界林业研究，23(01)：1-11.

吕继光，1994. 德国林业历史教训在中国重演的忧思--林业持续发展障碍因素探索[J]. 世界林业研究，(4)：62-67.

罗明，周旭，周妍，2021. "基于自然的解决方案"在中国的本土化实践[J]. 中国土地，(01)：12-15

罗荣准，1997. 中德合作云南造林项目农户参与评估报告[J]. 林业经济，(06)：51-56.

罗姗，王六平，2016. 关于我国森林可持续经营标准和指标研究的述评[J]. 贵州林业科技，44(03)：61-64.

马福，2006. 森林：生命之源——第十二届世界林业大会文集[C]. 北京：中国林业出版社.

马慧敏，丁阳，杨青，2019. 区域生态-经济-社会协调发展评价模型及应用[J]. 统计与决策，35（21）：75-79.

马立博，2015，中国环境史：从史前到现代[M]. 北京：中国人民大学出版社.

毛光文，宋文博，2019. 破坏森林和野生动物资源犯罪问题研究[J]. 法制与社会，（35）：43-44.

孟超，2017. 项目社会评估的理论述评与应用展望[J]. 理论月刊，（03）：160-165.

孟楚，郑小贤，罗梅，2016. 福建将乐林场杉木人工林主导功能研究[J]. 中南林业科技大学学报，36（03）：63-66.

孟凡成，2020. 塞罕坝森林经营现状与可持续经营微观模式[J]. 江西农业，（2）：72.

民进黑龙江省委会. 全面实施林长制，加强森林资源管理[EB/OL]. （2019-03-01）[2021-02-16]. http://www. hljminjin. gov. cn/Show. asp？NewsId＝1019,

那力，荆珍，2015. 全球森林治理：理念、机制、机构[J]. 郑州大学学报（哲学社会科学版），48（04）：38-41.

南海涛，2012. 内蒙古大兴安岭林区外来有害生物危害现状及防控对策[J]. 林业机械与木工设备，40（12）：16-18.

秦思源，孙贺廷，耿海东，等，2019. 野生动物与外来人兽共患病[J]. 野生动物学报，40（01）：204-208.

任玉辉，肖羽堂，2008. 层次分析法在校园火灾危险性分析中的应用[J]. 安全与环境工程，（01）：85-88.

山林田野 . "近自然林业"及其在我国的发展[EB/OL]. （2019-02-14）[2021-02-13]. https://mp. weixin. qq. com/s？src＝11&timestamp＝1613457704&ver＝2893&signature＝BmLNQbJWXf 余远国，唐志强，周鸣惊，等，2019. 德援项目森林可持续经营示范区建设成效调查[J]. 湖北林业科技，48（04）：53-57.

申伟，陆文明，2008. 日本政府木材绿色采购政策分析[J]. 世界林业研究，（02）：58-62.

沈国舫 . 森林生态保护须更新认知 . （2020-01-01）[2020-06-20]. https://tech. sina. com. cn/d/2020-08-24/doc-iivhuipp0308095. shtml.

沈月琴，刘俊昌，李兰英，等，2006. 天然林保护地区森林资源保护与社会经济协调发展的机制研究[J]. 浙江林学院学报，（02）：115-121.

盛文萍，甄霖，肖玉，2019. 差异化的生态公益林生态补偿标准——以北京市为例[J]. 生态学报，39（01）：45-52.

石威，2017. 森林病虫害的发生特点及防治措施[J]. 农民致富之友，（3）：105.

宋玲玲，程亮，孙宁，2014. 亚洲开发银行贷款项目绩效管理经验与启示[J]. 中国工程咨询，（10）：54-56.

宋晓旭，陈曦，2019. 产融合作试点城市评估指标体系的构建与应用——基于层次分析法和模糊综合评价法[J]. 区域金融研究，（09）：73-79.

宋永发，李荣星，王延龙，2007. 建设项目评价理论方法研究[J]. 基建优化，（02）：18-20.

苏月秀，2012. 我国森林经营现状研究[D]. 北京林业大学 .

苏宗海，2010. 基于现代林业建设的财政政策研究[D]. 北京：北京林业大学 .

孙丽芳，丁晓纲，陈利娜，等，2018. 国外森林认证体系发展——以英国、芬兰和德国为例[J]. 林业与环境科学，34（01）：149-151.

孙学斌，2007. 北京山区生态公益林管护模式研究[D]. 北京林业大学 .

孙艳美，钟秀宏，尤淑霞，2014. 负氧离子及其应用[J]. 中国科技信息，（13）：37-38.

郜秀军，2011. 西部山区农户薪材消费的影响因素分析[J]. 中国农村经济，(07)：85-91.

汤景明，吴文敏，戴咪娜，2015. 德国森林经营管理技术及其启示[J]. 湖北林业科技，(5)：40-45.

唐一尘，蝙蝠免疫系统让病毒更致命[N]. 中国科学报，2020-02-14.

陶少军，邓清华，陈德根，等，2019. 全面严格执行森林经营方案制度已刻不容缓[J]. 农业开发与装备，(11)：85-86.

田惠玲，朱建华，李宸宇，等，2021. 基于自然的解决方案：林业增汇减排路径、潜力与经济性评价[J]. 气候变化研究进展，17(2)：195-203.

田昕加，2014. 林业资源型城市产业生态化系统构成及问题分析[J]. 林业经济，36(12)：63-69

仝小林，清肺排毒汤总有效率97%，无一例患者由轻转重[EB/OL]. (2020-03-17)[2020-03-24]. http：//www.xinhuanet.com/2020-03/17/c_1125724822.htm.

童雅婷，董晨，2019. 数据挖掘技术在森林经营管理中的应用综述[J]. 林业调查规划，44(06)：101-106.

王楚男，王晓宇，2009. 牡丹江林区森林资源可持续发展模式与思路[J]. 中国林副特产，2(4)：103-105.

王恩苓，2009. 关于切实推进森林经营工作的思考[J]. 林业经济，(12)：12-19.

王光菊，陈毅，陈国兴，等，2020. 森林生态-经济系统协同治理分析：机理与案例验证——基于福建省5个案例村的调研数据[J]. 林业经济，42(10)：39-49.

王静，杨建州，2017. 福建省森林生态经济社会系统协同发展的判别[J]. 台湾农业探索，(05)：37-42.

王兰会，李小勇，李江鹏，等，2019. 森林认证产品市场的消费者认知与偏好研究[J]. 北京林业大学学报(社会科学版)，18(02)：61-65.

王莲芬，许树柏，1990. 层次分析法引论[M]. 北京：中国人民大学出版社，18-25.

王评，马风云，董金伟，等，2019. 国内外森林经营思想与技术的演变[J]. 山东林业科技，49(04)：130-135.

王秋丽，A. Matthias，2019. 自然森林经营在德国的应用成效分析[J]. 林业科学研究，32(03)：127-134.

王天一，2020. 近自然森林经营和传统森林抚育的差异[J]. 农村实用技术，(11)：139-140.

王小婧，贾黎明，2010. 森林保健资源研究进展[J]. 中国农学通报，26(12)：73-80.

王旭豪，周佳，王波，2020. 自然解决方案的国际经验及其对我国生态文明建设的启示[J]. 中国环境管理，12(05)：42-47.

王彦辉，肖文发，张星耀，2007. 森林健康监测与评价的国内外现状和发展趋势[J]. 林业科学，(07)：78-85.

王燕琴，陈洁，徐斌，等，2017. CFCC/PEFC互认对认证产品市场的影响[J]. 林业经济，(7)：103-106.

王忠贵，2020. 森林康养对人体健康促进作用浅析[J]. 现代园艺，43(01)：106-109.

魏淑芳，魏俊华，罗勇，等，2017. 参与式方法在社区集体林森林经营方案编制中的应用[J]. 四川林业科技，38(05)：89-93.

温铁军，2004. 解构现代化[M]. 广州：广东人民出版社.

邬可义，以培育目标树为重点的森林经营[N]. 中国绿色时报，2018-01-16.

吴丰宇，黄名能，莫小铭，2017. 广西桉树短轮伐期人工林现状及可持续发展战略[J]. 现代园艺，(21)：53-54.

吴楠，李增元，廖声熙，等，2017. 国内外林业遥感应用研究概况与展望[J]. 世界林业研究，30(06)：34-40.

吴水荣，海因里希·施皮克尔，陈绍志，等，2015. 德国森林经营及其启示[J]. 林业经济，37(01)：50-55.

吴希熙，刘颖，2008. 森林保险市场供求失衡的经济学分析[J]. 林业经济问题，5(28)：440-443.

吴学瑞，2017. 开展森林经营人才教育培训的探讨[J]. 林业资源管理，(05)：9-13.

吴章文，2003. 森林游憩区保健旅游资源的深度开发[J]. 北京林业大学学报，(02)：63-67.

奚志农. 真正实现中国野生动物保护，要立法取缔野生动物养殖产业[EB/OL]. (2020-01-29)[2020-03-25]. https：//wap. peopleapp. com/article/5086856/4982033? from＝groupmessage&isappinstalled＝0.

肖尧，邓华锋，李慧，2008. 北京市生态公益林管护员补偿机制问题研究初探[J]. 内蒙古林业调查设计，(03)：3-4.

校建民，韩峥，张新欣，等，2012. 森林认证对森林可持续经营的影响及其在中国的实践[J]. 世界林业研究，25(05)：18-23.

校建民，赵麟萱，马利超，等，2019. 德国小规模联合森林认证效果调查与分析[J]. 世界林业研究，(4)：97-100.

徐斌，2016. 森林认证促进森林可持续经营[J]. 森林与人类，(09)：126-128.

徐秀英，2005. 南方集体林区森林可持续经营的林权制度研究[D]. 北京林业大学.

许勤，赵萱，2008. 中德技术合作"中国森林可持续经营政策与模式"项目正式启动[J]. 林业经济，(04)：80.

薛建辉，1992. 森林的功能及其综合效益[J]. 世界林业研究，(02)：1-6.

薛建明，2007. 日本林业经营理念和林业发展保障制度对新疆林业建设的启示[J]. 国家林业局管理干部学院学报，(01)：61-64.

严会超，2005. 生态公益林质量评价与可持续经营研究[D]. 中国农业大学.

杨春欣，林岭，2020. 试论森林健康及其经营[J]. 中国农业文摘-农业工程，32(05)：8-9.

杨江静，2020. 林业可持续发展和森林资源保护管理研究[J]. 区域治理，(15)：0147-0147.

杨莉菲，温亚利，张媛，2013. 林农意愿对生态公益林管护效率和机制的影响分析——以北京市山区县为例[J]. 资源科学，35(05)：1066-1074.

杨晓文，2007. 进境原木及木质包装携带危险性森林病害的风险分析[D]. 南京林业大学.

杨章旗，2019. 广西桉树人工林引种发展历程与可持续发展研究[J]. 广西科学，26(04)：355-361.

姚建勇，欧光龙，2019. 集体林区森林可持续经营——以贵州中德财政合作项目为例[M]. 北京：中国林业出版社.

易宏，2018. 林业应突显其生态社会功能——德国林业社会化借鉴与思考[J]. 林业与生态，(03)：31-33+23.

佚名，2015. 规划林业发展愿景建言可持续发展和气候变化第十四届世界林业大会形成四项成果[J]. 林业经济，37(10)：128.

殷鸣放，周立君，2012. 关于开展森林多目标经营的思考[J]. 辽宁林业科技，(5)：1-4.

印红，吴晓松，刘永范，等，2010. 不断改革探索现代林业发展之路——德国林业考察报告[J]. 林业经济，(11)：121-126.

于兰，2006. 吉林省亚行贷款水毁公路重建项目效益监测与评价[D]. 吉林大学.

苑苏文. 可怕的病咋从动物传染给人[EB/OL]. (2016-04-24)[2020-03-21]. www.xnwbw.com/html/2016-04/24/content_ 73771. htm.

曾浩磊，2019. 企业核心竞争力与评价指标体系的构建[J]. 全国流通经济，(29)：55-56.

曾祥谓，樊宝敏，张怀清，等，2013. 我国多功能森林经营的理论探索与对策研究[J]. 林业资源管理，

（02）：10-16.

张朝辉，耿玉德，2016. 伊春林业资源型城市的生态与经济社会系统耦合发展研究[J]. 林业经济问题，36(1)：24-28.

张会儒，雷相东，李凤日，2020. 中国森林经理学研究进展与展望[J]. 林业科学，56(09)：130-142.

张会儒，唐守正，王彦辉，2002. 德国森林资源和环境监测技术体系及其借鉴[J]. 世界林业研究，（02）：63-70.

张兰，刘会锋，范曙峰，2018. 实现森林可持续经营的对策及措施[J]. 林业勘查设计，（4）：6-7.

张立方，2013. 资源管护抓森防科学管理促发展——对森林病虫害防治的思考[J]. 农民致富之友，（3）：91-92.

张良实，2004. 浅谈德援造林项目的创新模式[J]. 林业调查规划，（02）：64-70.

张培栋，2005. 森林调节气候的功能[J]. 中国林业，（19）：35.

张瑞娜，田莉丽，赵吉力，2020. 国内森林经营认证现状简述及认证常见问题[J]. 国际木业，50(02)：11-13

张三力，2006. 投资项目绩效管理与评价（六）第四讲项目绩效管理系统（PPMS）[J]. 中国工程咨询，（08）：51-55.

张守功，朱春全，肖文发，等，2001. 森林可持续经营导论[M]. 北京：中国林业出版社.

张松丹，2009. 中国森林可持续经营的现状[J]. 国际木业，39(09)：12.

张天阳，刘凡，2014. 国外森林可持续经营政策的实践与启示[J]. 宿州学院学报，29(10)：27-29.

张旭峰，吴水荣，王林龙，等，2017. 基于经济学视角的现代森林经营模式驱动力分析——以木兰林管局近自然全流域森林经营模式为例[J]. 林业经济，（10）：66-79.

张英明，2020. 森林资源保护和合理开发利用对策探究[J]. 南方农业，14(17)：51-52.

张瑛山，1995. 生态系统可持续经营的探讨[J]. 北京林业大学学报，17(S3)：1-8.

章银柯，王恩，林佳莎，等，2009. 城市绿地空气负离子研究进展[J]. 山东林业科技，39(03)：139-141.

赵海兰，2020. 新《森林法》修订背景及亮点解读[J]. 法制与社会，（31）：11-12.

赵海兰，郭瑜富，2020. 中德林业项目合作回顾及展望[J]. 农业展望，16(12)：139-146.

赵海兰，刘珉，2019. 德国林业发展思想与实践及其对我国的启示[J]. 林业经济，41(04)：123-128.

赵华，刘勇，吕瑞恒，2010. 森林经营分类与森林培育的思考[J]. 林业资源管理，（06）：27-31.

赵劼，陈利娜，2017. 美、加、澳的森林认证[J]. 森林与人类，（07）：127-128.

赵敏，王蕾，彭润中，2014. 基于 DMF 框架的亚洲开发银行全过程项目绩效管理体系研究及启示[J]. 财政研究，（06）：33-36.

赵中华，惠刚盈，2019. 21 世纪以来我国首创的森林经营方法[J]. 北京林业大学学报，41(12)：50-57.

郑德祥，谢益林，黄斌，等，2009. 森林资源资产化经营风险与防范策略分析[J]. 林业经济问题，29(5)：387-391，405.

郑小贤，1999. 森林资源经营管理[M]. 北京：中国林业出版社.

郑志向，2015. 福建省森林资源可持续经营模式初探[J]. 华东森林经理，29(3)：5-9.

中华人民共和国林业部，1987. 林业区划[M]. 北京：中国林业出版社.

中华人民共和国林业部，1998. 重点国有林区天然林资源保护工程实施方案[R].

钟契夫，陈锡康，刘起运，1993. 投入产出分析[M]. 中国财政经济出版社.

周飞梅，马旺彦，2020. 德国"近自然林业"的借鉴之处及中国化发展措施[J]. 防护林科技，（07）：41-42.

周国林，谭慧琴，1997. 世界森林可持续经营发展近况、趋势及我国的原则[J]. 世界林业研究，（02）：2-9.

周立江，先开炳，2005. 德国林业体系及森林经营技术与管理[J]. 四川林业科技，（02）：38-42.

周生贤，2004. 确立林业生态建设的主体地位[J]. 中国林业，（02）：4-13.

周亚林，洪波，2008. 德国森林资源监督管理经验带来的启示[J]. 防护林科技，（01）：65-66.

庄作峰，2008. 集体天然林区参与式多目标综合管理理论和方法的研究[D]. 北京林业大学.

邹佰峰，刘经纬，2016. 马克思恩格斯的代际公平思想及其当代价值[J]. 学习与探索，（02）：31-36.

FAO，2016. 2015 年全球森林资源评估报告：世界森林变化情况[R]. 罗马：联合国粮农组织.

Katarina Zimmer，森林砍伐导致更多的人类传染病爆发[EB/OL].（2020-01-21）[2020-3-24]. http：//www. ngchina. com. cn/environment/9411. html.

Risto Seppala，2001. 森林的保护和可持续经营[J]. 世界环境，（04）：44-17.

Stefan Mann，Bernhard von der Heyde，2011. 中德技术合作"中国森林可持续经营政策与模式"项目总结报告[R].

Amy Y V，William P，Robert H G，et al，2009. Linking deforestation to malaria in the Amazon：characterization of the breeding habitat of the principal malaria vector，Anopheles darlingi[J]. The American journal of tropical medicine and hygiene，81（1）：5-12.

Andreas Häusler，2012. Sustainable Forest Management in Germany：The Ecosystem Approach of the Biodiversity Convention reconsidered[R].

Andrew J M，Erin A M，2019. Amazon deforestation drives malaria transmission，and malaria burden reduces forest clearing：a retrospective study[J]. The Lancet Planetary Health，3（Supplement1）：13.

Brett A，Bryan，Neville D，et al，2015. Land use efficiency：anticipating future demand for land-sector greenhouse gas emissions abatement and managing trade-offs with agriculture，water，and biodiversity[J]. Global change biology，21：4098 - 4114.

Brown G，Harris C，1992. The US Forest Service：toward the new resource management paradigm？[J]. Soc. Nat. Resour，5（3）：231-245.

Duncker P S，Barreiro S M，Hengeveld G M，et al，2012. Classification of forest management approaches：a new conceptual framework and its applicability to European forestry[J]. Ecology and Society，17（4）：51

Franziska Sperfeld，2017. Winning the Campaign but Losing the Planet-Environmental NGOs on Their Way Towards a Grown-Up Society[R].

Guo J，Gong P，2016. Forest cover dynamics from Landsat time-series data over Yan´an city on the Loess Plateau during the Grain for Green Project[J]. International Journal of Remote Sensing，37（17）：4101-4118.

Lal R，2004. Soil carbon sequestration impacts on global climate change and food security[J]. Science，304（5677）：1623-1627.

Lars Borrass，et al，2017. The"German model"of integrative multifunctional forestmanagement——Analysing the emergence and political evolution of a forest management concept[J]. Forest Policyand Economics，（77）：16-23.

Lu，Yihe，Ma Z，Zhang L，et al，2013. Redlines for the greening of China[J]. Environmental Science & Policy，33：346-353.

Murielle G，Kunfang C，Wenzhang M，et al，2014. A Framework for Identifying Plant Species to Be Used as 'Ecological Engineers' for Fixing Soil on Unstable Slopes[J]. Plos One，9（08）：95876.

Patarkalashvili T，2016. Some problems of forest management of Georgia[J]. Annals of Agrarian Science，14（2）：

108-113.

Technical Advisory Committee, 2001. Scaling National Criteria and Indicators to the Local Level[R]. Montreal Process.

Yale school of Forestry & environmental studies. Forest Certification [EB/OL]. (2020-01-01) [2021-02-20]. https: //globalforestatlas. yale. edu/amazon/logging/forest-certification.

Yang X, Xu J, 2014. Program sustainability and the determinants of farmers' self-predicted post-program land use decisions: evidence from the Sloping Land Conversion Program (SLCP) in China[J]. Environment & Development Economics, 19(01): 30-47.

Yi Y Y, Kohlin J T, 2014. Property rights, tenure security and forest investment incentives: evidence from China's Collective Forest Tenure Reform[J]. Environment & Development Economics, 19(1): 48-73.

Yin R S, Yin G, 2010. China's primary programs of terrestrial ecosystem restoration: initiation, implementation, and challenges[J]. Environment. Management, 45(3), 429-441.

附 录

福建省邵武市坪洋竹木种植专业
合作社简明森林经营方案

一、引 言

(一)编制背景

集体林权制度改革完成后，林业的组织结构、生产方式、经营模式等都发生了深刻变化，林农真正成为林业经营的主体。针对改革后出现的林农"单家独户"的生产经营格局、林权单位相对变小、面积分散、抵御灾害能力降低等问题，各地因地制宜自发地成立了许多林业专业合作经济组织，实施联合经营的思路，有效解决了千家万户小生产与千变万化大市场矛盾。

新的林业合作组织成立后，如何有效地发挥统一经营的优势，提高林地生产效率，提高森林资源产品产量，增加农民收入是摆在当前合作组织经营管理中的重要问题，已经成为林农谈论的一个热门话题。

科学的森林资源经营方案有助于解决这一问题，能够针对当地实际自然气候条件、森林资源现状、社会经济发展状况、合作组织经营管理现状，提出有针对性的林地经营措施，为提高合作组织成效，提高林地产出做出贡献。编制森林经营方案是规范经营活动从而实现林产品可持续生产的关键方法之一。

本项目是国家林业和草原局—联合国粮农组织—欧盟在中国实施的林权改革项目，旨在加强集体林权制度改革的政策、法律和体制框架建设，并促进中国和其他国家在林权改革方面的经验交流。根据项目要求，本次主要工作任务是选择合适的经营单位，编制森林经营方案。在中国以往实施的森林经营方案编制都是针对国有单位，缺乏针对小规模的私营主体森林经营方案编制。如何制定一个科学合理的、可持续的森林经营方案，已经得到越来越多林农和林业部门的关注。本项目选择以林业合作组织这种小规模的私营林业主为载体，编制森林经营方案，在中国集体林权制度改革背景下尤其具有重要的实践意义。

(二)编制点选择

福建省邵武市是我国南方集体林区重点林业市之一，2004年被福建省林业厅确定为全省林业改革与发展综合试验区示范点，目前各项改革完成。在改革过程中，邵武市成立一些林业合作组织，对于促进林权改革后的林业经营、提高农民收入起到了积极作用。

本项目选择的森林经营方案编制点为：福建省邵武市洪墩镇尚读村坪洋竹木种植专业合作社。合作社由蔡启明等人发起，于 2009 年 11 月 28 日成立，注册资金为 1100 万元。合作社主要的业务活动包括竹、木种植、经营、管理，木材(包括木、竹)生产、加工、销售等，具有较强的代表性。

(三)编制方法

在森林经营方案编制过程中，主要用参与式方法。参与性方法是指在外来者帮助下，使当地人能应用其知识，分析与生产、生活有关的环境和条件，制定计划并采取相应行动，最终使当地人从中受益的方法，简称 PRA。

现代参与式方法在中国的林业部门应用较少，传统的森林经营方案的编制主体主要为政府部门，管理方式主要依靠指挥和控制的方法，很少有林农直接参与。

合作社森林经营方案的制订，能够加强农户的权利，直接反映他们想法，通过经营计划实施体现出他们的经营权力。林农是森林经营活动的直接参与者、森林经营成果的直接受益者、也是森林经营损失的直接承担者，对森林经营情况最清楚，通过他们的参与，将使得森林经营方案更具有操作性和实践性。

在森林经营方案的编制进程中，除森林所有者(林业合作组织成员)外，还有其他的利益相关者，主要有村干部、合作组织领头人、当地政府官员等。他们熟悉当地社会经济发展情况和相关法律法规政策，他们的参与将使森林经营方案更具有指导性。

在合作社森林经营方案编制过程中，参与的单位和部门主要有：福建省邵武市林业局、福建省邵武市林业局洪墩镇林业站、福建省邵武市洪墩镇林业合作组织的领导及参与合作社的农户、所在村的村干部、北京林业大学经济管理学院教师及研究生等。

在应用参与式方法编制森林经营方案过程，结合使用调查问卷、社区资源图、问题树、评价打分、半结构访谈、SWOT 等工具进行系统分析，力求将森林经营的专业问题演变成农民在森林生产过程中的具体问题，通俗易懂，同时发挥各相关参与主体的主观能动性，找出影响合作社森林经营的主要问题，确认发展方向。在这过程中，组织者能够真正全面了解林农、林业部门、村组织等相关利益者对关键问题的看法和态度。同时，通过参与式过程的实施，对相关人员也是一种培训，通过培训使大家真正了解参与式森林经营方案的编写，进入森林经营方案编写的状态。另外，在方案的编写过程中加入反馈和分享过程，和林农等相关利益者达到实时互动，提高调研效果，提升方案的质量。

二、福建邵武坪洋竹木种植专业合作社基本情况

(一)邵武市基本情况

邵武市是我国南方集体林区重点林业市之一，也是本项目研究的案例点之一。邵武市

全市林地面积 350.4 万亩，占土地总面积的 82.2%，有林地面积 325.6 万亩，其中竹林面积 55 万亩，经济林面积 9.3 万亩，活立木总蓄积量 1506 万 m³，立竹量 7062 万株。全市生态公益林面积 85.8 万亩，森林覆盖率为 76.2%，绿化程度达 94.6%。2004 年被省林业厅确定为全省林业改革与发展综合试验区示范点。2003 年以来，邵武市认真贯彻落实省委、省政府的部署，积极开展集体林权制度改革工作，目前林权制度改革取得阶段性成果，全市 139 个行政村全部完成林改任务，已明晰集体商品林面积 211.8 万亩，占应明晰面积的 100%。生态公益林管护机制改革也已全面完成，全市完成 128 个村的改革任务，完成改革面积 68.165 万亩，分别占应改革村和应改革面积的 100%。目前已完成 139 个村的集体林权证发放和 6 个国有林业采育场的林权证发放工作，全市共发放林权证 14291 本，27051 宗地，出证面积 299.36 万亩，发放共有林权人林权证 1600 本。其中集体商品林发证 13719 本，23724 宗地，发证面积 200.38 万亩，占应发证面积 211.8 万亩的 94.6%；集体生态公益林发证 283 本，907 宗地，面积 61.5 万亩，占应发证面积 71.4 万亩的 86%。

（二）合作社所在村基本情况

坪洋竹木种植专业合作社位于洪墩镇尚读村（图 1）。尚读村共 767 户，总人口 3226 人，分为 13 个自然村，14 个村民小组。尚读村林地面积 36996 亩，其中本村共有生态公益林 3319 亩，经济林 400 亩，主要为果树、柑橘。尚读村林地的林种主要为杉木，此外还有马尾松、毛竹等，其中马尾松 800 亩，毛竹林 10180 亩，剩下的都是杉木林。具体林种分布如表 2 所示。田边是经济林，偏远地方是生态公益林，高山地区是毛竹，山底部为

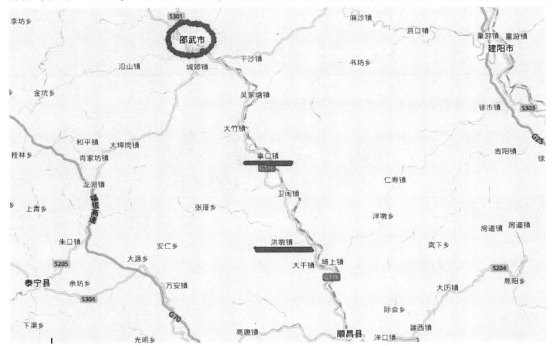

图 1　邵武市坪洋竹木种植专业合作社区域位置图

杉木，山顶部是马尾松。村中约 20% 的农户有林地流转行为，大多为流转双方私下签订流转合同，不经林权流转相关部门进行变更手续。

表 2　尚读村具体林种分布

林地位置	林种
山顶部	马尾松
山下部	杉木
高山地区	毛竹
偏远地方(村庄背后)	生态公益林
田边	经济林

尚读村一直都在大力开展植树造林活动，其中，2010 年造林 940 亩，2009 年造林 300 多亩，2008 年造林 800~900 亩。近几年平均每年 800~1000 亩。经过全村人民的努力，尚读村现在已经没有荒山荒地，全部都已种上幼苗。

本村从事林业的人员占全村人口的 50%。林业产值占社会总产值的 40%~60%。本村主要的林业产业为竹木销售产业、笋类产品。除此之外，还有部分村民养羊。具体产业规模和收益如表 3 所示。

表 3　尚读村主要林业生产活动

林业生产活动	规模(单位)	收入(元)	支出(元)
木材	14000m^3	1480.5 万	360.84 万
竹材	17.2 万根	326.8 万	68.8 万
干笋	12 吨	62.4 万	18.7 万
湿笋	2600 吨	260 万	78 万
养羊	400 头	40 万	19.2 万

(三) 坪洋竹木种植专业合作社基本情况

坪洋竹木种植专业合作社位于邵武市洪墩镇尚读村。合作社由蔡启明等人发起，于 2009 年 11 月 28 日成立，注册资金为 1100 万元(表 4)。

表 4　坪洋竹木种植专业合作社社员及出资状况

社员姓名	住所	山林面积(亩)	评估价(万元)	出资人
蔡启明	坪洋组	1285	363	蔡启明
蔡金海	坪洋组	960	342	蔡金海
蔡金鹏	坪洋组	645	186	蔡金鹏
蔡清耀	坪洋组	455	91	蔡清耀
叶水泉	楼下组	200	63	叶水泉
李亚通	策上组	85	30	李亚通
郑生启	牛公山	73	25	郑生启
合计		3703	1100	

1. 林业合作社资源状况分析

坪洋竹木种植专业合作社 2009 年成立之初经营面积是 3703 亩，经过一年的发展，经营面积已增加到现在的 4600 亩。其中 85% 为杉木林，10% 为毛竹林，5% 为马尾松。具体的资源分布状况见图 2。从起源上来讲，90% 的是人工林，10% 为天然林。

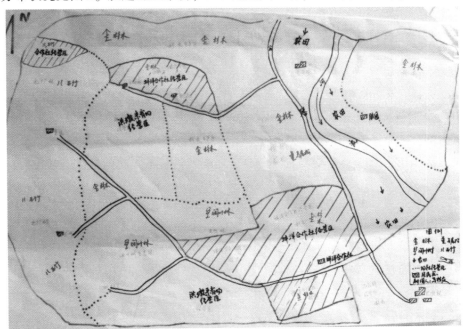

图 2　坪洋竹木种植专业合作社资源分布图

2. 合作社的主要业务

合作社主要的业务活动包括竹、木种植、经营、管理，木材（包括木、竹）生产、加工、销售等。合作社经营的林种有杉木、毛竹和马尾松，其中杉木所占的比例最大。

3. 合作社组织机构

合作社的机构由成员大会、理事会、监事会构成。成员大会是合作社的最高权力机构，由全体成员组成。合作者如果以后规模扩张，成员达到 50 人以上，每 5 名成员选举产生一名成员代表（目前为 7 名），代表大会可以履行成员大会职权。成员代表任期 5 年，可以连选连任。成员（代表）大会做出决议，须经本合作社成员表决权总数过半数通过；对修改合作社章程，增加或者减少成员出资标准，合并、分立、解散、清算和对外联合等重大事项作出决议的，须经成员表决权总数 2/3 以上的票数通过。成员代表大会以其受成员书面委托的表决半数，在代表大会上行使表决权。理事会由 3 名成员组成，设理事长 1 人，副理事长 1 人。理事长和理事会成员任期 5 年，可连选连任。

三、林业合作组织森林资源经营分析及战略选择

（一）森林经营过程分析

具体的森林经营过程包括林地准备、植树造林、幼林抚育、成林抚育间伐、采伐管理和森林保护等几个阶段。①林地准备包括：劈草（通常从前年9月到次年2月）、开火路、炼山、收杂、挖穴整地（通常1月左右完成）等。②植树造林包括苗木准备、栽植、浇水和涂白等。③幼林抚育包括培土、全锄、打穴、扶直（4月中旬，跨度3~4年，以幼林郁闭为准）、抚育（通常5月份第一次抚育、9月份第二次抚育）。④成林抚育（间伐），以立地好的杉木为例，通常8~11年第一次间伐，株强比通常为30%~40%；此后间隔4~5年第二次间伐，蓄积比为25%；若要培育大茎材，还需要进行第三次间伐，通常每亩株数保留在40~60株左右。⑤采伐管理（主伐皆伐、主伐择伐），基本程序为申办限额指标、申请采伐、进行规划设计、审核办证、现场拨交、组织采伐施工，伐中核查，伐后验收等环节。⑥森林保护，主要包括病虫害防治、防火、防盗等，病虫害防治包括预测预报、生物防治等；防火包括开设火路，加强防火队伍建设，添置防火设施、参加森林保险、种植防火林带、加强防火宣传等；防盗包括护林队伍建设，林业执法队伍打击防盗，加强巡山护林和防盗宣传等。

（二）森林经营政策状况

通过运用参与式方法，与合作社成员、非合作社成员及政府官员等讨论国家出台的或者村规民约的有关林业的现行制度与政策。在邵武市现行的政策主要有森林采伐限额政策、国家减免采伐增值税及育林基金、生态公益林补偿、小额贷款、贴息、林权抵押、森林保险政策等，另外，针对合作社开路、道路维修等，国家给予合作社一定的补偿，合作社享有和国有林场一样的剪枝费待遇。

森林经营的过程是一个利益相关者利益关系博弈的过程。在合作社森林资源经营过程中，县乡林业部门、村集体、林农、林业合作社、林产品采购商、林产品加工企业、消费者、林业物流企业或个人、税务部门等构成了利益关系群。针对上述各相关政策制度，合作社组织成员迫切希望政策能进一步出台更多的惠林政策，以保障森林资源的可持续经营。

（三）合作社森林经营中存在的矛盾、制约因素和需求分析

运用参与式方法，与合作社成员、非合作社成员及政府官员等讨论林农专业合作社区森林经营过程中存在的矛盾及合作社未来发展的制约因素。目前合作社在森林经营存在的矛盾主要有：第一，生产资料有限性与集约化经营的矛盾，历史以来林地归村集体和国家经营，农民缺乏生产资料；第二，树种单一与植被破坏和森林可持续经营发展的矛盾，目前合作社经营的经济效益最大化没有考虑森林可持续经营；第三，农民自主经营与国家政

策制度规制不协调的矛盾，林业有些政策法规(如限额采伐政策)有待进一步调适，以适应新形势下的林业规模化、自主化、集约化的经营要求。

就具体影响林业合作社当前及未来发展的制约因素而言，有以下几个方面：①受采伐限额限制制度，森林经营自主权不能得到有效的保障；②农村林业用工资源稀缺，村中青壮年越来越多地到城里务工，造成村中"用工荒"现象明显，使得劳动力成本大大提高；③林业合作社内部管理缺乏规范，管理结构不健全，管理制度不完善，经营管理水平还处在较低层次；④林地资源稀缺，林业合作社可购买的当地林地资源非常有限，难以进一步扩大经营规模；⑤合作社的经营仍处于粗放经营阶段，林地经营的产出率不高；⑥农户对合作社组织收益不确定性的思想顾虑制约着合作社的发展；⑦其他因素，如造林补助的不到位，林权抵押贷款利率较高，合作社组织发展政策宣传滞后等在一定程度上制约了合作社当前和未来的发展。

针对上述矛盾和制约因素，通过参与式讨论方式，合作社组织成员提出如下发展需求：①变合作社组织为独立的编额单位，这样自己可以灵活进行森林经营规划；②提高合作社经营管理水平；③突破发展瓶颈，走出本村，到省外国外发展；④出台更多的优惠扶持政策，如细化和完善补助政策和林业金融政策；⑤希望政府及林管部门加大科技扶持力度，提升经营管理水平。

(四)森林经营环境 SWOT 分析及战略选择

SWOT 分析方法是一种企业内部分析方法，即根据企业自身的既定内在条件进行分析，找出企业的优势、劣势及核心竞争力之所在。其中，S 代表 strength(优势)，W 代表 weakness(弱势)，O 代表 opportunity(机会)，T 代表 threat(威胁)，其中，S、W 是内部因素，O、T 是外部因素。按照企业竞争战略的完整概念，战略应是一个企业"能够做的"(即组织的强项和弱项)和"可能做的"(即环境的机会和威胁)之间的有机组合。下面是借助 SWOT 分析方法对坪洋竹木种植专业合作社经营环境的分析(见表5)。

坪洋竹木种植专业合作社经营的内部优势体现在：①建立合作社，实现了统一管理，共享信息与技术；②已形成一定规模，经营面积已达 4600 亩，降低了生产成本；③土地肥沃，立地条件好；④社员勤劳，参与积极性高；⑤所在地区交通便利；⑥林业局和林业站大力支持。

坪洋竹木种植专业合作社经营的内部优势体现在：①林地经营面积有限，经营规模不够大；②所拥有林地分散，不便于集约经营；③部分资源纳入国有林场，经营受到限制；④由于历史原因仍存在一些林权争议；⑤经营水平较低，仍处于粗放经营阶段。

坪洋竹木种植专业合作社经营的外部机会主要体现在：①政府出台系列惠农惠林政策；②政府出台系列利于林业发展和深加工的制度政策；③林产品市场需求空间广阔；④林区的木竹加工已形成产业链；⑤当地合作社组织处于起步阶段，竞争环境较为宽松。

坪洋竹木种植专业合作社经营的外部威胁主要体现在：①常规的经营模式与生态破坏存在矛盾；②树种结构单一性和效益单一性；③林地立地质量下降；④资源难以变成资产和资本，林权抵押程序繁琐；⑤极端气候条件，增加了林业经营难度。

表5 坪洋竹木种植专业合作社 SWOT 战略分析矩阵

	优势（Strength）	劣势（Weakness）
内部环境分析 外部环境分析	统一管理，共享信息与技术 已形成一定规模，降低了生产成本 土地肥沃，立地条件好 社员勤劳，参与积极性高 所在地区交通便利 林业局和林业站大力支持	林地经营面积有限，经营规模不够大 所拥有林地分散，不便于集约经营 部分纳入国有林场，经营受限 由于历史原因仍存在一些林权争议 经营水平较低，仍处于粗放经营阶段
机会（Opportunity） 政府出台系列惠农惠林政策 政府出台系列利于林业发展和深加工的制度政策 林产品市场需求空间广阔 林区的木竹加工已形成产业链 当地合作社组织处于起步阶段，竞争环境较为宽松	**SO（增长型战略）** 森林资源集约化规模化经营 强化竹木资源深加工	**WO（扭转型战略）** 提高森林经营水平，提高森林经营效率 完善合作社组织建设
威胁（Threat） 常规的经营模式与生态破坏存在矛盾 树种结构单一性和效益单一性 林地立地质量下降 资源难以变成资产和资本，林权抵押程序繁琐 极端气候条件，增加了林业经营难度	**ST（多种经营战略）** 森林可持续多种经营 竹木资源深加工 加强林地管理	**WT（防御性战略）** 资源利用与保护相协调 调整树种结构 经济效益、生态效益和社会效益相统一

　　基于上述的经营环境分析，提出如下战略选择：①增长型战略（SO战略），即利用内部优势和外部机会，加强森林资源集约化规模化经营，强化竹木资源深加工；②扭转型战略（WO战略），即利用外部机会，并克服内部劣势，不断提高森林经营水平，提高森林经营效率，完善合作社组织建设；③多种经营战略（ST战略），即充分利用内部优势，应对外部威胁，实现森林可持续多种经营，开展竹木资源深加工，并加强林地管理；④防御性战略（WT战略），即采取措施克服内部劣势，应对外部威胁，协调资源利用与保护关系，调整树种结构，实现经济效益、生态效益和社会效益相统一。

四、森林经营方案编制的原则与森林经营目标

（一）森林经营方案编制的指导思想与原则

　　森林经营方案是森林经营主体为了科学、合理、有序地经营森林，充分发挥森林的生

态、经济和社会效益，根据国民经济和社会发展要求、林业法律法规政策、森林资源状况及其社会、经济、自然条件编制的森林资源培育、保护和利用的中长期规划，以及对生产顺序和经营利用措施的规划设计。森林经营方案既是森林经营主体制定年度计划，组织森林经营活动，安排林业生产的依据，也是林业主管部门管理、检查和监督森林经营活动的重要依据。

1. 森林经营方案编制的指导思想

坚持以森林可持续经营理论为依据，坚持所有者、经营者和管理者权利义务统一，分区施策，以培育健康、稳定、高效的森林生态系统为目标，通过严格保护、积极发展、科学经营、持续利用森林资源，提高森林资源质量和林地生产力，有利于保护生物多样性和改善野生动植物生存环境，增强森林生产力和森林生态系统的整体功能，促进人与自然和谐，实现林业可持续发展。

2. 森林经营方案编制的基本原则

森林经营方案编制遵循如下基本原则：①环境和经济社会发展协调发展；②坚持所有者、经营者和管理者责、权、利统一；③坚持与分区施策、分类管理政策衔接；④坚持保护、发展与利用森林资源并重；⑤坚持生态效益、经济效益和社会效益统筹兼顾。

（二）森林经营目标

通过运用参与式方法，与合作社成员、非合作社成员及政府官员等利益相关者讨论确定了森林经营的总体目标系实现合作社森林资源可持续健康经营，同时还确定了如下 4 个森林经营的子目标：提高森林经营的产出率水平；提高合作社经营管理能力；持续提高合作社成员的福利水平；为当地村社创造社会和生态效益。通过 6 名利益相关者对上述四个目标进行打分排序（1~6 分，其中 1 为最不重要，6 为最重要），得到提高森林经营的产出率水平和持续提高全社成员的福利水平是坪洋竹木种植专业合作社未来发展最重要的两个目标，具体得分情况如表 6 所示。

表 6　森林经营目标得分排序表

目　标	得　分	排　序
提高森林经营的产出率水平	32	1
提高合作社经营管理能力	28	3
持续提高合作社成员的福利水平	30	2
为当地村社创造社会和生态效益	18	4

基于参与式研讨方式和前文的分析，可以总结出如下目标对策树（如图 3 所示）。①提高森林经营的产出水平的途径包括：选择良种苗木、改善立地条件、适地适树、集约经营管理、引进先进的森林经营系统、加大森林保护等。②持续提高社员福利水平的途径包括：持续扩大经营规模，实现规模经济，增加社员收入水平；开展森林多种经营，让林农创收增收；开展参与式森林经营活动，实现共同经营、利益共享；从合作社组织收益中提取公积金，为社员谋福利。③提高合作社经营管理能力的途径包括：完成合作社组织管理

机制，规范组织运作，提升组织经营管理效率；建立培训考察交流合作机制，提升合作组织成员管理素质和经营能力；加大相关政策的扶持力度，促进合作社经营管理能力提升。④为当地村社创造社会和生态效益的途径包括：合作社组织的发展为当地创造就业机会促进劳动力剩余问题的有效解决；通过可持续的森林健康经营，保护和改善当地生态环境，创造生态效益，造福当地村社居民；促进当地村社的文化建设，如在建图书馆、老年活动室、村道修建和维护，促进当地新农村建设和农民脱贫致富等方面发挥作用。

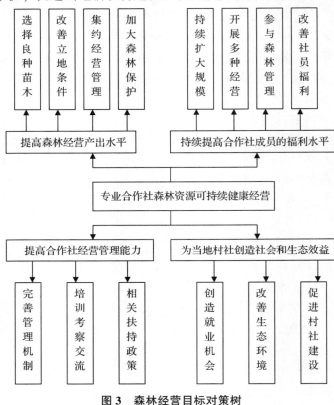

图3　森林经营目标对策树

五、森林经营规划设计和经营措施

（一）森林经营长中期规划和年度工作安排

为了更好地实现森林经营目标，需编制相应的森林经营规划。通常森林经营规划包括：①长期规划，考虑到杉木的经营期为26年，通常26年左右为一个长期规划期，其核心目标是实现森林长期的可持续健康经营；②中期规划，通常为5年，一般与国家的规划期相适应，其目标为实现上述四个子目标；③短期年度工作计划，通常是1年里的森林经营各项具体活动的年度安排（表7）。

表 7　森林可持续健康经营年度工作计划

目　标	年度工作	参与单位或人员	活动产出
目标一：提高森林经营产出水平	选择良种苗木	种苗基地、苗圃、经营人员、林业技术员	良种壮苗适地适树
	改善立地条件	经营人员、林业技术员	优质立地以提高林木生长率
	集约经营管理	经营人员、管理人员、林业技术员	引入先进的经营系统，并取得集约规模经济效率
	加大森林保护	经营人员、护林员、执法人员、林业技术员	减少毁林，维系森林健康
目标三：提高社员福利水平	持续扩大规模	经营人员、管理人员、其他林农	实现规模经营效益
	开展多种经营	经营管理人员、社员	优化经营格局，提高社员收入
	参与森林管理	社员、村民、社长	提高社员森林经营的参与能力
	改善社员福利	社员、经营管理人员、福利部门	提升社员其他相关福利
目标二：提高合作社经营管理能力	完善管理机制	社长、社员、经营管理人员	规范合作社管理
	培训考察交流	社长、社员、相关培训交流考察单位和人员	提升合作社管理团队及成员的素质和能力
	相关扶持政策	相关政府机构或部门	创造一个良好的惠林政策环境
目标四：为所在村社创造社会效益和生态效益	创造就业机会	社员、村民	转移劳动力，创造社会效益
	改善生态环境	社员、村民	创造生态效益
	促进村社建设	社员、村落	创造其他社会效益

（二）森林经营规划设计

1. 森林培育设计

森林培育设计应按照组织的森林经营类型、采取相应的一整套科学的培育措施，就造林更新、抚育间伐、低产林分改造和各种的培育等方面进行设计，进而扩大森林面积，提高森林质量，增加森林资源总量，以充分发挥森林的经济、生态和社会 3 大效益。森林培育设计措施包括：

（1）造林更新主要措施。②适地适树，根据不同立地条件和地类，选择合适树种栽种，认真做好林地准备，把握栽植要领，提高造林成活率。②良种壮苗，建立良种基地培育良种壮苗，或到相应的良种繁育基地选购良种壮苗进行造林更新。③用材林幼林抚育。杉木造林当年全面锄草抚育 2 次，扩穴培土抚育 1 次，第 2~4 年每年锄草抚育 2 次。

（2）抚育间伐设计。抚育间伐是幼林郁闭开始到林木成熟主伐前整个生长过程中所必须采取的综合抚育培育措施，是改善森林环境、调整林木组成、促进林木生长，提高林木质量和单位面积蓄积量、达到优质、速生、丰产的重要措施。抚育间伐应认真贯彻"全面规划、因地制宜、以抚育为主，抚育和采伐利用相结合"原则。抚育间伐采取下层抚育间伐方法，间伐强度以中度为主，杉木林分间伐强度 20%~30%，做到先标号后采伐，严格做到砍小留大、砍劣留优、砍密留稀，严禁单纯取材，避免过伐、滥伐，造成"天窗"。杉木间伐后进行深翻抚育，促进林分生长。杉木抚育间隔期为 5~7 年。

2. 森林采伐设计

森林采伐是森林经营利用全过程中的重要环节，是森林经营方案编制的核心内容。确定合理森林采伐量是森林采伐设计的核心问题。确定采伐量要遵循如下原则：①坚持采伐量低于生长量，有利于森林资源恢复更新。②在采伐限额制度尚无实质性改革之前，仍需坚持年采伐限额原则。③优先安排成过熟林采伐、抚育间伐和林分改造的采伐，以保证林分生长，提高林分质量和合理调整林种、树种、林龄结构。④做到长期经营，持续利用。当地杉木的主伐年龄为26年。

3. 森林保护设计

森林保护是林业的基础工作。森林保护工作包括防火、防病虫害、防盗等。①森林防火设计。森林防火是指森林、林木和林地火灾的预防和扑救。森林防火设计除了做好森林防火宣传教育、加强野外用火管理、开设防火林带、加强森林防火基础设施建设，提高预防和扑救森林火灾的综合能力。②森林病虫害防治设计。森林病虫害防治是指对森林、林木、林木种子及木材、竹材的病害和虫害的预防和除治。主要病虫害有杉木多头病（巨芽病）、细菌性叶枯病、炭疽病。森林病虫害防治要执行"预防为主、综合治理"的方针，实施以营林措施为主，生物、化学和物理防治相结合的综合治理措施。

4. 森林多种经营规划

合作社目前的资源经营模式单一，以用材林经营为主。未来可以确定"以林为主，综合开发，多种经营，全面发展"的方针，本着因地制宜合理利用资源的原则，进一步发展非木质林产品和开展林木资源的深加工。当地的非木质林产品产业已初具规模。非木质林产品形式有笋干、杨梅酒、松脂、蜂蜜、板栗、草药茶、野菜、香菇、森林人家农家乐、森林旅游、竹制品等。林产品加工业包括木制品、木筷条、相框、木制家具、刨花板、纤维板、胶合板生产等，竹产品加工业包括竹地板、竹类家具、竹茶几和竹浆生产等；笋产品生产包括笋干、水煮笋、笋类成品等；其他的还有生物制药；改良豆油；养熊养蛇产业；活性炭生产；草药的种植如原朴、无患子、铁皮石斛等，以及林中养蜂等等。

（三）森林经营监测评估体系设计

森林经营的最终效果包括森林健康、家庭幸福、社区幸福和环境良好四个方面，每个方都可以选择一些具体的指标来加以衡量（表8），具体的监测评估指标如下：①森林健康状况，指标包括林分优良状况、通风通气状况良好、林地保持良好、生物多样性、无人为破坏、生态系统完整等；②家庭幸福状况，指标包括农户经济收入、生活生产环境良好、受教育机会和能力提升机会增多、幸福感强等；③社区幸福状况，指标包括改善社区配套设施（养老院、娱乐地点）、决策民主、参与有效度、村容村貌改善、社区邻里关系和谐等；④环境良好状况，指标包括政策制度惠农、农村市场顺畅有序、生态环境优美、社会和谐等。

表 8　森林经营监测评估体系

类　别	森林健康	家庭幸福	社区幸福	环境良好
指　标	林分优良、通风通气状况良好、林地保持良好、生物多样性、无人为破坏、生态系统完整等	农户经济收入、生活生产环境良好、受教育机会和能力提升机会增多、幸福感强等	改善社区配套设施(养老院、娱乐地点)、民主决策、参与、村容村貌改善、社区和谐等	政策制度惠农、市场顺畅有序、生态环境优越、社会和谐等
监测主体	林业技术人员	社员	村干部	合作社社长
监测频度	季度	年度	每 5 年	每 5 年

(四)森林经营其他保障措施

1. 改革和完善相关政策制度,加大政策扶持力度

主要体现在:①改革育林基金征收制度,减免或取消育林基金的征收,以降低林木生产经营成本。②财政要支持和扶持。各级财政从农村发展基金、各种惠农惠林资金中划出一部分,作为扶持林业合作经济组织发展的专项资金。③税费要减免,应当享受财政部、国家税务总局关于农民专业合作社有关税收的政策,即(财税〔2008〕81 号)的政策,减免或取消增值税。④信贷要扶持。金融部门要给予较长期限、低利息的贷款,并适当放宽贷款条件和贷款利率,扩大林权抵押贷款或林业经营小额信贷额度,为合作社开展多渠道融资和森林保险提供优质服务。⑤采伐要倾斜。林业部门要指导林业合作经济组织编制森林经营方案,按同等优先、适当放宽的原则,予以林木采伐指标单列或根据森林经营方案自行执行采伐设计。⑥支持合作社承担林业工程建设项目。天然林保护、公益林管护、速丰林建设、生物质能源林建设、林业基本建设投资、技术转让、技术改造等项目,优先安排农民林业专业合作社承担。通过服务,引进推广新品种、新技术,推进专业化生产、规模化经营,提高农民抵御市场风险和自然灾害的能力。

2. 加强合作社组织建设

主要体现在:①加强内部管理、建章立制。在林业合作经济组织制定章程基础上,加强内部管理,使内部机构管理制度化,确保林业合作经济组织良性发展,并不断发展壮大。②规范服务、民主管理。农民林业专业合作社以其成员为主要服务对象,按照合作社章程为成员提供业务服务和金融服务。合作社经营管理由理事长或理事会负责。合作社成员入社自愿、退社自由,实行民主决策、管理和监督。重大事项由成员大会或成员代表大会讨论决定,实行一人一票制。③规范财务管理和监督。要建立健全合作社账簿,实行财务公开,定期审计,接受社员监督;合作社要为社员设立账户,记载社员出资、公积金份额以及合作社交易情况,以此作为界定私人产权、社员利益分配、社员退社和承担责任的重要依据;监事会负有财务监督职责,重大财务活动通过社员大会决策。④规范盈余、合理分配。把保护成员利益放在首位,农民林业专业合作社每年的盈余按章程或成员大会决议返还给社员。

六、投资效益分析

（一）投资概算标准

森林经营过程中，主要投资项目及概算标准如下：

（1）造林成本。苗木种植平均成本300元/亩、抚育平均成本80~150元/亩，接下来第1年260元/亩，第2年160元/亩，第3年160元/亩，第4年80元/亩。防火林带投入180元/亩。

（2）采伐成本。间伐成本为150~160元/m³，运费50元/m³；育林基金、检尺费、设计费标准为100元/m³，主伐成本约为120~140元/m³。

（3）森林保护成本。防火林带投入180元/亩；森林投保标准为1元/亩·年，保20年共20元/亩·年；护林员工资80元/m³。

（4）林地使用费（地租）：600~1200元/亩。

（5）管理人员工资标准为20元/m³，用于森林经营管理所需的其他费用，包括交通费、通信费、接待费等。

（二）效益产出状况

主要的森林经营产出及概算标准如下：

（1）出材量状况。林木生长8~9年以后第一次间伐，第一次间伐的出材量大约为2~3m³/亩；第二次间伐再隔四年，也就是第13~15年，第二次间伐的出材量大约为3~6m³/亩；第三次间伐为第18~20年，出材量为5~8m³/亩；主伐出材量大约为10~15m³/亩。

（2）价格标准。杉木价格为1100元/m³，松木价格为800元/m³，毛竹价格为780元/吨，竹笋价格为10000元/吨。

（3）生态效益产出，经营期内林分持续生长，林木蓄积量增加，能产生相应的生态效益，促进生态环境改善。但林木主伐后一定时期内可能会有一些环境负面影响，需要采取科学经营措施尽量避免或减轻环境负面影响。

（4）社会效益产出状况。经营期内森林经营活动使森林资源变成资产进而变成资本，提高了社员的收入水平，创造了一些就业用工机会，有利于繁荣山区林业经济，为林农脱贫致富作贡献，发挥了很好的社会效益。

川藏地区高山栎生态保护修复
与经营利用调研报告①

一、调研背景与调研目的

栎类是中国分布最广、面积最大的重要森林资源，但由于历史上几经破坏，如今能见到的栎类林大多是以萌生形态存在的矮林，林分质量很低，缺乏经营，其蓄积量和生长量较德国等林业发达国家有很大差距。科学经营栎类被认为是提升我国天然次生林质量，从而促进我国森林质量精准提升的关键环节。

目前国内对于栎类的研究和认识存在以下几个方面的不足：

第一，缺乏对青藏地区栎类的研究。国内对于栎类的研究主要集中在东北地区、华北地区以及陕西、宁夏等省（自治区），对于青藏地区栎类（主要指：高山栎，当地又称为青冈栎）研究则较少。比如，中国林业科学研究院研究员侯元兆先生在 2017 年出版了《栎类经营》，本书在论述了我国栎类资源的现状、用途、地位和经营潜力等，但缺乏对高山栎的介绍。

第二，缺乏对高山栎宏观层面的研究。目前国内对高山栎的研究主要集中在微观层面的具体问题，对宏观问题的研究和思考比较少。

第三，缺乏对高山栎重要性的认知。高山栎在涵养水土、维持居民生计中扮演了极其重要的作用，但在林业研究和林业政策中，缺乏对高山栎足够的认识，甚至对青藏地区也有栎类这一事实国内外专家也了解不多。

因此，在这一背景下，调研团队希望通过此次川西和西藏地区的调研，进一步了解川藏地区高山栎的生长状况和发展潜力，为进一步森林可持续经营和质量的提升做一些贡献和决策服务。

结合本次调研的背景，调研团队主要希望展开以下方面的研究：①了解高山栎的生物特性和生态价值；②挖掘高山栎的潜在经济价值；③明确高山栎的社会价值；④梳理高山栎经营和利用方面的问题。

---

① 资料来源于中国林业科学研究院侯元兆先生带领的调研团队，详细内容见中国林业出版社出版的《高山栎》一书。

二、高山栎的生物特性和主要分布

（一）生物特性

高山栎（当地称青冈）是指硬叶、常绿的栎类，主要分布在高山地带，生于海拔 2600～4000m 的山坡、山谷栎林或松栎林中，多与雪线重合，但不落叶。高山栎是青藏高原的特殊树种，它能在高寒地带保持生长。青藏高原各地都有自己的特定品系，已知有川滇高山栎、矮高山栎、长穗高山栎、刺叶高山栎、黄背栎、灰背栎、毛脉高山栎、光叶高山栎、长苞高山栎等品种。

高山栎的生长速度缓慢，大概只有云杉的一半。据当地林业工作者估计，胸径 50cm 左右的高山栎，其存活时间应该在 70 年以上。

（二）主要分布

考察组的考察地点主要可以分为 2 大区域：四川省西部和西藏自治区中东部。川西的行程包括：康定、道孚、巴塘、理塘、雅江、丹巴、色达、炉霍；西藏中东部行程包括芒康、八宿、波密、左贡、易贡、林芝、米林、工布江达、墨竹工卡和拉萨。考察小组重点考察了甘孜藏族自治州的雅江、炉霍、道孚的几个林场，和波密的通麦镇、易贡镇，以及米林县等。

1. 川西地区高山栎分布情况

四川省的森林总面积为 1839.77 万 hm²。据说，四川的高山栎总面积占全省森林总面积的 15%，也就 270 万 hm²。但根据考察小组专家估计，四川高山栎占总森林面积占比应该在 40% 以上。例如，在丹巴县的党岭林场，道孚县的甲斯孔林场，在雅江森工局等，都是这样一番景象（如图 1 和图 2）。拿一个林场而言，大约有 40% 的林地这种被高山栎矮林覆盖着，其余多为云冷杉林。这种情况极为普遍。

图 1　四川甘孜地区的高山栎矮林

图 2 四川甘孜地区的高山栎矮林分布

相较于西藏地区,川西地区的高山栎以萌生的矮林为主,这可能与川西地区之前大量采伐高山栎有关。据当地退休的林场职工和干部反映,当地对高山栎的采伐一般坚持"采五留五"的采伐原则,即采伐的宽度有多少,就保留同等宽度的采伐路径,然后继续间隔采伐。川西地区随处可见当年开采高山栎所留的印迹(如图 3 所示)。

图 3 甘孜地区的开采高山栎所留坡道

在全面禁止天然林商业性采伐的背景下,川西地区的高山栎得到自然恢复。但仍会发现有当地居民偷伐靠近公路旁的高山栎。对此,当地林业管理干部也表示了无奈。近些年交通道路的修建为当地居民偷伐高山栎带来了便利。高山栎质地硬、耐燃,是比较理想的天然能源。因此当地牧民在冬天来临之际偷伐高山栎(图 4)取暖过冬,这也为当地林业部门带来了监管的压力。

2. 西藏中东高山栎分布情况

在西藏,调研发现,从进入西藏的芒康县,318 国道两边的山坡上就是高山栎。一直到左贡、邦达、八宿、然乌、波密、林芝、工布江达、墨竹工卡,318 国道两边都是布满高山栎(见图 5)。到达孜后高山栎的数量明显减少,到了拉萨市区,发现山上植被很少,调查小组来到布达拉宫,发现布达拉宫周边有很多人为种植的树种,但仍然没有发现高山栎。

图4 甘孜地区的居民偷伐高山栎

图5 西藏东部高山栎分布情况

相较于川西地区，西藏中东部高山栎分布密度更大，以天然林为主，未遭到大范围的开采和人为干扰，公路两旁随处可见树龄在百年以上的高山栎(见图6)。

三、高山栎的生态、经济和社会价值

(一)高山栎的生态价值

1. 涵养水源

森林植被主要是通过林冠层、枯落物层与土壤层对降水再分配而实现涵养水源功能，在一定程度上改变了整个森林生态系统的水分平衡状态。高山栎对川藏地区涵养水源起着重要的作用，这一点从其巨大的覆盖面积就可见一

图6 林芝地区公路两旁高山栎

斑。更深层次的植物学特性，需要其他学科的科学家去研究和证明。

2. 维护生物多样性

云南省林业院马建忠研究员称，在青藏高原东南部的森林中，森林状况和生态系统最好的就是乔木状的栎类森林，乔木高山栎林中往往拥有顶级群落。例如，国家一级保护动物滇金丝猴的主要食物之一松罗，主要生长在高山栎的丛林中。

（二）高山栎的潜在经济价值

1. 可利用的天然薪炭林

高山栎是青藏高原地区天然的薪炭林。首先，高山栎质地比较硬，燃烧火力旺。在过去技术条件不成熟的情况下，无法加工高山栎木材，只好当作燃料来使用。其次，高山栎萌生能力很强，一棵高山栎被砍之后，很快就能萌发出十几根新的高山栎，可以采用带状皆伐，生产薪炭材。综合两方面的因素，高山栎即可以作为天然的薪炭林供当地百姓取暖，又能以此为依托建立高山栎木炭国际市场，出口海外国家。

2. 需求巨大的国际市场

高山栎的叶子和木炭在日本有广阔的市场需求。首先，高山栎的叶子可以被用作日本料理。河南目前已有较为成熟的相关产业，农民们收集栎类的叶子，将其晒干之后，出口至日本，作为日本料理的承载工具和装饰品。其次，日本消费者习惯在蒸米饭的时候放入栎类木炭，据说可以增加米饭的香味。

3. 潜力巨大的林下经济

据当地的林业专家介绍，川藏地区老百姓一个重要经济来源之一就是松茸（见图7），松茸具有很高的药用价值，产量稀少价格不菲。专家称，事实上品质最好的松茸并不是生长在松树下，而是生长在高山栎树下的松茸。还有其他名贵的药材，如灵芝等，均生长在高山栎森林中。目前，西藏地区已有相关林业企业开展林下养殖或人工养殖（见图8）。随着林业产业的进一步发展，西藏地区居民发展林业经济的热情会进一步提高，当地林下经济产业会一步发展和完善。

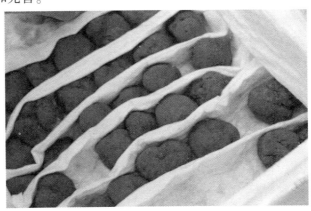

图 7　川藏地区松茸

图 8　西藏林芝市灵芝产业园

（三）高山栎的社会价值

1. 维持居民生活生计

首先，高山栎木材硬度大，可再生能力强，是良好的天然能源。自古以来，川藏地区居民在冬天都要与寒冷抗争。牛粪、木材都是其冬天使用的重要能源。其次，高山栎森林中生长这大量的林下作物，其中很大一部分被当地居民当作是食品、药品的来源。

2. 帮助农民脱贫致富

如前所述，高山栎的叶子、木炭以及林下产品有着极高的市场需求和经济价值。如果当地能推动相关产业的成型和发展，这将极大的缓解其脱贫压力。如高山栎的叶子可以出口日本、韩国等；高山栎木材可作为薪炭材；高山栎林下也可种植高价值的食品和药材。这些都可形成产业，帮助当地居民实现脱贫致富。

3. 缓解粮食安全问题

目前，我国粮食安全问题存在着巨大的隐患。虽然我国粮食自给率达到了 85% 以上，但由于农业结构等方面的问题，我国仍有部分粮食品种严重依赖进口。在国际贸易冲突及新冠肺炎疫情肆虐的今天，粮食问题已经成为我国发展面临问题中的重中之重。

西藏地区高山栎种子数量十分巨大，均自然掉落在林地上，高山栎种子是可以作为粮食的。如果我国大面积经营栎类，可以有助于缓解我国的粮食危机。例如，高山栎种子可以被用于养殖业，作为牲畜饲料，亦可间接缓解我国粮食安全的问题。

四、高山栎经营利用方面存在的问题及建议

调研发现，目前高山栎经营和利用方面存在如下问题：①政府层面对高山栎认识高度不够；②科研层面对高山栎认识深度不够；③当地林业部门对高山栎的经营模式探索不够；④当地企业和居民对高山栎开发和利用做得不够。

因此，针对性地提出如下几点建议：

（1）提高各级政府和科研部门对川藏地区高山栎的重视程度。各级政府和林业科研机

构应该一改之前对高山栎不重视的态度，高山栎虽然并非是珍贵树种，但确是川滇藏地区重要的乡土树种，有着极其丰富的自然、生态、经济和社会等方面的价值。目前国内对于川藏地区高山栎没有足够的认识，甚至有相当一部分没有纳入森林统计。科研部门也未对高山栎的分布、利用和经营开展宏观层面的思考和研究。

（2）加强对川藏地区高山栎的进一步研究。高山栎是川藏地区重要的乡土树种，但对其生长特性、生长和分布规律缺乏足够的认知。高山栎主要生活在海波 2600~4000m 的区域，这一海拔区域占我国国土面积比率不小。如果能掌握其生长和存活的必要条件，则可以将其人工种植到同海拔的、气候条件相似的地区，这能为加速森林质量和可持续经营做出不小的贡献。

（3）探索合理的高山栎经营方式。如果之前对高山栎的经营方式以皆伐和择伐，或者当地称为"伐五留五"的方式进行经营，那么，现在川藏地区的高山栎经营则主要以近自然经营为主。高山栎矮林的一个重要生长特性是，根部会萌发出十几个树根，随着高山栎的生长，这些树根大部分会被淘汰，只剩下小部分树根能继续生长。是否能够对这些部分树根进行开发利用？其次，高山栎萌发性很强，是否应该利用其生长特性探索其他经营方式？这都是川藏地区林业工作者需要思考的问题。

（4）加快以高山栎为依托的林业产业的发展。高山栎背后蕴藏着巨大的经济价值。其木炭和叶子均可出口至日本韩国等国家。高山栎的林下作物，如：松茸、灵芝等，均有着极高的药用价值。因此，政府应该加快引导和支持林业企业开展以高山栎为依托的相关林业产业，助力当地实现脱贫致富。

福建省顺昌县国有林场森林可持续经营示范点建设概况

一、基本概况

顺昌县国有林场成立于2004年5月，注册资本为人民币1041.9万元，其前身为顺昌县采育总场，是顺昌县林业局下属的国有森工企业，由官墩、大历、岚下、高阳、武坊、七台山、九龙山、曲村8个采育场组建，主营杉木制品、松木制品、竹制品、林地、林木开发经营，包括采种育苗、商品用材林、经济林、林地开发、野生动物开发利用，兼营咨询服务。森林经营林业用地面积24.87万亩，2017年纳入森林认证林业用地面积158301亩，占林场总面积的63.65%，蓄积量1451625m³，占林场总蓄积量的63.71%，各分场森林资源现状，如表1所示。

表1 各分场各工区森林资源概况

分　场	面积(亩)	比例(%)	蓄积(m³)	比例(%)
认证资源	**158301**	**63.65**	**1451625**	**63.71**
大历场	24577	9.88	198439	8.71
高阳场	34097	13.71	353316	15.51
官墩场	20500	8.24	179754	7.89
九龙山场	10732	4.32	59194	2.60
岚下场	29149	11.72	302197	13.26
七台山场	2033	0.82	12812	0.56
曲村场	26454	10.64	250676	11.00
武坊场	10759	4.33	95237	4.18
非认证资源	**90395**	**36.35**	**826964**	**36.29**
大历场	14054	5.65	113473	4.98
高阳场	19795	7.96	205117	9.00
官墩场	6064	2.44	53176	2 33
九龙山场	5311	2.14	29292	1.29
岚下场	16515	6.64	171214	7.51

（续）

分　场	面积(亩)	比例(%)	蓄积(m³)	比例(%)
林建公司	7696	3.09	67963	2.98
七台山场	1692	0.68	10663	0.47
曲村场	8951	3.60	84822	3.72
武坊场	6274	2.52	55540	2.44
余墩场	4043	1.63	35706	1.57
全场资源	248696	100.00	2278589	100.00

以 2006 年森林资源二类调查成果为基础，根据 2016 年更新数据统计显示，林场林木蓄积为 2278589m³，森林覆盖率为 92.65%。林业用地面积 248696 亩，拟纳入森林认证林地面积为 158301 亩，其中有林地面积 130002 亩，竹林地面积 870 亩，疏林地面积 139 亩，灌木林地面积 66 亩，成林造林地面积 10578 亩，苗圃地面积 7 亩，采伐迹地面积 9339 亩。如表 2。

表 2　各类土地面积蓄积表

地类	面积(亩)	比例(%)	蓄积(m³)	比例(%)
认证资源	**158301**	**63.65**	**1451625**	**63.71**
111 林分	130002	52.27	1399114	61.40
113 竹林地	8170	3.29	21479	0.94
120 疏林地	139	0.06	3465	0.15
132 其他灌木林地	66	0.03	0	0.00
141 人工造林未成林地	10578	4.25	12554	0.55
150 苗圃地	7	0.00	0	0.00
162 采伐迹地	9339	3.76	15013	0.66
非认证资源	**90395**	**36.35**	**826964**	**36.29**
111 林分	55985	22.51	778927	34.18
112 经济林地	12370	4.97	0	0.00
113 竹林地	13982	5.62	36758	1.61
120 疏林地	96	0.04	2397	0.11
132 其他灌木林地	410	0.16	0	0.00
141 人工造林未成林地	5152	2.07	6114	0.27
162 采伐迹地	1722	0.69	2768	0.12
167 暂未利用的荒山荒地	20	0.01	0	0.00
200 非林地	595	0.24	0	0.00
310 非规划林地造林	63	0.03	0	0.00

二、森林经营方针和原则

1. 经营方针

以新发展理念为指导，树立尊重自然、顺应自然、保护自然的生态文明理念，坚持节约资源和保护环境的基本国策，坚持节约优先保护优先、自然恢复为主的方针，着力树立生态观念、完善生态制度、维护生态安全优化生态环境。发挥顺昌杉木中心产区优势，以资源培育为基础，速生丰产林建设为重点，多种经营为辅，贯彻科技创新，推进生态文明建设与可持续经营为目标，加快森林资源结构调整，加强生态公益林保护与建设，加强速生丰产优质用材林和工业原料林基地建设，以市场为导向，实行定向培育、适度规模、集约经营，提高林场森林资源总体质量，走可持续发展道路，建立现代化的可持续经营企业。

2. 经营原则

（1）以生态文明建设为导向，坚持生态优先，发挥森林维护国土安全作用，保持水土、涵养水源。

（2）坚持统一规划，科学布局，有序实施，符合国家相关政策法规，符合地方总体规划和战略方针。

（3）坚持近期规划与长远规划相结合，结合实际、持续经营，充分发挥森林资源特点，适度开发利用，合理调整产业结构。

（4）坚持企业经济可持续发展，面向市场提升林木品质，发展多产业，构建森工企业的产业链。

（5）坚持以 FSC 基本原则为指导，全面培育森林，提高林地生产力水平，提高森林生态效应，实现可持续发展目标。

三、经营目标

根据《中国森林可持续经营标准与指标》《FSC 森林认证原则和标准》和《社会主义现代国有林场建设标准及指标体系参考提要》的原则、标准和指标，林场从实际情况出发，提出和建立了符合 FSC 森林认证和森林可持续经营的标准和指标，并以此作为林场今后的经营目标。具体包括：生物多样性保护、森林生态系统生产力的维持、森林生态系统的健康与活力、水土保持、长期社会经济效益的保持和加强、法律及政策保障体系、信息及技术支撑体系等 7 个标准，26 个指标。

（1）生物多样性的保护。生物多样性包括生态系统多样性、物种多样性和遗传多样性。

（2）森林生产力的维持。森林生态系统生产力是森林资源持续利用、生物多样性保护、缓解气候变化和防治土地退化的物质基础。

（3）森林生态系统的健康与活力。森林生态系统的健康性需要从综合的角度考虑。一个森林生态系统，当其能可持续地存在和发展，生产力能够满足系统内生物生存和可持续发展，同时能为社会提供足够的林产品，对外界干扰具有足够的适应能力（弹性），在一定范围内，外界环境的变化不会使系统发生大的变化，系统结构合理，多样性适中，则称这个系统是健康的。衡量的标准必须能够反映系统的活力、组织和弹性，以及提供产品和服务的能力。同时，衡量的结果不应是静态的，而是能够体现一定时间内的变化趋势。

（4）水土保持。水土保持是指对人为活动造成的水土流失所采取的预防和治理措施。一方面要防止人为活动导致森林生态系统中土壤和水及其中所含的有机及无机物质数量和质量的衰退，改善和保护森林生态系统为人类和其他生物提供水资源的数量和质量。另一方面要利用以树木为主的生物措施治理人为活动造成水土流失的地区。为此，林场制定了《森林经营作业环境影响评估报告书》，在经营管理过程中，林场将认真执行报告书中的作业措施要求，开展相关监测，并不断完善作业措施。

（5）长期社会经济效益的保持和加强。森林的经济效益指森林能为人类提供各种各样的林产品和非木质产品，以及生产和销售这些产品而产生的经济价值。林的社会效益指森林能满足人类对森林的各种社会、文化和精神需求。

（6）法律及政策保障体系。法律有政策保障体系包括为成功实现林场森林资源可持续发展的外部保障条件，涉及政策、立法、经济条件、科研、教育、激励、参与机制等，是建立良好外部环境的基础。

（7）信息及技术支撑体系。测定与监控是森林保护和可持续经营得以正常运行的保证，研究与发展是可持续发展指标体系不断完善的基础。

四、森林资源培育

森林培育是森林经营的重要组成部分和林业生产的重要环节。按照分类经营的思想和原则，充分利用立地分类评价成果，在适地适树原则基础上，根据经营目标选择适宜的造林更新树种、造林更新方式和经营措施，并按照森林生态系统经营理念积极开展森林经营活动，提高森林生产力维护森林生态系统健康和活力、提高水土资源保护能力，维护生物多样性。

1. 造林树种选择

本着因地制宜的原则，对林场的采伐迹地、低产林分的立地条件进行分析，在适地适树原则的基础上，根据树种结构调整目标来选择造林树种。立地质量等级为Ⅰ、Ⅱ类的小班，选用以杉木、光皮桦、檫树鹅掌楸等适宜当地生长的乡土速生优质树种和引种成功的优良树种造林立地质量等级为Ⅲ、Ⅳ类的小班选用马尾松与光皮桦、酸枣等适宜当地生长的乡土速生优质树种和引种成功的优良树种混交造林针阔混交比例以8∶2行间方式混交。杉木人工林采伐迹地规划营造以马尾松为主的造林树种时，可保留健壮的杉木萌芽使之形成杉马混交林。

2. 更新技术措施

选择科学、合理的更新措施是保障森林资源可持续发展的技术保障。根据不同的立地条件、林下植被、树种，分别选择天然更新、人工促进天然更新和人工造林等3种更新技术。

3. 幼林抚育

幼林抚育是巩固造林成果，提高林木成活率和保存率，促进林木生长，尽早郁闭成林的重要环节，幼林抚育应根据不同的经营类型，选择不同的抚育措施。

4. 抚育间伐

（1）下层疏伐：砍伐林下被压木、小径木濒死木以及部分干形不良的林木，以达到调整林分密度的目的。此方法使用于林分密度不大或多次进行过间伐林分。

（2）机械疏伐：机械地隔行或隔株间伐林木。常用于林分密度大、高度郁闭（0.9以上），从未进行过抚育间伐且株行距较规整的人工林。

5. 低产低效林分改造

（1）重新造林、全面改造：主要适用于造林未适地适树、或长期缺乏管理致使林木生长严重受阻的杉木林，对此类低产林应更换树种重新造林，全面改造。

（2）人工补植、局部造林：主要适用于低效防护林中的马尾松纯林，此类林分郁闭度较低，但局部林木生长良好，改造方法可适当补植阔叶树种，提高林分郁闭度，增强其防护效能。

6. 封山育林

对可封育成林的林荒山荒地、天然马尾松和阔叶树疏林地实行"全封"；郁闭度0.5以下的生态公益林和用材林实行"半封"，封禁期为5年，直至郁闭成林。

对天然马尾松和阔叶树疏林实行"半封"或"轮封"，实行"半封"林分。在封育期间（5年）严禁进山采伐与砍柴，但可进行一些不破坏林木的林副业生产及多种经营活动；实行"轮封"的林分，封育期间禁止一切人为活动，开封期间允许在林内开展副业生产和多种经营活动。

五、森林采伐利用

1. 主伐年龄的确定

按照《森林采伐更新管理办法》规定，①用材林按各经营类型的成熟龄确定主伐年龄；②生态公益林按用材林同树种主伐年龄再加一个龄级执行；③短轮伐期用材林中，桉树主伐年龄为5年，马尾松主伐年龄为16年；④薪炭林采伐年龄按《福建省森林资源规划设计调查和森林经营方案编制技术规定》确定的成熟林的年龄，即为16年。

2. 确定合理年伐量的原则

（1）坚持采伐量小于生长量的基本原则，用材林的年伐量应小于年净生长量，以保证资源的后续更新与持续利用。

（2）坚持持续经营、采育结合的原则。将采伐利用森林和培育森林紧密结合起来，既充分考虑现有成过熟林的及时采伐更新，又充分考虑现有中幼龄林的培育改造，确保后备资源不断发展，实现森林资源数量增加、质量提高、功能增强。

（3）坚持分区施策、分类管理的原则。按照不同的区域和商品林、生态公益林的不同属性，实行分类指导，合理确定采伐方式、年龄和强度。

（4）坚持生态优先、兼顾效益的原则。采伐利用以改善和调整森林结构为基本目标，对于生态公益林通过合理的限制性利用或抚育措施以调整其树种及年龄等结构，加强速生丰产林及短周期原料林的培育与利用，充分发挥森林经营的生态、社会与经济效益。

六、高保护价值森林经营

高保护价值森林是由不同的林种、功能和林分类型构成的复杂体系，不同经营目的的森林所采取的经营措施也不一致。在确定经营模式上应坚持"生态优先、科学管理、分类指导、因林施策"的总原则，以生态学的基本理论为指导，制定出有利于发挥其最大功能和效益的经营管理措施。其经营模式包括：

（1）自然演替。生态区位重要和生物多样性程度高的森林应以封禁保护为主，不宜施以过多的人为干扰措施，充分利用自然力实现生态系统的保护和恢复。一般适用于保护区、风景林。

（2）近自然经营。在尽量依靠自然力经营森林的前提下，采取必要的人工技术措施，通过建成恢复类似于自然生态系统结构的方式，最大限度地提高现有生态系统的综合生产力。具体措施包括生态采伐、保护性的集材方式天然更新与人工促进相结合的更新方式；在针叶纯林中引入阔叶树种；改单层同龄林为复层异龄林等。适用于集水区、水土保持林和水源林。

（3）集约经营。种源林为获得最佳的综合效益，需要进行高度的集约经营。包括母树的精选、密度的控制、疏伐强度和间隔期的确定、树体的管理等全过程都需要高度的集约化经营。

山西省中条山国有林管局中村林场森林
可持续经营示范点建设概况

一、基本情况

中村林场是山西省林业和草原局直辖的九大国有林区之一——中条山国有林管理局下属林场，为公益一类自收自支事业单位，始建于 1949 年，是国家林业局 2013 年确定的森林经营方案实施示范林场。

林场国有经营总面积 18060.7 hm²，其中，有林地 14946.1 hm²，活立木总蓄积 825185 m³，森林覆盖率为 82.8%。林区内光热资源丰富，雨量充沛，年降水量可达 600mm 以上，是林业建设的理想之地，是维护晋南地区生态安全的重要屏障。

中村林场植物区系处于亚热带和暖温带的过渡地带，动物区系属东洋界和古北界的交汇处，野生动植物资源较为丰富。地带性植被属暖温带季风干旱性中低山针阔混交林区，具有相对较好的水热条件和立地条件，是油松、华山松和栎类的适宜生长区，主要乔木树种有：油松、华山松、白皮松、侧柏、辽东栎、栓皮栎、杨树、白桦、杜梨等；灌木有：连翘、刺梅、绣线菊、柠条、山桃、荆条、虎榛子等；草类以羊胡草、白草、蒿类为主。辖区分布有国家一级濒危保护动物金钱豹、原麝，国家二级保护动物猕猴、红腹锦鸡和勺鸡，珍稀野生动物有山羊、狍子、猪獾、山猪等。

中村林场在 70 年的发展历程中，经历了大规模采伐——大面积造林——停采封育保护——科学经营四个发展阶段，具有国有林场森林经营管理的典型特征。

二、中德林业合作项目情况

近年来，林场在发展的过程中，由于经营理念与技术实践相对滞后，森林生产与保护引起的问题并未得到根本改善，林分过针、过纯、过密等问题一直制约着林场发展。2015年以来，中村林场相继开展了一系列国内合作和中德森林经营国际合作，目前签约实施的中德林业技术合作项目有 2 个：

1. 德国教育研究部资助的"中国森林可持续经营规划"项目

项目实施期 3 年，从 2017 年 9 月至 2020 年 8 月，合作的主要内容是研建中条林区油松、辽东栎等 8 个典型树种木生长收获量表；采用德国森林经营软件编制下川营林区森林经营方案；制定全周期森林经营技术路线与措施。项目实施两年来，取得的主要成果包括：

（1）确定了油松乔林、针叶混交林、辽东栎乔林等30余个森林经营类型和40余项不同阶段的作业措施。

（2）完成了8个典型树种解析木选择、取样、扫描和解析工作。

（3）完成了森林经营方案编制前的资源调查和数据库录入工作。

（4）建设了5个森林经营类型的样板示范基地和油松纯林不同经营措施的永久样地。

（5）编制了5项不同林分类型的经营指南。

（6）完成了森林经营规划软件的安装调试工作。

（7）初步搭成了2020年国际研学活动框架。

（8）完成了森林经营示范区林道建设10公里。

（9）打造了中德合作项目观摩线路：下川营林区大庙岭至五倍汕，重点展示风景林经营示范，油华用材林目标树经营示范，低质稀疏林分转化经营示范，松栎混交林经营示范，油松纯林不同间伐方式对比示范5种经营示范类型。

此外，还取得了如下成果：开展木材密度分析，计算不同树种的固碳能力；建立中条林局8个典型树种的生长模型；完成森林规划软件因子输入；编制下川营林区森林经营规划。

2. 德国联邦食品和农业部与山西省林业和草原局共同出资的"山西森林可持续经营技术示范林场建设"项目

中德合作山西森林可持续经营技术示范林场建设项目于2017年开始筹备，历经酝酿、考察、调研和谈判，最终于2018年9月17日在中德林业工作组第四次会议上由国家林业和草原局与德国联邦食品和农业部签署联合意向声明而确定。项目实施期3年，从2019年2月至2022年2月。合作的主要内容是采用德国技术编制全场的森林可持续经营指南和经营方案；开展技术培训及标准化管理；总结项目经验，为国家林业政策发展提供支撑。取得的主要成果包括：

（1）中德双方围绕着《实施协议》《项目纲要》和DFS的《技术建议书》及《咨询合同》，召开了项目研讨会，成立了由中德双方人员组织的项目实施工作组，明确了目标和责任分工，共同制定了"指示性工作计划"和"2019年度工作计划表"，确定了林业科学研究主题；就国内交流学习、国际研学研修和德方提供用于示范目的的森林培训、规划工具等内容进行充分协商并达成共识，得到山西省林业和草原局、德国联邦食品和农业部代理机构GFA咨询公司的批准。

（2）初步编制了中村林场森林经营规划方法和森林培育指南英文版。

（3）中德专家团队深入考察林场造林地、未成林造林地及油松天然次生林、松栎混交天然林等典型木类型，对林场的森林资源状况进行全面了解。

（4）建立了2个油松天然次生林经营示范和内涵10个样板的"森林大讲堂"野外技术培训基地。

（5）中德双方讨论确定了森林经营规划手册和方法。

此外，还取得了如下成果：开展天井背示范区的建设及数据库的建立工作，编制项目各类技术指南、建立项目数据库；根据这些指南和随后开展的培训，进行试点营林区的森林经营方案的编制。

三、拟编制的森林经营方案结构与特点

1. 森林经营方案包括 3 个部分

第一部分：森林经营方案的概述文本。

第二部分：小班记录卡集。

第三部分：森林经营措施图。

2. 森林经营方案的特点

第一，项目结合林场的典型树种圆盘分析数据得到高生长数据、蓄积量增长数据，能够预测出林木生长量。

第二，根据项目要求，在传统森林经营方案里是调查小班的平均年龄、平均胸径和平均树高等指标的基础上，二类调查数据增加了优势木的年龄、树高、胸径等指标，

第三，项目将运用 Proforst 软件编制森林经营方案，并对软件进行了本土化处理。通过这个工具，大量的小班数据就可以放进系统里进行处理，效率可以大大提高。

第四，在经营方案中，除了收获量表的数据、二类调查的数据外，还将制定经营指南。针对林场的资源状况，项目组将来确定森林类型、经营类型，结合林场的经营目标和森林不同的发展阶段提出具体措施，并落实到每个小班里。

四、中德合作森林可持续经营技术总结

一是更加注重全周期林业生产活动。二是更加注重"近自然、多目标、可持续"育林理念。三是更加注重对"大径材"的培育。四是更加注重节省劳动成本。五是更加注重森林经营方案的执行。

云南省宜良县花园林场森林可持续经营示范点建设概况

一、基本情况

  宜良县花园林场于 1956 年 2 月建场，地跨昆明市下辖的宜良、石林两县。经营范围主要位于珠江干流南盘江中游宜良坝子东西两侧，东至石林县鹿阜镇红图村，北至昆石高速公路草甸龙池村，南至竹山镇上吉乐村，西至南羊老坞村。行政主管部门是宜良县林业局，场部设在宜良县匡远镇，下辖草甸、小哨、水井坡、石林宏图 4 个林区。各类林地面积如表 1，林木蓄积如表 2。

表 1　各类林地面积

统计单位	土地总面积（hm²）	林地面积(hm²)									非林地	森林覆盖率（%）	林木绿化率（%）
		林地	有林地	疏林地	灌木林地	未成林造林地	无立木林地	苗圃地	宜林地				
花园林场	4851.04	4034.35	3346.44		91.54	205.82	168.84	6.99	214.71	816.69	70.90	85.20
草甸林区	2183.24	1760.17	1593.65		5.91	63.37	28.01		69.22	423.07	73.30	90.90
水井坡林区	1022.15	838.82	1593.65		38.24	117.74	31.54		121.40	183.33	55.60	67.70
小哨林区	1203.25	1151.28	1593.65		27.36	20.47	35.20	6.99	24.09	51.97	88.50	92.50
石林境内	442.40	284.07	1593.65		20.03	4.24	74.09			158.32	46.50	72.40

表 2　林木蓄积

统计单位	活立木蓄积(m³)	有林地(hm²)	疏林地(hm²)	散生木(hm²)	四旁树(hm²)
花园林场	256770.90	255470.90		750.00	550.00
草甸林区	132970.00	131980.00		580.00	410.00
水井坡林区	25850.90	25830.90		20.00	
小哨林区	92050.00	91820.00		100.00	130.00
石林境内	5900.00	5840.00		50.00	10.00

二、经营方针与经营原则

(一)经营方针

科学划分森林功能区及森林经营类型，实行森林分类经营，分类管理、分区施策。重点有效地保护生态公益林，适度灵活地经营商品林。构建完善的森林生态体系、发达的林业产业体系，使花园林场成为"培育管理科学，森林优质高效，生态经济协调，资源持续经营，基础设施先进，林场富裕和谐"的现代国有林场。

(二)经营原则

1. 坚持资源、环境、经济社会的可持续经营协调发展的原则

坚持资源、环境和经济社会的协调发展，按照可持续经营的思想，围绕林业发展的方针，既要考虑经济效益不断提高，又要确保森林资源的总量不减少、质量不断提高、结构不断优化，确保经营单位森林资源可持续发展。

2. 坚持分区施策与分类管理政策衔接的原则

森林经营方案的编制必须以科学发展观为指导，以森林可持续经营理论为依据，以培育健康、稳定、高效的森林生态系统为目标。通过科学规划、分类经营、分区施策，实现对森林资源的严格保护、积极发展、科学经营和合理利用，不断提高森林资源质量，优化森林资源结构，增强森林生态系统的整体功能，实现林业的可持续发展。

3. 坚持保护优先、适度利用森林资源的原则

以营林为基础，适地适树，良种壮苗，充分发挥林地生产力，提高林分质量，不断提高森林经营水平。严格按照"管严公益林，放活商品林"的精神，力求达到森林生态、社会和经济效益的最佳统一。

4. 生态效益、经济效益和社会效益统筹的原则

坚持科学培育森林，最佳组合树种和龄组结构，优化资源配置，合理确定森林年采伐量。并制定相适应的培育、保护和利用的技术措施和管理政策，充分发挥森林功能的多重性。

三、主要技术和重点措施

1. 造 林

根据对造林小班的立地条件、森林经营类型、林地类别、经营目标的综合分析，针对树种的生物学特性、造林方法及营造的要求，选择适宜的造林树种、设计造林技术措施、编制造林模式表，造林主要在宜林荒山荒地、其他无立木林地、火烧迹地等地进行人工造林。

2. 抚　育

1）补植抚育

采取补植抚育后的林分应达到以下要求：

（1）选择能与现有树种互利生长或相容生长、并且其幼树具备从林下生长到主林层的基本耐阴能力的目的树种作为补植树种。对于人工用材林纯林，要选择材质好、生长快、经济价值高的树种；对于天然用材林，要优先补植材质好、经济价值高、生长周期长的珍贵树种或乡土树种。

（2）经过补植后，林分内的目的树种或目标树株数不低于每公顷450株，分布均匀，并且整个林分中没有半径大于主林层平均高1/2的林窗。

（3）不损害林分中原有的幼苗幼树。

（4）尽量不破坏原有的林下植被，尽可能减少对土壤的扰动。

（5）补植点应配置在林窗、林中空地、林隙等处。

（6）成活率应达到85%以上，3年保存率应达80%以上。

2）透光伐抚育

采取透光伐抚育后的林分应达到以下要求：

（1）林分郁闭度不低于0.6。

（2）在容易遭受风倒雪压危害的地段，或第一次透光伐时，郁闭度降低不超过0.2。

（3）更新层或演替层的林木没有被上层林木严重遮阴。

（4）目的树种和辅助树种的林木株数所占林分总株数的比例不减少。

（5）目的树种平均胸径不低于采伐前平均胸径。

（6）林木株数不少于全省确定的分森林类型、生长发育阶段、立地条件的最低保留株数。

（7）林木分布均匀，不造成林窗、林中空地等。

3）生长伐抚育

采取生长伐抚育后的林分应达到以下要求：

（1）生长伐后林分郁闭度不低于0.6。

（2）在容易遭受风倒危害的地段，或第一次生长伐时，郁闭度降低不超过0.2。

（3）目标树数量，或Ⅰ级木、Ⅱ级木数量不减少，优先伐除非目标树种、病腐木、生长不良木、干扰木。

（4）林分平均胸径不低于采伐前平均胸径。

（5）林木分布均匀，不造成林窗、林中空地等。对于天然林，如果出现林窗或林中空地应进行补植。

（6）生长伐后保留株数应"不少于全省确定的分森林类型、生长发育阶段、立地条件的最低保留株数"。

4）修枝、割灌、除草抚育

符合以下条件之一的林分，可采用修枝：

（1）珍贵树种或培育大径材的目标树。

（2）高大且其枝条妨碍目标树生长的其他树。

（3）人工幼龄林、中龄林，天然幼龄林采取修枝。

修枝抚育后的林分应达到以下要求：

（1）修去枯死枝和树冠下部1~2轮活枝。

（2）幼龄林阶段修枝后保留冠长不低于树高的2/3、枝桩尽量修平，剪口不能伤及树干的韧皮部。

（3）中龄林阶段修枝后保留冠长不低于树高的1/2、枝桩尽量修平，剪口不能伤及树干的韧皮部。

符合以下条件之一的林分，可采用割灌除草：

（1）林分郁闭前，目的树种幼苗幼树生长受杂灌杂草、藤本植物等全面影响或上方、侧方严重遮阴影响的人工林。

（2）林分郁闭后，目的树种幼树高度低于周边杂灌杂草、藤本植物等，生长发育受到显著影响的。

（3）天然、人工幼龄林、中龄林、近熟林均割灌除草。

割灌除草抚育后的林分应达到以下要求：

（1）影响目的树种幼苗幼树生长的杂灌杂草和藤本植物全部割除；提倡围绕目的树种幼苗幼树进行局部割灌，避免全面割灌。

（2）割灌除草时，要注重保护林窗处的幼树幼苗、林下有生长潜力的幼树幼苗。

3. 改　培

以培育大径材为目的树种为主。

4. 生态旅游

从宜良县国有花园林场的空间结构看，小哨林区和草甸林区林地资源、森林景观、区位条件等特点，依托远离城市喧嚣的静谧环境和清新空气，其具有的森林、湖泊、河流等多种丰富景观，周边社区可提供多样的原生态农副产品，各种不同民族的节庆活动，在做好生态保护的同时，结合林场实际，充分利用林地资源，发展森林生态旅游，使得生态效益、经济效益、社会效益得到最大化。

5. 基础设施建设

林场经营管护地块高度分散，点多、面广、线长，交错镶嵌于农耕地、矿山、城镇居民区，加之道路及流动人口密度大，现已完成重建修缮3个管护点，其余的13个管护点已不能满足林木管护需求，根据林场未来管护和营林生产的发展需求，计划到2020年完成1个林区6个林点的危房改造；到2026年完成共13个管护点的重建修缮工作。每年对现有的林区公路及防火林道进行维护保养，计划未来10年内硬化林道里程20~30km。

6. 森林防火建设

花园林场属于1级森林火险等级区。主要防火措施包括：加强森林防火宣传；签订森林防火区域联防协议；建立森林防火专业队；开展森林防火技战能力培训；加强防火隔离带及通道维护、增配防火物资等防火基础设施建设；开展迹地清理、林地清理、计划烧除等防火措施。

7. 林业有害生物防治规划

森林病虫害防治是森林经营工作中重要组成部分，也被称为"无烟的森林火灾"。林场低海拔受人为影响较大的处群落演替低级阶段或处于逆向演替的天然林及人工林易受有害生物袭击。森林病虫害防治本着"预防为主，科学防控、依法治理、促进健康"的指导思想，应注重搞好病虫害防治，加强抚育管理，改善林分的卫生状况，同时要抓好病虫害测报工作，加强科学研究和技术推广的力度以及植物检疫工作。

采取的主要措施包括：①加强病虫害检疫工作，防患于未然。调查了解病虫害种类、掌握其发生发展规律，综合运用各种防治措施，建立健全病虫害检疫、防治机构，做好苗木和病虫害检疫工作。②加强森林病虫害的监测和预报工作。一旦发现有病虫害发生，就要及时预报，并制定防治方案，果断采取措施，控制病虫害，防止病虫害大面积发生和蔓延。③加强森林经营水平，提高林木抗病抗虫能力。通过抚育间伐、林分改造和营造阔叶树混交林等措施，改善林分卫生状况，提高林分质量，增强林木抵御病虫害的能力。④加强天敌保护，发挥生物控制作用。采取积极有效措施，保护林内各种有益生物，保护林内生物的多样性，形成比较稳定的森林生态系统，充分利用生态系统内生态因子之间的自然作用能力，发挥生物控制作用，将森林病虫害的发生控制在较低的水平。⑤加强应急防治能力，有效防治森林病虫害。森林病虫害一旦发，特别是大面积暴发和流行时，要及时制定防治方案，运用足够的人力、物力、财力，积极采取有效的措施，有效地防治病虫害。配备专业森防森检人员 1~2 名，并配备自动虫情测报灯、太阳能杀虫灯、诱虫灯、喷药机、喷雾器等常规有害生物防治设备。

四、森林经营目标

以"培育管理科学，森林优质高效，生态经济协调，资源持续经营，基础设施先进，林场富裕和谐"为目标，至 2026 年把花园林场建设成为既具有现代生态功能，又符合《FSC 森林认证原则和标准》、具备可持续发展能力的综合性现代林场。

1. 有林地面积、森林覆盖率

（1）经营面积 4851.04hm²，其中：有林地面积稳定在 3346.44hm² 以上，林木总蓄积量 255470.90m³，森林覆盖率稳定在 70.9%以上。

（2）生态公益林面积 980.78hm²，占林地面积 24.66%；商品林地面积 2996.66hm²，占林地面积 75.34%。

2. 森林蓄积量、年生长量和年采伐量

花园林场现有林分中成熟林、过熟林所占比例较小，多数林分处于生长旺盛期，年生长量处于高增长期，因此，到本经营期末，森林蓄积量将有大幅增加，随着森林抚育及更新采伐项目实施、林龄结构的合理调整，年生长量也将处于一个合理状态，下一经营期，部分人工林进入成熟林，年可采伐量比本经营期增多。

3. 林种、树种、龄组结构比例

按森林分类经营后，林场的林种结构不会发生较大变化；树种结构中，华山松、桤木和云南松的比重略有增加，即生态树种数量上将有明显增加；如按合理年伐量测算标准及要求开展森林利用，经理期末花园林场的林组结构将得到调整，形成以中龄林和近熟林为主，其他龄组次之的结构。

4. 木质与非木质生产总量、年产量、年产值及主要产品结构

根据花园林场的森林资源状况，到本经营期末，可采林木以华山松和桉树为主，因此，木质产品主要以原木为主的商品材；非木质生产将形成以核桃、板栗、桃和梨的资源培育、华山松、绿化苗木等优良种苗繁育和林菌培育、林药种植等产业基础。

5. 森林经营安全指数

（1）森林火灾率。发生火灾面积控制在总面积的 0.5‰以下。

（2）森林病虫害率。发生森林病虫害面积控制在总面积的 6.8‰以下。

（3）造林成林率。当年造林成活率保持在 95%以上，未成林造林地转有林地保存率达 100%。

森林经营的总体目标是为了实现生态功能显著提升，生产生活条件明显改善，管理体制全面创新。项目前期及中长期主要指标如表 3。

表 3　主要指标表

指标名称	单　位	现　状	前期 （2020 年）	中长期 （2035 年）	指标属性
林地保有量	hm²	4534.2	4534.2	4811.5	约束性
森林覆盖率	%	65.8	65.8	70.7	约束性
森林蓄积量	m³	265379.9	276843.4	329452.7	约束性
国家重点保护野生动植物物种保护率	%				约束性
森林资源建档率	%			100	约束性
公益林面积	亩	21573	2558.1	2558.1	预期性
混交林占林分比	%	16	23	35	预期性
天然林占林分比	%	55.5	55.5	55.5	预期性
森林火灾受害率	‰	1	1	0.5	预期性
有害生物成灾率	‰	6.5	6	1	预期性
职工月均收入	元	7687	6000	8000	预期性